LOUYU ZHINENGHUA JISHU

楼宇智能化技术

王正勤　主编

迟忠君　许美珏　副主编

化学工业出版社

·北京·

全书共分为智能楼宇弱电系统工程规划、视频监控系统设备安装与调试、入侵报警系统设备安装与调试、门禁管理系统设备安装与调试、楼宇对讲系统设备安装与调试、视频会议系统设备安装与调试、综合布线系统设备安装与调试 7 个学习情境。

本书以岗位需求为中心，使职业资格认证培训内容和教材内容有机衔接起来。

本书可以作为高职高专智能建筑、建筑电气等相关专业以及建筑院校非电气专业的教材，也可作为智能楼宇管理师等职业资格认证培训的参考书。

图书在版编目（CIP）数据

楼宇智能化技术/王正勤主编 . —北京 ：化学工业出版社，2015.4（2022.8重印）
ISBN 978-7-122-23176-5

Ⅰ . ①楼… Ⅱ . ①王… Ⅲ . ①智能化建筑-自动化技术 Ⅳ . ①TU855

中国版本图书馆 CIP 数据核字（2015）第 040845 号

责任编辑：刘　哲 装帧设计：韩　飞
责任校对：边　涛

出版发行：化学工业出版社（北京市东城区青年湖南街 13 号　邮政编码 100011）
印　　装：北京盛通数码印刷有限公司
787mm×1092mm　1/16　印张 17½　字数 449 千字　2022 年 8 月北京第 1 版第 7 次印刷

购书咨询：010-64518888 售后服务：010-64518899
网　　址：http：//www.cip.com.cn
凡购买本书，如有缺损质量问题，本社销售中心负责调换。

定　　价：39.00 元

本书是在工学结合职业教育理念指导下，根据教育部高职高专的人才培养目标编写的。全书内容以岗位需求为中心，基于工作过程教学模式，以学生能力培养、技能训练为本位，按照"基础理论适度，突出应用重点，强化实训内容，形式立体多元"的思想，使职业资格认证培训内容和教材内容有机衔接起来。

全书共分为7个学习情境：情境一智能楼宇弱电系统工程规划，情境二视频监控系统设备安装与调试，情境三入侵报警系统设备安装与调试，情境四门禁管理系统设备安装与调试，情境五楼宇对讲系统设备安装与调试，情境六视频会议系统设备安装与调试，情境七综合布线系统设备安装与调试。

本书由安徽商贸职业技术学院王正勤副教授担任主编，辽宁职业技术学院的迟忠君老师与安徽商贸职业技术学院许美珏老师担任副主编。王正勤老师负责情境一至情境五的编写工作，迟忠君老师负责情境六的编写工作，许美珏老师负责情境七的编写工作。全书由王正勤负责统一定稿。参加本书编写的还有王松林、罗青青。

本书可以作为职业技术院校楼宇智能化专业、建筑电气专业及建筑院校非电气专业教材，也可作为建筑电气工程技术人员和技术工人的参考书。

由于水平所限，书中内容存在不足与有待商榷之处，编者将在今后的再版中进行改进，在此感谢读者多提宝贵意见，帮助完善教材的内容。

编者

CONTENTS
楼宇智能化技术

目录

学习情境一 智能楼宇弱电系统工程规划

任务一 智能楼宇弱电系统分析

[任务目标]

了解智能楼宇弱电系统的组成、功能原理、结构，基本要求、目标、服务功能。

[任务内容]

① 参观智能楼宇弱电系统；
② 参观智能楼宇弱电系统的各个子系统；
③ 智能楼宇弱电系统的组成、功能原理、结构，基本要求、目标、服务功能。

[知识点]

一、智能楼宇的基本含义

智能楼宇系统起源于 20 世纪 80 年代，90 年代初才逐渐被人们所认识，它是建筑技术、计算机技术、自动化技术、电子技术等诸多方面的综合体。

第一个智能楼宇 1984 年建设于美国的哈特福德市，名为"都市大厦"，如图 1-1 所示。当时人们将一座旧的金融大楼进行翻修改造，在楼内铺设大量通信电缆，增加了程控交换机和计算机等办公自动化设备，在楼宇内的配电、供水、空调和防火等系统均由计算机控制和管理，用户享有电子邮件、文字处理、语音传输、科学计算、信息检索和市场行情资料查询等全方位的服务。

何谓智能楼宇？国际上尚无统一的定义。美国"智能建筑学会"认为"智能楼宇是将建筑、设备、服务和经营四要素各自优化、互相联系、全面综合并达到最佳组合，以获得高效率、高功能、高舒适与高安全的建筑物。"日本智能大厦研究会认为"智能楼宇就是高功能大楼，是方便有效地利用现代信息与通信设备，并采用楼宇自动化技术，具有高度综合管理功能的大楼。"中国国家标准《智能建筑设计标准》 （GB/T 50314—

图 1-1 都市大厦

2000）认为"它是以建筑为平台，兼备建筑设备、办公自动化及通信网络系统，集结构、系统、服务、管理及它们之间的最优化组合，向人们提供一个安全、高效、便利的建筑环境"。

上述定义互有差异，但也有共性的地方：一方面，智能楼宇一定是一个集建筑、结构、水、采暖与通风、电气、自动化、通信等专业的系统化工程，其实现技术一定是多技术领域的高度综合；另一方面，无论采用什么方式去实现，智能楼宇的实现目标一定是提供安全、高效、舒适、便利的建筑环境。当然，从可持续发展的角度，还应考虑"节能环保"。此外，楼宇的"智能"一定体现在"人性化"上。

二、智能楼宇的组成和结构

智能楼宇的组成要素通常有三大基本要素，即楼宇自动化系统（BAS，Building Automation System）、通信自动化系统（CAS，Communication Automation System）和办公自动化系统（OAS，Office Automation System）。通常人们把它们称为3A。这三者是有机结合的，建筑环境是智能楼宇基本组成要素的支持平台。为实施3A系统，需借助结构化综合布线系统，即PDS（Premsies Distribution System），如图1-2所示。

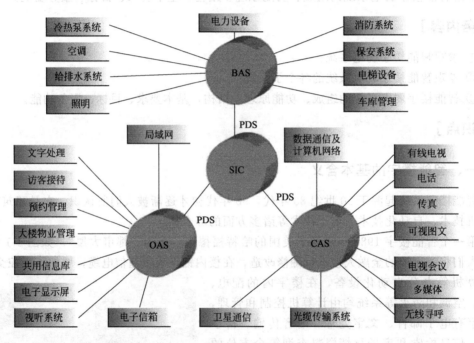

图1-2　智能楼宇系统结构图

智能楼宇弱电系统通常又被分解为若干个子系统（图1-2），这些子系统分别如下。

（1）**智能楼宇系统集成中心SIC**

系统集成中心（SIC）具有对各个智能化系统信息汇集和各类信息综合管理的功能，并实现以下几方面的具体功能。

① 汇集建筑物内外各类信息，并进行实时处理及通信能力，接口界面要标准、规范，可实现各子系统之间的信息交换及通信能力。

② 对建筑物各个子系统进行综合管理能力。

（2）**楼宇设备自控系统**

楼宇自动化BA系统体系以系统数据中心为核心，对建筑物内的设备运行状况进行实时控制和管理，能够随时按需调整建筑物内部的温度、湿度、照明强度和空气清新度。

BA系统包括空调暖通监控子系统、通风监控子系统、给排水监控子系统、电梯监控子系统、供电监控子系统、照明监控子系统、消防监控子系统，如图1-3所示。

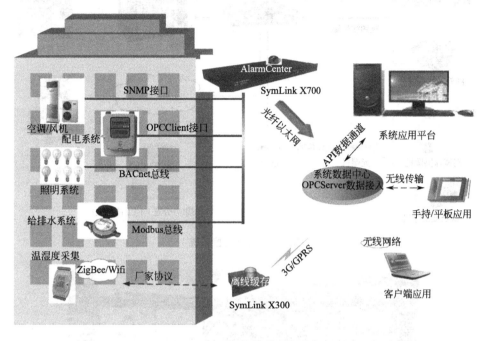

图1-3　楼宇设备自动控制系统

（3）消防报警与联动系统

防火自动化FA系统通过设在建筑物内不同位置的烟火测控装置提供的信息自动进行火灾报警。同时，启动火灾联动系统，包括关闭空调，开启排烟装置，启动消防专用梯，并且消防系统启动运行，发出火灾报警和实施人员疏散措施。FA系统主要包括火灾报警系统、自动喷淋灭火系统、气体灭火系统、防排烟系统、消防通信系统、报警联动系统等子系统。

（4）安全防范系统

主要是提供不受外界干扰和避免人员受到伤害和财物损失的环境，防止工商业间谍和国际恐怖活动，保障人的生命安危。SA系统主要包括视频监控系统、入侵报警系统、门禁系统、楼宇对讲系统、电子巡更系统等子系统，如图1-4所示。

（5）停车场管理系统

是以计算机软件技术为核心，将感应式IC/ID卡技术、单片机自动控制技术、计算机图像处理技术完美结合，使停车场进出车辆完全置于计算机的监控之下，出入、收费、管理轻松快捷。系统功能完善、性能可靠，适用于智能型停车场、不停车收费系统。

（6）计算机网络系统

利用通信设备和线路将地理位置不同、功能独立的多个计算机系统互联起来，以功能完善的网络软件实现网络中资源共享和信息传递的系统。如图1-5所示。

计算机网络系统是由网络硬件和网络软件组成的。在网络系统中，硬件的选择对网络起着决定的作用，而网络软件则是挖掘网络潜力的工具。

计算机网络建立的主要目的是实现计算机资源的共享。计算机资源主要是指计算机硬件、软件与数据。

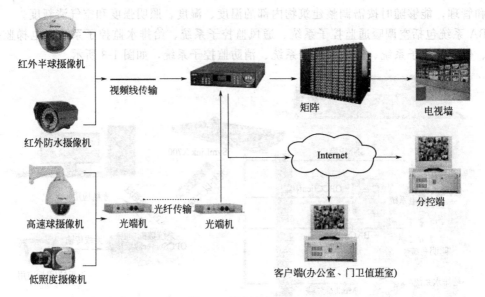

图 1-4　视频监控系统

图 1-5　视频会议系统

　　互联的计算机是分布在不同的地理位置的多台独立的"自治计算机"。联网的计算机既可以为本地用户提供服务，也可以为远程用户提供网络服务。

　　联网计算机之间遵循共同的网络协议。

　　(7) 视频会议系统

　　又称会议电视系统，是指两个或两个以上不同地方的个人或群体，通过传输线路及多媒体设备，将声音、影像及文件资料互传，实现即时且互动的沟通，以实现会议目的的系统设备。视频会议的使用有点像电话，除了能看到与你通话的人并进行语言交流外，还能看到他们的表情和动作，使处于不同地方的人就像在同一房间内沟通。

　　(8) 有线电视及卫星电视接收系统

　　有线电视系统采用一套专用接收设备，用来接收当地的电视广播节目，以有线方式（目前一般采用光缆）将电视信号传送到建筑或建筑群的各用户。这种系统克服了楼顶天线林立的状况，解决了接收电视信号时由于反射而产生重影的影响，改善了由于高层建筑阻挡而形成电波阴影区处的接收效果。但是，在智能建筑中，人们并不满足于有线电视系统仅接收传送广播电视信号这种单一的功能，还需要它能传送其他信号，例如用录像机和影碟机自行播放教育节目、文娱节目以及调频广播等。

所谓卫星广播电视系统，就是利用卫星来直接转发电视信号的系统。其作用相当于一个空间转发站。主发射站把需要广播的电视信号以 f_1 的上行频率发射给卫星，卫星收到该信号，经过放大和变换，以 f_2 的下行频率向地球上的预定服务区发射。主发射站也接收该信号作监视用。

（9）电话通信系统

电话通信系统（TCS）的功能主要有语音通信、数据通信、图形图像通信。电话通信系统主要指以程控交换机及模块局为核心的电话、集团电话、远端虚拟交换机。最重要的有线话音通信系统就是程控用户交换机，它可组成内部和外部通信系统。目前用户交换机已经发展为数字式交换机，它的内部和外部线路的数目是很重要的指标。

（10）广播音响系统

对于各种大楼、宾馆及其他民用建筑物的广播音响系统，基本上可以归纳为三种类型。一是公共广播系统，这种是有线广播系统，它包括背景音乐和紧急广播功能，通常结合在一起，平时播放背景音乐或其他节目，出现火灾等紧急事故时，转换为报警广播。这种系统中广播用的话筒与向公众广播的扬声器一般不处于同一房间内，故无声反馈的问题，并以定压式传输方式为其典型系统。二是厅堂扩声系统，这种系统使用专业音响设备，并要求有大功率的扬声器系统和功放，由于传声器与扩声用的扬声器同处于一个厅堂内，故存在声反馈乃至啸叫的问题，且因其距离较短，所以系统一般采用低阻直接传输方式。三是专用的会议系统，它虽也属扩声系统，但有其特殊要求，如同声传译系统等。

（11）无线通信系统

也称为无线电通信系统，是由发送设备、接收设备、无线信道三大部分组成的，利用无线电磁波，以实现信息和数据传输的系统。

它根据工作频段或传输手段分类，可以分为中波通信、短波通信、超短波通信、微波通信和卫星通信等。

（12）办公自动化

OA系统主要利用先进的信息处理设备，以微机为中心，采用传真机、复印机、打印机、电子邮件（E-mail）国际互联网络与局域网络等一系列现代化办公及通信设施，全面而又广泛地收集、整理、加工、使用信息，提高人的工作质量和效率，为科学科理决策提供服务。OA系统主要包括事务型办公系统、管理型办公系统、决策型办公系统、计算机机房建设等系统类别。

（13）物业管理

主要为物业管理部门管理项目运作提供高效的、科学的和方便的流程管理。对写字楼、酒店公寓、居民小区、商业广场、百货商场及综合性物业管理项目进行有效管理，也可根据客户的需求做二次开发及与大厦的中控平台或车库管理、远程抄表管理等各管理子系统连接。

（14）信息资源管理

有狭义和广义之分。狭义的信息资源管理是指对信息本身，即信息内容实施管理的过程。广义的信息资源管理是指对信息内容及与之相关的资源，如设备、设施、技术、投资、信息人员等进行管理的过程。

信息资源管理过程始于信息人员对用户（在此充当信源）的信息需求的分析，以此为起点，经过信源分析、信息采集与转换、信息组织、信息存储、信息检索、信息开发（即信息再生）和信息传递等环节，最终满足用户（在此充当信宿）的信息需求。

（15）LED 大屏幕显示系统

是一个集计算机网络技术、多媒体视频控制技术和超大规模集成电路综合应用技术于一体的大型的电子信息显示系统，具有多媒体、多途径、可实时传送的高速通信数据接口和视频接口。

（16）综合布线系统

GC 综合布线采用高质量标准化线缆及相关连接硬件，在建筑物内组成标准、灵活、开放的信息传输通道。它是智能建筑必备的基础设施。它采用积木式结构、模块化设计、统一的技术标准，能够满足智能建筑的信息传输要求。

三、智能楼宇的技术基础

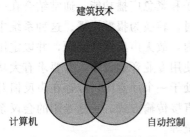

图 1-6　智能楼宇的技术基础

智能楼宇是多种高技术的结晶，是建筑技术、计算机技术、自动控制技术和通信技术相结合的产物，即所谓 3C＋A 技术（Computer、Control、Communication、Architecure）。其中，建筑技术提供建筑物环境，是支持平台；计算机技术与通信技术的充分融合提供了信息基础设施；计算机技术与自动控制技术的结合为人们创造了感觉舒适、节省能源并且高度安全的工作环境；多元信息的传输、控制、处理与利用，使人们摆脱了置身"孤岛"的感觉；丰富的信息资源，完善、便捷的信息交换，为人们的工作带来了前所未有的高效率。见图 1-6。

四、智能楼宇的基本要求、目标、服务功能

智能楼宇是指对建筑物的结构、系统、服务和管理四个基本要素以及通过它们之间的内在联系，运用系统工程的观点进行优化组合（系统集成），提供一个投资合理的，具有高效、舒适、安全、方便环境的建筑物。

智能楼宇应满足两个基本要求，达到四个主要目标，实现三项服务功能。

（1）两个基本要求

① 对楼宇管理者来说，智能楼宇应当有一套管理、控制、运行、维护和通信设施，花较少的经费便能够及时地与外界取得联系（如消防队、医院、安全保卫机关、新闻单位等）。

② 对楼宇的使用者来说，应有一个有利于提高工作效率、有利于激发人的创造性的环境。

（2）四个主要目标

① 能够提供高度共享的信息资源。

② 确保提高工作效率和舒适的工作环境。

③ 节约管理、运行费用，达到短期投资长期受益的目标。

④ 适应管理工作的发展需要，做到具有可扩展性、可变性，适应环境的变化和工作性质的多样化。

（3）三项服务功能

① 安全服务功能，包括：防盗报警；出入口控制；闭路电视监视；保安巡更管理；电梯安全与运控；周界防卫；火灾报警；消防；应急照明；应急呼叫。

② 舒适服务功能，包括：空调通风；供热；给排水；电力供应；闭路电视；多媒体音响；智能卡；停车场管理；体育、娱乐管理。

③ 便捷服务功能，包括：办公自动化系统；通信自动化系统；计算机网络；结构化综合布线；商业服务；饮食业服务；酒店管理。

（4）四个基本组成

结构——建筑环境结构。

系统——智能化系统。

服务——住、用户需求服务。

管理——物业运行管理。

这四个基本组成部分缺一不可，它们既相互关联，又互相依存，组成一个完整一致的智能楼宇体系。

在进行智能楼宇的功能设计时，必须对整个楼宇的结构、系统、服务和管理四个方面综合考虑，将语音、数据、图像及监控信号等经过统一的规划，综合在结构化的布线系统里。它牵涉多系统之间的协调配合，防止系统整体结构混乱，系统分离脱节，服务缺乏保证，管理功能不全，给楼宇的拥有者在经济上造成浪费和损失。

［课后习题］

① 与传统建筑相比，智能楼宇有哪些优点？

② 为什么说智能楼宇能满足多种用户对不同环境功能的要求？

③ 较完善的智能楼宇主要包括哪些系统？

任务二　智能楼宇弱电系统设计

［任务目标］

了解智能楼宇弱电系统的系统分析方法，确定系统设计的原则和步骤，提出系统设计的要素和标准，现场勘查、提出系统架构方案，确定系统设计方案，制定实施计划。

［任务内容］

① 智能楼宇弱电系统的需求分析。

② 智能楼宇弱电系统设计的原则和步骤。

③ 智能楼宇弱电系统设计的要素和标准。

［知识点］

一、智能楼宇弱电系统的需求分析

智能楼宇弱电系统需求分析过程，可分解为需求描述、需求分析、需求的验证和确认三个阶段，对每一个阶段都进行深入的探讨，以形成一个通用的、能够获得合理需求的分析模型。

(1) 需求描述

一般而言，建设方对整个建设项目的目标（建设项目的档次定位、目标用户群、投资、进度、质量等）有较明确的把握和深刻的理解，整个项目所有的子系统，包括土建、给排水、智能化系统等，都要为这个目标服务。由于智能化系统直接面对最终用户，因此，智能化系统还是体现该目标的一个主要着力点。

智能化系统的需求，通常由建设方的技术人员综合各部门的意见，从用户的角度出发，以简明扼要的方式提出。在提出需求的时候，应该是以理性、实用为建设理念，面向使用者与管理者，追求适用、成熟、性能稳定、使用便利。

系统需求应对以下三个主要方面进行描述。

① 功能需求　即明确表述系统必须完成的总体功能。例如，由于本系统面向高端用户，因此，系统必须提供足够的网络带宽和互联网出口带宽。

② 性能需求　即系统服务所应遵循的一些约束和限制。例如，系统的响应时间、可靠性、灵活性、安全性、健壮性等要求，以及系统的通信和连接能力的要求。举例说明：由于会展中心部分的用户具有较大流动性，因此该部分网络服务必须具有高度的灵活性、便利性和可扩展性，以便于临时用户的快速接入以及展位的可能变化。

③ 将来可能提出的要求　即将来可能要对系统进行的扩充和修改。建设方（尤其是房地产开发商）通常需要根据市场需求的变化，随时改变销售的策略，并调整各项系统的功能，例如，目前设计为商场的某些区域，将来根据需要，可能会改为写字楼出租。

综上所述，在本阶段，智能大厦的建设方的任务是提出合理、实际、有前瞻性的需求，完整表达建设方对智能化系统的期望。

(2) 需求分析

委托设计咨询单位，对其需求进行细化和分析。其主要任务是将建设方在需求描述中所表达的笼统意图，转化为具体、专业的实现方法，并对该方法进行性能和效益分析。在这一部分，需要进行如下三个步骤的工作。

① 系统的整体规划　包括系统的设计原则、设计理念、实现目标以及系统的定位。系统的整体规划，要与建设方对整个建设项目的目标相适应，同时，也要与当前的主流技术和建设方投入的资金相适应。还应该考虑周围的环境，还可以与相类似的智能大厦的弱电系统进行比较。

② 系统的结构化分析　从软件工程学中借鉴过来的结构化分析（SA）方法，是一种自顶向下、逐步求精的分析方法，分解和抽象是结构化分析的主要特点。

在进行结构化分析的时候，采用一些图形工具较为方便。常用的工具是层次方框图，它是用树形结构的一系列多层次的矩形框描绘系统的层次结构。树形结构的顶层是一个单独的矩形框，它代表完整的系统，下面的各层矩形框代表这个系统的子集，最底层的各个框代表组成这个系统的实际元素，这些元素不能再分割。

③ 文档规范　对系统的分析结果，应该用文档正式地记录下来。作为需求分析的阶段性成果，在文档中至少应该包括以下内容。

系统的规格说明，主要描述目标系统的概念、功能要求、性能要求、运行要求、将来可能需要的可预见的扩充和修改。

系统各组成部分的详细描述，包括该子系统的组成内容、用途，采用的技术，子系统运行或运营及维护的方式，向建设方提出的建议等。

相似系统的类比，包括功能、性能、投资等。

系统的投资效益比。

用户系统描述，即从用户使用系统的角度描述系统的使用方法。

系统设计计划，需要其他专业提供的接口、数据等，以及设计咨询单位的设计进度计划。

（3）需求的验证和确认

得出需求分析的结果后，应对其进行三个方面的验证。

a. 一致性：即需求报告中的所有需求应该是一致的，不能相互冲突。

b. 完整性：需求是完整的，能够充分覆盖用户的意图。

c. 现实性：需求是可实现的，是能为用户产生效益的。

经过建设方和设计咨询单位的验证后，双方都应在文档上签字确认，作为下一步工作的依据。

二、智能楼宇工程方案设计原则

智能楼宇工程方案设计应遵循技术先进、功能齐全、性能稳定、节约成本的原则，应综合考虑施工、维护及操作，并为今后的发展、扩建、改造等因素留有扩充的余地。设计内容应是系统的、完整的、全面的，设计方案应具有科学性、合理性、可操作性。

① 先进性与适用性　系统的技术性能和质量指标应达到领先水平；同时，系统的安装调试、软件编程和操作使用又应简便易行，容易掌握，适合中国国情和本项目的特点。系统是面向各种管理层次使用的系统，其功能的配置以提供舒适、安全、方便、快捷为准则，其操作应简便易学。

② 经济性与实用性　充分考虑实际需要和信息技术发展趋势，根据现场环境，选用功能适合现场情况和要求的系统配置方案，实现最佳的性能价格比，以便节约工程投资，同时保证系统功能实施的需求，经济实用。

③ 可靠性与安全性　系统的设计应具有较高的可靠性，在系统故障或事故造成中断后，能确保数据的准确性、完整性和一致性，具备迅速恢复的功能，同时系统具有一整套完整的系统管理策略，可以保证系统的运行安全。

④ 开放性　以现有成熟的产品为对象设计，同时考虑到周边信息通信环境的现状和技术的发展趋势，可以与消防、防盗、聚光系统实现联动，具有 RJ-45 网络通信接口，可实现远程控制。

⑤ 可扩充性　系统设计中考虑到今后技术的发展和使用的需要，具有更新、扩充和升级的可能，并根据今后该项目工程的实际要求扩展系统功能，同时在方案设计中留有冗余，以满足今后的发展要求。

⑥ 追求最优化的系统设备配置　在满足对功能、质量、性能、价格和服务等各方面要求的前提下，追求最优化的系统设备配置，以尽量降低系统造价。

⑦ 保留足够的扩展容量　在项目设备的控制容量上保留一定的余地，以便在系统中改造新的控制点；系统中还应保留与其他计算机系统或自动化系统连接的接口，并尽量考虑未来科学的发展和新技术的应用。

三、智能楼宇弱电系统设计的步骤

智能楼宇弱电系统设计的过程，就是根据智能楼宇的需求优选各种先进的技术和设备，并使之组成为一个完整的系统解决方案的过程，从而最终提供一个完整的、一体化的集成系统。通常智能楼宇中弱电系统设计分为以下几个步骤进行。

① 确认智能楼宇弱电系统设计的需求　根据业主对楼宇的初步需求，结合楼宇的功能用途和楼宇的建设和投资规模，为业主提供一个主要体现功能性的初步设计方案，同时结合初步设计方案向业主介绍方案的功能组成，说明投资与效益之间的关系，经引导业主进一步确定楼宇的实际需求。上述过程经过多次反复，并得到业主的确认许可后，最终形成业主对楼宇在智能化方面的基本功能要求。

② 系统组成结构的设计　根据业主对楼宇的需求，即可进行系统组成结构的设计。根据需求中不同的功能，来确定相应的子系统，同时根据不同子系统的实际情况和资金情况，来决定楼宇弱电系统集成的方式，是分层次进行集成，还是整体直接进行系统集成，是分阶段进行系统集成，还是一次性实施系统集成。一般应考虑一期工程、二期工程各自需要的功能。

③ 系统集成的深化设计　这一设计步骤是系统集成设计中的重点。系统组成结构确定以后，即可着手各子系统的功能深化设计，同时汇总各子系统对外的接口，分析各个接口的通信和协议要求，以确定各子系统互联的方式，具体进行系统集成的深化设计。系统集成深化设计的同时应考虑系统的投资。系统功能越善，投资的费用就会越高，因此，系统功能的需求应该是合理的，并符合实际需要，量力而行。

④ 系统集成现场监控点和信息的设置　进行系统集成的深化设计以后，各子系统的功能要求均已具体明确化，根据这些功能要求，可确定这些子系统监控点和信息点在建筑平面图上的设计位置和数量，确定楼层信息点的分布和数量，以及弱电系统共走线槽的问题。

四、智能楼宇弱电系统设计的有关标准要求

为了规范智能楼宇建筑工程设计，提高智能楼宇的设计质量，智能楼宇应根据标准设计的要求进行：

① 智能办公楼、综合楼、住宅楼的新建、扩建、改建工程，其他工程项目都应根据标准设计的要求进行设计；

② 智能楼宇中各种智能化弱电系统应根据使用功能、管理功能和建设投资等划分为甲、乙、丙三级（住宅除外）进行设计；

③ 必须遵守国家有关方针，设计做到技术先进，经济合理，实用可靠；

④ 智能楼宇工程设计除应执行智能楼宇设计标准外，应符合国家现行有关标准的规定；

⑤ 将楼宇或楼宇群内的电力、照明、空调、给排水、防灾、保安、车库管理等设备或系统，经集中监视、控制和管理为目标，构成综合系统；

⑥ 通信网络系统是楼宇内的语音、数据、图像资料传输的基础，同时与外部通信网络互联，应确保信息畅通；

⑦ 办公自动化系统是应用计算机技术、通信技术、多媒体技术和行为科学等先进技术，使人们的部分办公业务借助于各种办公设备，并由这些办公设备和办公人员构成服务于某种办公目标的人机信息系统；

⑧ 综合布线系统是建筑物或建筑群内部之间的传输网络；

⑨ 弱电系统集成，是将智能楼宇内不同功能的智能化子系统在物理上、逻辑上和功能上连接在一起，以实现信息综合、资源共享。

五、智能楼宇设计要求

根据不同的楼宇要求，需配置相应的系统。如学校建筑智能化系统的配置如表 1-1 所示。

表 1-1　学校建筑智能化系统的配置

智能化系统			普通全日制高等院校	高级中学和高级职业中学	初级中学和小学	托儿所和幼儿园
智能化集成系统			○	○	○	○
信息设施系统	通信接入系统		●	●	●	●
	电话交换系统		●	●	●	●
	信息网络系统		●	●	●	○
	综合布线系统		●	●	●	●
	室内移动通信覆盖系统		●	○	●	●
	有线电视及卫星电视接收系统		●	●	●	●
	广播系统		●	●	●	●
	会议系统		●	●	●	●
	信息导引及发布系统		●	●	●	●
	时钟系统		●	●	●	●
	其他相关的信息通信系统		○	○	○	○
信息化应用系统	教学视、音频及多媒体教学系统		●	●	○	○
	电子教学设备系统		●	●	●	●
	多媒体制作与播放中心系统		●	●	○	○
	教学、科研、办公和学习业务应用管理系统		●	○	○	○
	数字化教学系统		●	○	○	○
	数字化图书馆系统		●	○	○	○
	信息窗口系统		●	○	○	○
	资源规划管理系统		●	○	○	○
	物业运营管理系统		●	●	●	○
	校园智能卡应用系统		●	●	●	○
	信息网络安全管理系统		●	●	●	○
	指纹仪或智能卡读卡机（电脑图像识别系统）		○	○	○	○
	其他业务功能所需的应用系统		○	—	—	—
建筑设备管理系统			●	○	○	○
公共安全系统	火灾自动报警系统		●	●	○	○
	安全技术防范系统	安全防范综合管理系统	●	●	●	●
		周界防护入侵报警系统	●	●	●	●
		入侵报警系统	●	●	●	●
		视频安防监控系统	●	●	●	●
		出入口控制系统	●	●	●	○
		电子巡查系统	●	●	●	●
		停车场管理系统	○	○	○	○

续表

	智能化系统	普通全日制高等院校	高级中学和高级职业中学	初级中学和小学	托儿所和幼儿园
机房工程	信息中心设备机房	●	●	●	●
	数字程控电话交换机系统设备机房	●	●	●	●
	通信系统总配线设备机房	●	●	●	●
	智能化系统设备总控室	○	○	○	○
	消防监控中心机房	●	●	○	○
	安防监控中心机房	●	●	○	○
	通信接入设备机房	○	○	○	○
	有线电视前端设备机房	●	●	●	●
	弱电间（电信间）	●	●	●	●
	其他智能化系统设备机房	●	○	○	○

注：●需配置；○宜配置。

（1）智能楼宇设计要求

① 应将公共通信网上光缆、铜缆线路系统或光缆数字传输系统引入楼宇内，并可根据楼宇内使用者的需求，将光缆延伸至用户的工作区。

② 设置用户的接入网设备。

③ 根据楼宇自身的类型和用户接入公用通信网的条件，适当超前配置相应的通信系统。

④ 楼宇相应部位设置或预留甚小口径天线、地球站卫星通信系统天线与室外单元设备安装的空间。

⑤ 楼宇内应有有线电视系统（含闭路电视系统）及广播卫星电视系统。

⑥ 楼宇内应根据实际需求设置或预留电视会议室。

⑦ 根据实际需求，楼宇内可设置多功能会议室。

⑧ 楼宇内可设置公共广播系统。

（2）智能楼宇的设计等级

智能楼宇定为三种不同的设计等级，它们是：

a. 智能楼宇的甲级设计等级；

b. 智能楼宇的乙级设计等级；

c. 智能楼宇的丙级设计等级。

对于不同设计等级的智能楼宇，有不同的设计要素和要求。

（3）办公自动化系统的设计要求

办公自动化系统应能为楼宇的管理者、楼宇内的使用者创造良好的信息环境，并提供有效的办公信息服务。

办公自动化系统应能对来自楼宇内外的各类信息进行收集、处理、存储、检索等综合处理，并提供办公事务决策和支持的功能。

通用办公自动化系统应具有以下功能：楼宇内的物业管理营运信息、电子账务、电子邮件、信息发布、信息检索、导引、电子会议，以及文字处理、文档管理等。

对于专业型办公自动化系统，智能楼宇办公自动化系统的设计应以既能满足通用办公自动化的要求，又能为专用办公自动化系统打下基础作为设计的主要内容。

办公自动化系统应建立在计算机网络基础上，实现信息资源共享，同时应具备广域网连接的能力，实现与因特网的连接。

（4）楼宇自动化系统的设计要求

① 楼宇内各类设备的监视、控制、测量，应做到运行安全、可靠，节省能源，节省人力。

② 楼宇设备监控系统的网络结构模式应采用集散或分布式控制方式，由管理层网络和监控层网络组成，实现对设备运行状态的监视和控制。

③ 楼宇设备监控系统应能实时采集、记录设备运行的有关数据，并进行分析处理。

④ 楼宇设备监控系统应满足管理的需要。

⑤ 对空调系统设备、通风设备及环境监测系统等运行工况的监视、控制、测量、记录。

⑥ 对供配电系统、变配电系统、应急（备用）电源设备、直流电源设备、大容量不停电电源设备进行监视、测量、记录。

⑦ 对动力设备和照明设备进行监视和控制。

⑧ 对给排水系统的给排水设备、饮水设备及污水设备等运行工况的监视、控制、测量、记录。

⑨ 对热力系统的热源设备等运行工况的监视、控制、测量、记录。

⑩ 对公共安全防范系统、火灾自动报警与消防联动控制系统运行工况的监视、控制、测量、记录。

⑪ 对电梯及自动扶梯的运行监视。

（5）安全防范系统的设计要求

① 安全防范系统的设计应根据楼宇的使用功能、建设标准及安全防范管理的需要，综合运用电子信息技术、计算机网络技术、安全防范技术等，构成先进、可靠、经济、配套的安全技术防范体系。

② 安全防范系统的设计及其各子系统的配置须遵循国家相关安全防范技术规程并符合先进、可靠、合理、适用的原则。系统的集成应以结构化、模块化、规范化的方式来实现，应能适应工程建设发展和技术发展的需要。

③ 安全防范系统的设计应根据被保护对象的风险等级，确定相应的防护级别。满足整体纵深防护和局部纵深防护的设计要求，以达到所要求的安全防范水平。

④ 安全防范系统的结构模式有集成式安全防范系统、综合式安全防范系统、组合式安全防范系统。

三种模式构成的安全防范系统，均应设置紧急报警装置，并留有与外部公安 110 报警中心联网的通信接口。

⑤ 安全防范系统的主要子系统有入侵报警系统、电视监控系统、出入口控制系统、巡更系统、汽车库（场）管理系统、其他子系统。

（6）综合布线系统的设计要求

① 综合布线系统的设计应满足建筑物或建筑群内信息通信网络的布线要求，应支持语音、数据、图像等业务信息传输的要求。

② 综合布线系统是建筑物或建筑群内信息通信网络的基础传输通道。设计时，应根据各楼宇项目的性质、使用功能、环境安全条件，以及按用户近期的实际使用和中远期发展的需求，进行合理的系统布局和管线设计。

③ 综合布线系统的设计应具有开放性、灵活性、可扩展性、实用性、安全可靠性和经济性。

（7）系统集成的设计要求

① 为满足智能楼宇功能、管理和信息共享的要求，可根据楼宇的规模对智能化系统进

行不同程序和集成。

② 系统集成应汇集楼宇内外各种信息。

③ 系统应对楼宇内的各个智能化子系统进行综合管理。

④ 信息管理系统应具有相应的信息处理能力。

⑤ 对智能化系统的集成，设备的通信协议和接口应符合国家现行有关标准的规定。

⑥ 系统集成管理系统应具有可靠性、容错性和可维护性。

(8) 智能化系统设备的供电与接地的设计要求

① 智能化系统设备的供电与接地应做到安全可靠、经济合理、技术先进。

② 应对智能化系统设备进行分类，根据分类配置相应的电源设备。

③ 为满足将来扩容的需要，电源设备机房应留有裕量。

④ 供电电源质量应符合国家现行有关规范和产品使用技术条件的规定。

⑤ 根据智能化系统的规模大小、设备分布及对电源需求等因素，采取 UPS 分散供电方式或 UPS 集中供电方式。

⑥ 电力系统与弱电系统的线路应分开敷设。

⑦ 应采用总等电位连接，各楼层的智能化系统设备机房、楼层弱电间、楼层配电间等的接地应采用局部等电位连接。接地极当采用联合接地体时，接地电阻不应大于 1Ω；当采用单独接地体时，接地电阻不应大于 1Ω。

⑧ 智能化系统设备的供电系统应采用过压保护等保护措施。

⑨ 在智能化系统设备和电气设备的选择及线路敷设时，应考虑电磁兼容问题。

(9) 舒适的设计要素

① 智能楼宇的环境设计应向人们提供舒适、高效的工作环境。

② 可视环境和不可视环境都应满足人们的舒适要求。

③ 设计必须考虑节约投资和节约能源，并采用环保型照明。

④ 楼宇的空间应有高度的适应性、灵活性及空间的开敞性。

⑤ 可视环境中的建筑造型、色彩、室内装饰及家具等应协调，不可视环境中的噪声、湿度及心理环境应舒适。

⑥ 视觉照明应能满足人们的美感，确保人们生理和心理舒适及保护视力的要求。

六、智能楼宇工程方案设计规范和依据

① GB/T 50314—2000《智能建筑设计标准》

② GBJ 13-32—2000《建筑智能化系统工程设计标准》

③ GB/T 50311—2000《建筑与建筑群综合布线系统工程设计规范》

④ JGJ/T 16—1992《民用建筑电气设计规范》

⑤ GB 50198—94《民用闭路监控电视系统工程技术规范》

⑥ GB 50348—2004《安全防范工程技术规范》

⑦ GA/T 75—94《安全防范工程工序与要求》

⑧ GA/T 308—2001《安全防范系统验收规则》

⑨ GB 50307—2002《智能建筑工程质量验收规范》

⑩ DG/TJ 08-601—2001《智能建筑施工及验收规范》

⑪ GB/T 50312—2000《建筑与建筑群综合布线系统工程验收规范》

⑫ GB/T 16572—1996《防盗报警中心控制台》

⑬ GB 16796—1997《安全防范报警系统设备安全要求和试验方法》

⑭ GA/T367—2001《入侵报警系统技术要求》

⑮ GA/T368—2001《视频安防监控系统技术要求》

［课后习题］

① 智能楼宇弱电系统设计的原则是什么？

② 智能楼宇弱电系统设计分哪几个步骤？

③ 进行智能楼宇系统设计时主要应遵守哪些设计规范和标准？

任务三　智能楼宇弱电系统工程实施

［任务目标］

掌握智能楼宇弱电系统工程实施的要点，了解工程实施的规范和标准，了解施工组织设计，学会施工图的绘制，了解工程项目的实施过程，了解工程项目的管理。

［任务内容］

① 智能楼宇弱电系统工程实施的要点。

② 智能楼宇弱电系统施工组织设计。

③ 智能楼宇弱电系统施工图的绘制。

④ 智能楼宇弱电系统工程项目的实施过程。

⑤ 智能楼宇弱电系统工程项目的管理。

［知识点］

一、智能楼宇弱电系统工程实施的要点

由于楼宇的性质、功能和规模的不同，弱电工程的安装与施工内容各不相同。信息点多的高楼大厦，弱电系统工程在室内进行安装和施工，相应的管线敷设简单。若是工业建筑，则既有室内又有室外作业，管线敷设比较复杂。施工时需要充分考虑楼宇的现状，与土建、设备、管道、电力、照明和空调等专业密切配合，按照设计要求进行施工，且要解决弱电工程综合管线与土建工程的施工配合，弱电工程和与装修工程的配合问题。

弱电系统安装施工有它自身的特点，系统多而且复杂，技术先进。施工周期长，作业空间大，使用的设备和材料多，有些设备不但很精密，价格也十分昂贵。

智能楼宇弱电系统中涉及计算机、通信、无线电、传感器件等多方面的专业，给调试工作增加了复杂性。智能楼宇弱电系统工程施工，目前主要以手工操作加电动工具、液压工具配合施工。施工质量要求按国家和有关部委弱电工程施工及验收规范中的有关规定执行。可靠性是整个弱电施工质量的核心。

施工过程中需要把握三个环节、六个阶段。

（1）三个环节

① 弱电集成系统施工图的会审　在图纸会审前，施工单位必须向建设单位索取施工图。

负责施工的技术人员首先认真阅读施工图，熟悉图纸的内容和要求，把疑难问题整理出来，把图纸中存在的问题记录下来，在设计交底和图纸会审时解决。

图纸会审应由弱电工程总承包方组织和领导，分别由建设单位，各子系统设备供应商，系统安装承包商参加，有步骤地进行。按照工程的性质、图纸的内容等，分别组织会审工作。会审结果应当形成纪要，由设计、建设、施工三方共同签字，并且分发下去，作为施工图的补充技术文件。

② 弱电集成系统施工工期的时间表 该时间表的主要时间段内容包括系统设计、设备生产与购买、管线施工、设备验收、系统调试、培训和系统验收等。同时，工程施工界面的协调和确认应当形成纪要或界面协调文件。

③ 弱电集成系统工程施工技术交底 技术交底的主要内容包括施工中采用的新技术、新工艺、新设备和操作使用方法，新材料的性能，预埋部件注意事项。技术交底应当做好相应的记录。

（2）六个阶段

① 弱电集成系统预留孔洞、预埋线管与土建工程的配合 通常在楼宇土建初期的地下层工程中，涉及弱电集成系统线槽孔洞的预留，消防、保安系统线管的预埋。

② 线槽架的施工与土建工程的配合 弱电集成系统线槽架的安装施工，应在土建工程基本结束后，与其他管道（风管、给排水）的安装同步；也可以迟于管道安装一段时间（约15个工作日，但必须在设计上解决好弱电线槽架与管道在空间位置上的合理安置和配合。

③ 弱电集成系统布线和中央监控室布置与土建和装饰工程的配合 弱电集成系统布线和穿线工作，在土建完全结束后与装饰工程同步进行。中央监控室的装饰也应与整体的装饰工程同步，在中央监控室基本装饰完毕前，应将中央监控台、电视墙、模拟显示屏定位。特别注意中央监控室的门锁一定要装好。

④ 弱电集成系统设备的定位、安装、接线端连线 应在装饰工程基本结束时开始。相应监控的机电设备安装完毕以后，弱电系统集成设备的定位与安装和连线的顺序如下：中央监控设备、现场控制器、报警探头、传感器、摄像头、读卡器、计算网络设备。

⑤ 弱电集成系统的调试 基本上在中央监控设备安装完毕后即可进行，调试的顺序是：中央监控设备、现场控制器、分区域端接的终端设备、程序演示、部分开通、全部开通。

弱电集成系统的调试周期，大约需要30～45天。

⑥ 弱电集成系统的验收 由业主组织系统承包商，施工单位进行系统的竣工验收是对弱电系统的设计、功能和施工质量的全面检查。在整个集成系统验收前，分别进行集成系统各子系统的工程验收。为了做好系统的工程验收，需要进行以下两个方面的准备工作。

a. 系统验收文件 在施工图的基础上，将系统的最终设备，终端器件的型号、名称、安装位置、线路连线，正确地标注在楼层监控及信息点分布平面图上。同时要向业主提供完整的"监控点参数设定表"、"系统框图"、"系统试运行日登记表"等技术资料，为业主日后系统的升级和扩展、系统的维护和维修，提供一个有据可查的文字档案。

b. 系统的培训 弱电系统承包商要向业主提供不少于一周的系统培训课程，该培训课程需在工程现场进行。培训课程的内容是系统的操作、系统的参数敲定和修改、系统的维修等三个方面，同时进行必要的上机考核。

二、智能楼宇弱电系统施工图的阅读

(1) 建筑电气工程图的图样类别

建筑电气工程的图样一般有电气总平面图、电气系统图、电气设备平面图、控制原理图、接线图、大样图、电缆清册、图例、设备材料表及设计说明等。

① 电气总平面图　电气总平面图是在建筑总平面图上表示电源及电力负荷分布的图样，主要表示各建筑物的名称或用途、电力负荷的装机容量、电气线路的走向及变配电装置的位置、容量和电源进户的方向。通过电气总平面图，可了解该项工程的概况，掌握电气负荷的分布及电源装置等。一般大型工程都有电气总平面图，中小型工程则由动力平面图或照明平面图代替。

② 电气系统图　电气系统图是用单线图表示电能或电信号按回路分配出去的图样，主要表示各个回路的名称、用途、容量以及主要用电设备的容量、控制方式等。通过电气系统图，可以知道该系统回路个数及主要用电设备的容量、控制方式等。

③ 电气设备平面图　电气设备平面图是在建筑物的平面图上标出电气设备、元件、管线实际布置的图样，主要表示其安装位置、安装方式、规格型号、数量及接地网等。通过平面图，可以知道每幢建筑物及其各个不同的标高上装设的电气设备、元件及管线等。

④ 控制原理图　控制原理图是单独用来表示电气设备及元件控制方式及其控制线路的图样，主要表示电气设备及元件的启动、保护、信号、联锁、自动控制及测量等。通过控制原理图可以知道各设备元件的工作原理、控制方式，掌握建筑楼宇功能实现的方法等。

⑤ 二次接线图（接线图）　二次接线图是与控制原理图配套使用的图样，用来表示设备元件外部接线及设备元件之间接线的。通过接线图，可以知道系统控制的接线及控制电缆、控制线路的走向及布置等。

⑥ 大样图　大样图一般是用来表示某一具体部位或某一设备元件的结构或具体安装方法的，通过大样图可以了解该项工程的复杂程度。一般非标准的控制柜、箱，检测元件和架空线路的安装等都要用到大样图。

⑦ 电缆清册　电缆清册是用表格的形式表示该系统中电缆的规格、型号、数量、走向、敷设方法、头尾接线部件等内容的。一般使用电缆较多的工程均有电缆清册，简单的工程通常没有电缆清册。

⑧ 图例　图例是用表格的形式列出该系统中使用的图形符号或文字符号的，目的是使读者容易读懂图样。

⑨ 设备材料表　设备材料表一般都要列出系统主要设备及主要材料的规格、型号、数量、具体要求或产地。但是表中的数量一般只作为概算估计数，不作为设备和材料的供货依据。

⑩ 设计说明　设计说明主要标注图中交待不清或没有用图表示的要求、标准、规范等。

(2) 图纸的格式与幅面大小

一个完整的图面由边框线、图框线、标题栏、会签栏等组成。由边框线所围成的图面，称为图纸的幅面。幅面的尺寸共分为五类：A0～A4，如表1-2所示。

表1-2　图纸幅面大小　　　　　　　　　　　　　　　　　　　mm

幅面大小	A0	A1	A2	A3	A4
宽×长	841×1189	594×841	420×594	297×420	210×297
边宽	10			5	
装订边宽	5				

为使图纸整齐统一，在选用图纸幅面时应以一种规格的图纸为主，尽量避免大小幅面掺杂。在特殊情况下，允许 A3、A4 号图纸根据需要加长，A0、A1、A2 号图纸一般不得加长。

① 标题栏、会签栏　标题又称为图标，是用以确定图纸的名称、图号、张次、更改和有关人员签署等内容的栏目。标题栏的方位一般在图纸的下方或右方，也可以放置在其他位置。但标题栏的文字方向为看图方向，即图中的说明、符号均应以标题栏的文字方向为准。

② 图幅分区　图幅分区的方法是将图纸相互垂直的两边各自加等分，分区的数目视图的复杂程度而定，但每边必须为偶数。每一分区的长度为 25~75mm；分区代号，竖边方向用大写拉丁字母从上到下标注，横边方向用阿拉伯数字从左到右编号。分区代号用字母和数字表示，字母在前，数字在后。

③ 图线　绘制电气图所用的线条称为图线。线条在机械工程图和电气工程图中有不同的用途。如表 1-3 所示。

表 1-3　图线的形式及应用

序号	图线	图线形式	机械工程图	电气工程图
1	粗实线	———	可见轮廓线	电气线路、一次线路
2	细实线	———	尺寸线、尺寸界线、剖面线	二次线路、一般线路
3	虚线	---------	不可见轮廓线	屏蔽线、机械连线
4	点画线	—·—·—	轴心线、对称中心线	控制线、信号线、围框线
5	双点画线	—··—··—	假想的投影轮廓线	辅助围框线、36V 以下线路

绘制图纸的线条粗细原则是，以细实线绘制建筑平面图，以粗实线绘制电气线路，以突出线路图例符号为主，建筑轮廓为次，这样做主要是为达到主次有别，方便施工的目的。

④ 字体　图面上的汉字、字母和数字是图的重要组成部分，一般汉字有长仿宋体，字母、数字用直体。图面上的字体大小，应视图幅大小而定。字体的最小高度如表 1-4 所示。

表 1-4　字体的最小高度

基本图纸幅面	A0	A1	A2	A3	A4
字体最小高度	5	3.5		2.5	

⑤ 比例　图纸上所画图形的大小与物体实际大小的比值称为比例。电气设备布置图、平面图和电气构件详图通常按比例绘制。比例的第一个数字表示图形的尺寸，第二个数字表示实物为图形的倍数。例如 1:10 表示图形大小只有实物大小的 1/10。比例的大小是由实物大小与图纸幅面代号相比较而确定的，一般在平面图中可选取 1:10、1:20、1:50、1:100、1:200、1:500。施工时，如需确定电气设备安装位置的尺寸或用尺量取时，应乘以比例的倍数，例如图纸比例是 1:100，量得某段线路为 15cm，则实际长度为 15cm×100＝1500cm＝15m。

⑥ 方位　电气平面图一般按上北下南、左西右东来表示建筑物和设备的位置和朝向。但在室外总平面图中都用方位标记（指北指针）来表示朝向，其箭头指向表示正北方向。

⑦ 安装标高　在电气平面图中，电气设备和线路的安装高度是用标高来表示的。标高有绝对标高和相对标高两种表示法。

绝对标高是我国的一种高度表示方法，是以我国青岛外黄海平面作为零点而确定的高度尺寸，所以又可称为海拔。如海拔 1000m，表示该地高出海平面 1000m。

相对标高是选定某一参考面为零点而确定的高度尺寸。建筑工程图上采用的相对标高，一般是选定建筑物室外地坪面为±0.00m，标注方法为：如某建筑面、设备对室外地坪安装高度为5m，可标注为＋5m。

在电气平面图中，还可选择每一层地坪或楼面为参考面，电气设备和线路安装、敷设位置高度以该层地坪为基准，一般称为敷设标高。例如某开关箱的敷设标高为1.4m，则表示开关箱外壳底距地坪1.40m。

⑧ **定位轴线**　在建筑平面图中，建筑物都标有定位轴线，一般是在剪力墙、梁等主要承重构件的位置画出轴线，并标上轴线号。定位轴线编号的原则是：在水平方向采用阿拉伯数字，由左向右注写；在垂直方向采用拉丁字母（其中I、O、Z不用），由上往下注写，数字和字母分别用点画线引出。

（3）电气图形符号

国家已制订和颁布的电气制图及电气图用图形符号、电气设备用图形符号和主要的相关国家标准有：GB 6988.1—1986～GB 6988.7—1986 电气制图标准 7 项；GB 4728.1—1985～GB 4728.13—1985 电气图用图形符号符号标准 13 项；GB 5465.1—1985～GB 5465.2—1985 电气设备用图形符号标准 2 项。

（4）项目种类代号

为便于查找、区分各种图形符号所表示的元件、器件、装置和设备等，在电气图和其他技术文件上采用一种称作"项目代号"的特定代码，将其标注在各个图形符号近旁，必要时也可标注在该符号表示的实物上或其近旁，以便在图形符号和实物之间建立起明确的一一对应关系。

相关标准有 5 项，即 GB 5094—1985《电气技术中的项目代号》，GB 7159—1987《电气技术中的文字符号制订通则》，GB 7356—1987《电气系统说明书用简图的编制》，GB 4026—1983《电器接线端子的识别和用字母数字符号标志接线端子的通则》，GB 4884—1985《绝缘导线的标记》等。

（5）阅读建筑电气工程图的一般步骤

阅读建筑电气工程图必须熟悉电气图基本知识（表达形式、通用画法、图形符号、文字符号）和建筑电气工程图的特点，同时掌握一定的阅读方法，才能比较迅速全面地读懂图纸，以完全实现读图的意图和目的。该方法为：了解概况先浏览，重点内容反复看；安装方法找技术要求查规范。具体针对一套图纸，一般多按以下顺序阅读（浏览），而后再重点阅读。

① **看标题栏及图纸目录**　了解工程名称、项目内容、设计日期及图纸数量和内容等。

② **看总说明**　了解工程总体概况及设计依据，了解图纸中未能表达清楚的各有关事项。如供电电源的来源、电压等级、线路敷设方法、设备安装高度及安装方式、补充使用的非国标图形符号、施工时应注意的事项等。有些分项局部问题是在分项工程的图纸上说明的，看分项工程图时，也要先看设计说明。

③ **看系统图**　各分项工程的图纸中都包含系统图，如变配电工程的供电系统图、电力工程的电力系统图、照明工程的照明系统图以及电缆电视系统图等。看系统图的目的是了解系统的基本组成，主要电气设备、元件等连接关系及它们的规格、型号、参数等，掌握该系统的组成概况。

④ **看平面布置图**　平面布置图是建筑电气工程图纸中的重要图纸之一，如变配电所电气设备安装平面图（还应有剖面图）、电力平面图、照明平面图、防雷和接地平面图等，都

是用来表示设备安装位置、线路敷设部位、敷设方法及所用导线型号、规格、数量、管径大小的。在通过阅读系统图，了解了系统组成概况之后，就可依据平面图编制工程预算和施工方案，具体组织施工了。阅读平面图时，一般可按此顺序：进线→总配电箱→干线→支干线→分配电箱→用电设备。

⑤ 看电路图　了解各系统中用电设备的电气控制原理，用来指导设备的安装和控制系统的调试工作。因电路图多是采用功能布局法绘制的，看图时应依据功能关系，从上到下或从左到右一个回路、一个回路地阅读。熟悉电路中各电器的性能和特点，对读懂图纸将是一个极大的帮助。

⑥ 看安装接线图　了解设备或电器的布置与接线。与电路图对应阅读，进行控制系统的配线和调校工作。

⑦ 看安装大样图　安装大样图是用来详细表示设备安装方法的图纸，是依据施工平面图进行安装施工和编制工程材料计划时的重要参考图纸。安装大样图多采用全国通用电气装置标准集。

⑧ 看设备材料表　设备材料表提供了该工程使用的设备、材料的型号、规格和数量，是编制购置设计、材料计划的重要依据之一。

(6) 常见弱电系统图的阅读注意事项

① 阅读通信系统图应注意并掌握的内容

a. 总机规格型号及门数、外线进户对数、电源装置的规格型号、总配线架或接线箱的规格型号及接线对数、外线进户方式及导线电缆穿管规格型号。

b. 各分路送出导线对数、房号插孔数量、导线及穿管规格型号，同时对照平面布置图，核对房号及编号。

c. 发射天线规格型号、根数、引入电缆规格型号。

② 阅读广播音响系统图应注意并掌握的内容

a. 广播音响设备规格型号，电源装置规格型号，送出回路个数及其开关规格型号，导线及管路规格型号，自办节目的设备规格型号及天线规格、型号，电缆引入方式。

b. 各分路送出导线回路数、房号、编号，对照平面图核对房号及编号。

③ 阅读电缆电视系统图应注意并掌握的内容

a. 天线个数及其规格型号，天线引入信号的 DB 值，前端设备的规格型号及输出信号的 DB 值，自办节目的设备规格型号，电缆的规格型号，电源装置规格型号及功能。

b. 系统的回路个数及电缆的规格型号、各回路从顶层至最底层各房间及信号的 DB 值、各插孔的规格型号。

c. 对照平面图核对编号及信号 DB 值。

d. 系统与保安系统的的联络方式及控制功能。

④ 阅读保安防盗系统图时应注意并掌握的内容

a. 机房监视器规格型号台数，信号报警装置型号规格，传输电缆规格型号，送入信号回路个数、编号及房号，摄像探测器型号、规格及个数，电源装置的规格型号。

b. 电门锁系统中控制盘的规格型号，监视回路个数、编号、房号，电源装置、管线缆规格型号。

c. 系统与电视和通信广播系统的联络方式等。

d. 对照平面图核对回路的编号、房号等。

⑤ 阅读微机监控系统图应注意并掌握的内容

a. CPU 主机规格型号台数，打印机、监视器、模拟信号装置的规格型号台数，电源装置及 UPS 规格型号，接线箱规格型号，引入回路个数、编号及房号，引入回路的管线电缆规格型号。

b. 数据采集器规格型号台数及功能，电磁量传感器及执行器规格型号台数，热工量和机械量传感器及执行器规格型号及台数，爆炸危险环境探测器及传感器、执行器的规格型号及台数，火灾探测器及传感器、执行器的规格型号及台数，有毒有害气体及环境保护监测传感器和执行器规格型号及台数，其他传感器、探测器、执行器规格型号及台数，并对照弱电平面图核对编号、房号。

c. 系统电源装置、系统与其他系统的联络及其管线缆等。其他系统指火灾报警、防盗保安、通信广播、电缆电视、自动化仪表系统等。

三、智能楼宇弱电系统工程项目的实施

① 可行性研究　建设单位实施弱电工程项目，必须进行工程项目的可行性研究。研究报告可由建设单位或设计单位编制，且对被防护目标的风险等级与防护等级、工程项目的内容和要求、施工工期与工程费用等进行论证。可行性研究报告批准后，进行正式工程立项。

② 弱电安装工程施工预算　按不同的设计阶段编制成的弱电安装工程预算，可以分为设计概算、施工图预算、设计预算及电气工程概算四种。

③ 弱电工程的招标　工程项目在主管部门和建设单位的共同主持下进行招标。工程招标应由建设单位根据任务书的要求编制招标文件，发出招标广告或通知。

建设单位组织招标单位勘察工程现场，负责解答招标文件中的有关问题。

中标单位根据建设单位设计任务书提出的委托书和设计施工的要求，提出工程项目的具体建议和工程实施方案。

④ 签订合同　中标单位提出的工程实施方案经建设单位批准后，委托生效，这时可签订工程合同。工程合同的条款应包含以下内容：工程名称和内容；建设单位和设计施工单位的责任和任务；工程进度和要求；工程费用和付款方式；工程验收方法；人员培训和维修；风险及违约责任；其他有关事项。

⑤ 工程初步设计的内容

a. 系统设计方案以及系统功能。

b. 器材平面布置图和防护范围图。

c. 系统框图及主要器材配套清单。

d. 中心控制室布局及使用操作。

e. 工程费用的概算和建设工期。

⑥ 工程方案认证

a. 对初步设计的各项内容进行审查。

b. 对工程设计中技术、质量、费用、工期、服务和预期效果做出评价。

c. 对工程设计中有异议的部分提出评价意见。

⑦ 正式设计　对工程设计方案进行论证后，进入正式设计阶段。正式设计包含以下内容：

a. 提交技术设计，施工图设计，操作、维修说明和工程费用预算书；

b. 建设单位对设计文件和预算进行审查，审批后工程进入实施阶段。

⑧ 工程施工

a. 依据工程设计文件所预选的器材及数量进行订货。

b. 按管线敷设图和施工规范进行管线敷设施工。

c. 按施工图的技术要求进行器材设备安装。

⑨ 系统调试 按系统功能要求进行系统调试。系统调试报告包括以下内容：

a. 系统运行是否正常；

b. 系统功能是否符合设计要求；

c. 误报警、漏报警的次数及产生原因；

d. 故障产生的次数及排除故障的时间；

e. 维修服务是否符合合同规定。

弱电系统种类很多，性能指标和功能特点差异很大。一般都先单体设备或部件调试，而后局部或区域调试，最后是整体系统调试。也有些智能化程度高的弱电系统，如智能化火灾自动报警系统，有些产品是先调试报警控制主机，再分别调试所连接的火灾探测器和各类接口模块与设备。弱电集成系统也是如此，在中央监控设备安装完毕后进行，调试步骤为中央监控设备→现场控制器→分区域端接的终端设备→程序演示→部分开通。

⑩ 竣工验收 弱电工程验收分为隐蔽工程、分项工程和竣工工程三项分步骤进行。

四、智能楼宇弱电系统工程的施工

弱电工程安装施工是依据设计与生产工艺的要求，依照施工平面图、规程规范、设计文件、施工标准图集等技术文件的具体规定，进行管路和设备器材的安装施工。按特定的线路保护和敷设方式，将电能合理分配输送至已安装就绪的用电设备及用电器具上。通电前，先对元器件各种性能进行测试，对系统进行调整试验，在试验合格的基础上，通电试运行，使之与生产工艺系统配套，使系统具备使用和投产条件。其安装质量必须符合设计要求、施工及验收规范和质量检验评定标准。

弱电安装工程施工，通常可分为两大阶段，即施工准备阶段、安装施工阶段。

(1) 施工准备阶段

施工准备工作的基本任务是：取得工程施工的法律依据；掌握工程的特点和关键；调查各种施工条件；创造计划、技术、物资、组织、场地等方面的必要条件，以保证工程开工和施工活动的顺利进行；预测可能发生的变化和出现的问题，提出应变措施，做好应变准备等。

施工准备工作中很大一部分工作就是施工组织设计。施工组织设计按编制的对象和范围不同，分为施工组织总设计、施工组织设计和施工方案三类。

施工组织总设计是以大厦或中型群体工程建设项目为对象的，其内容比较概括、粗略，可按图1-7的程序进行。

施工组织设计是在施工组织总设计指导下，以一个单位工程为对象，在施工图纸到达后编制的，内容较施工组织总设计详细具体。单位工程施工组织设计如图1-8所示。

施工方案是以单位工程中的一个分部工程或分项工程，或一个专业工程为编制对象，内容比施工组织设计更为具体，而且简明扼要。

(2) 安装施工阶段

① 弱电安装工程对土建工程的要求与配合 弱电安装工程与主体工程的主要配合是预埋。预埋可分为建筑工人预埋和安装电工预埋两种。具体分工按施工图纸决定。

② 提交进行电气安装的房屋应满足的条件：

a. 应结束屋内顶部的工作；

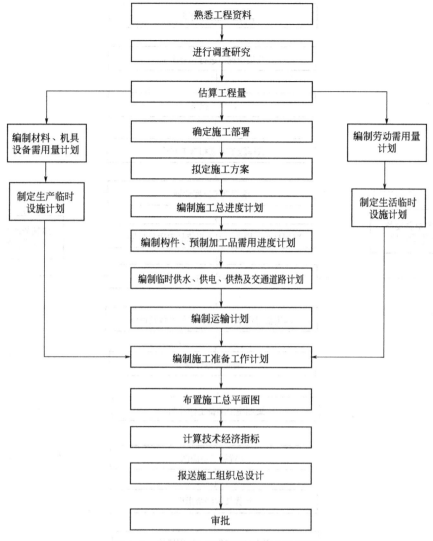

图 1-7 大、中型工程施工组织总设计图

b. 应结束粗制地面的工作，并在墙上标明最后抹光地面的标高；

c. 设备的混凝土基础及构架应达到允许进行安装的强度；

d. 对于需要进行修饰的墙壁、间墙、柱子及基础的表面，如在电气装置安装时或安装以后，由于进行修饰而可能损坏已装好的装置，或安装以后不能再进行修饰，则应在电气装置安装以前结束修饰工作；

e. 对于电气装置安装有影响的建筑部分的模板、脚手架应当拆除，并清除废料，但对于电气装置安装利用的脚手架等，可根据工作需要逐步加以拆除。

③ 提交进行电气安装的户外土建工程应满足的条件：

a. 安装电气装置所用的混凝土基础及构架，已达到允许进行安装的规定强度；

b. 模板和建筑废料已经清除，有足够的安装场地，施工用道路通畅；

c. 基坑已回填夯实；

d. 在电气装置安装过程中，一般允许在电气装置所用的金属构架安装以后，进行抹灰工作和进行建筑物表面的涂色及粉刷，但应注意不使已安装的装置遭受污损。

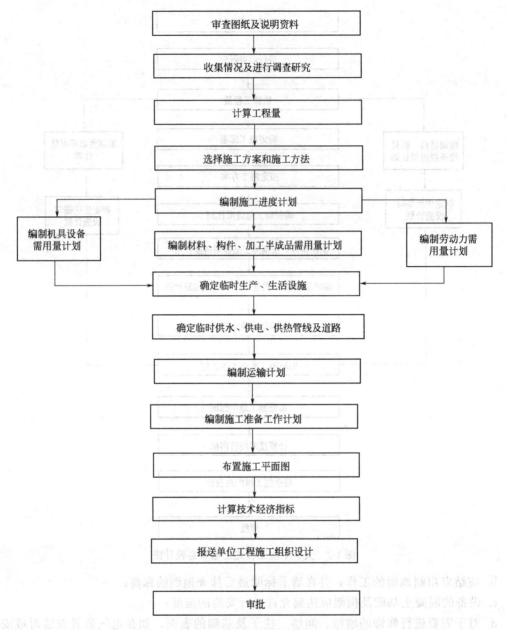

图1-8 单位工程施工组织设计或施工方案图

电气安装工程除了和土建有着密切的关系，需要协调配合外，还和其他安装工程，如给排水工程，采暖、通风工程等有着密切的关系。施工前应做好图纸会审工作，避免发生安装位置的冲突；互相平行或交叉安装时，必须保证安全距离要求，不能满足时应采取相应的保护措施。

五、智能楼宇弱电系统工程的项目管理

弱电工程的项目管理，按照ISO9001的工程质量规范要求，主要有施工管理、工程技术管理和质量管理。

（1）施工管理

① 施工进度管理　施工进行管理包括施工期间施工人员的组织、设备的供应、弱电工

程与土建工程、装修工程的配合等，通常必须通过建立工程进度表的方式来检验和管理。弱电施工进度表是在施工顺序的基础上建立的。其施工顺序有施工安装图设计，管线施工，设备安装前的验收，设备安装、调试，初开通和验收几个阶段。

② 施工界面管理　施工界面管理主要有高压配电柜接口界面、低压配电柜接口界面、空调设备接口界面、冷水机组接口界面、电梯运行监控接口界面、办公自动化系统的网络协议界面等。施工界面管理的中心内容是弱电系统工程施工、机电设备安装工程施工和装修工程施工在其工程施工内容界面上的划分和协调。

③ 施工组织管理　施工组织管理需要与施工进度管理密切结合，分阶段组织强有力的施工队伍，合理安排工程管理人员、技术人员、安装和调试人员的进场时间，保质保量地按时完成这个阶段的施工任务。

（2）**工程技术管理**

① 技术标准和规范管理　在弱电工程中，系统设计、设备提供和安装等环节上需要认真检查，对照有关的技术标准和规范，使整个管理处于受控状态。弱电工程中涉及的国家或行业的技术标准和规范很多，例如火灾报警系统、综合布线系统等。

② 安装工艺管理　弱电工程的技术管理主要抓安装设备的技术条件和安装工艺的技术要求。现场工程技术人员需要严格把关，遇到与规范和设计文件不相符的情况，或在施工过程中做了现场修改的内容，都要记录在案，为系统整体调试和开通建立技术管理档案和数据。

③ 技术文件管理　弱电工程的技术文件包括各弱电子系统的施工图纸、设计说明、相关的技术标准、产品说明书、各系统的调试大纲和验收规范、弱电集成系统的功能要求及验收标准。对这些文件需要实施有效科学的管理。

（3）**质量管理**

弱电工程质量管理执行 ISO9001 系统工程质量体系，贯穿于弱电系统的整个工程实施过程中。为了保证系统的高质量，需要确切做好质量控制、质量检验和质量评定。

质量管理需要抓好的环节有施工图的规范化和制图的质量标准；管线施工的质量检查和监督；配线规格的审查和质量要求；配线施工的质量检查和监督；现场设备和前端设备的质量检查和监督；主控设备的质量检查和监督；智能化弱电系统的监控；调试大纲的审核和实施以及质量监督；系统运行时的参数统计和质量分析；系统验收的步骤和方法；系统验收的质量标准；系统操作与运行管理的规范要求；系统的保养和维修的规范要求；年检的记录和系统运行总结。

[课后习题]

① 智能楼宇弱电系统工程实施的要点是什么？
② 智能楼宇弱电系统工程项目的实施分哪些步骤？
③ 什么是施工组织设计？
④ 智能楼宇弱电系统工程的项目管理包括哪些内容？

任务四　智能楼宇弱电系统工程验收

[任务目标]

了解智能楼宇弱电系统检测的过程，掌握智能楼宇弱电系统工程验收的种类、步骤，了解智能楼宇弱电系统工程验收规范和规则。

[任务内容]

① 智能楼宇弱电系统的检测。

② 智能楼宇弱电系统工程验收的种类。

③ 智能楼宇弱电系统工程验收的步骤。

④ 智能楼宇弱电系统工程验收规范。

[知识点]

一、智能楼宇弱电系统的检测

智能楼宇弱电系统安装、调试结束后，必须进行检测，检测合格后，才能进行工程的验收。

(1) 智能楼宇弱电系统检测应具备的条件

① 系统安装调试完成后，已进行了规定时间的试运行。

② 已提供了相应的技术文件和工程实施及质量控制记录。

(2) 系统检测方案的制定和批准

建设单位应组织有关人员依据合同技术文件和设计文件，以及规定的检测项目、检测数量和检测方法，制定系统检测方案并经检测机构批准实施。

(3) 检测实施

检测机构应按系统检测方案所列检测项目进行检测。

(4) 检测结论与处理

① 检测结论分为合格和不合格。

② 主控项目有一项不合格，则系统检测不合格；一般项目两项或两项以上不合格，则系统检测不合格。

③ 系统检测不合格应限期整改，然后重新检测，直至检测合格，重新检测时抽样数量应加倍；系统检测合格，但存在不合格项，应对不合格项进行整改，直至整改合格，并应在竣工验收时提交整改结果报告。

(5) 检测报告

检测机构应按规定填写系统检测记录和汇总表。

二、智能楼宇弱电系统工程验收的种类

智能楼宇弱电系统工程验收的种类有隐蔽工程验收、分项工程验收和竣工验收三种。

(1) 隐蔽工程验收

弱电工程中的线管预埋、直埋电缆、安置地极等都属于隐蔽工程。这些工程在下道工序施工前，应由建设单位代表进行隐蔽工程的检查验收，并且认真办理隐蔽工程验收手续，纳入技术档案。

(2) 分项工程验收

弱电工程在某个阶段工程结束后，或某个分项工程完工后，由建设单位会同设计单位进行分项验收；有些单项工程则由建设单位申报当地主管部门进行验收。火灾自动报警与消防控制系统由公安消防部门验收；安全防范系统由公安技术防范部门验收；卫星接收电视系统

由广播电视部门验收。

(3) 竣工验收

工程竣工验收是对整个工程建设项目的综合性检查验收。在工程正式验收前，应由施工单位进行预验收，检查有关的技术资料、工程质量，发现问题及时解决好。

智能楼宇弱电系统的验收，在各个子系统分别调试、检测完成后，演示相应的联动连锁程序。在完成整个系统验收文件以及系统正常运行1个月以后，方可进行系统验收。在整个集成系统验收前，也可分别进行集成系统各子系统的工程验收（如火灾自动报警与消防控制系统、安全防范系统等相对独立的子系统）。

三、智能楼宇弱电系统工程验收的方式、条件和依据

(1) 验收方式

① 中间验收　由监理单位组织，业主、承包商派人参加，验收资料作为最终验收的依据。包括：

a. 按照施工承包合同的约定，施工完成到某一阶段后要进行中间验收；

b. 重要的工程部位已完成了隐蔽前的施工准备工作，施工后该工作部位将置于无法查看的状态，对此要进行中间验收。

② 单项工程验收　由业主组织，会同施工单位、监理单位、设计单位及物业公司等有关单位共同进行验收。包括：

a. 建设项目中某个合同工程已全部完成；

b. 合同内约定有分步分项移交的工程已达到竣工标准，可移交业主投入运行的。

③ 行业主管部门和第三方验收　由国家、行业主管部门组织，业主、监理、设计单位、施工单位、物业公司参加验收。包括：

a. 建设项目按设计规定全部建设完成，系统试运行正常；

b. 系统运行性能通过权威机构检测；

c. 竣工验收所需资料已准备齐全。

④ 竣工验收　由业主组织，监理单位、设计单位、施工单位、物业公司等有关部门参加验收。包括：

a. 建设项目按设计规定全部建成，达到竣工验收条件；

b. 完成设备清点和系统移交；

c. 审核项目决算。

(2) 竣工验收条件

① 各系统管线、设备安装符合规范要求。

② 经过单体设备、单项系统、系统联动、系统集成调试，达到设计要求。

③ 系统经过一定时间的试运行，且试运行效果良好。

(3) 竣工验收依据

① 上级主管部门对该项目批准的各种文件。

② 工程设计文件。

③ 施工过程记录文件。

④ 国家颁布的各种标准、规范及行业规范。

⑤ 合同文件。

四、智能楼宇弱电系统工程竣工验收步骤

(1) 交工验收申请

整个项目如果将若干个合同交予不同的承包商实施，承包商已完成了合同工程或按合同约定可分步移交工程的，均可申请交工验收。

(2) 单项工程验收

① 检查、核实竣工项目准备移交给业主的所有技术资料的完整性和准确性。

② 按照设计文件和合同检查已完建工程有无漏项。

③ 检查工程质量、隐蔽工程验收资料、施工记录，考察施工质量是否达到合同和规范要求。

④ 检查调试记录、调试报告中存在的问题是否解决。

⑤ 检查试运行记录、试运行报告中发生的问题是否根除。

⑥ 工程验收中发现需要返工、修补等工程，明确规定完成期限。

⑦ 其他涉及的有关问题。

(3) 第三方检测与行业主管部门验收

① 系统试运行记录审核。

② 系统竣工资料审核。

③ 系统运行性能检测。

④ 组织专家会审。

(4) 全部工程的竣工验收

① 验收准备

a. 核实工程完成情况，列出已交工工程和未完工工程一览表。

b. 提出财务决算分析。

c. 检查工程质量，查明须返工和修补工程，提出具体修改竣工期限。

d. 整理汇总建设项目档案资料，分类编目，装订成册。

e. 落实正式运行准备。

f. 编写竣工验收报告。

② 预验收

a. 检查、核实竣工资料的完整性、准确性，是否符合归档要求。

b. 检查项目建设标准，评定系统质量，对隐患和遗留问题提出处理意见。

c. 检查财务报表是否齐全，数据是否真实，开支是否合理。

d. 检查正式运行准备情况。

e. 排除验收中有争议的问题，协商有关方面、部门关系。

f. 督促返工、补做工程的修竣和收尾工程的完成。

g. 编写竣工预验收报告和系统移交报告。

h. 预验收合格后，业主向主管部门提出正式验收报告。

③ 正式验收

a. 听取项目建设的工程报告。

b. 审核竣工项目移交使用的各种档案资料。

c. 评审项目质量，对主要工程部位的施工质量进行复检、鉴定，对工程设计的先进性、合理性、经济性进行鉴定和评审。

d. 审查运行规程，检查运行准备情况。

e. 审查竣工预验收报告，签署验收鉴定书，对整个项目做出总的验收鉴定。

五、智能楼宇弱电系统工程竣工验收方法

（1）各系统竣工验收

① 工程实施及质量控制检查。

② 系统检测合格。

③ 运行管理队伍组建完成，管理制度健全。

④ 运行管理人员已完成培训，并具备独立上岗能力。

⑤ 竣工验收文件资料完整。

⑥ 系统检测项目的抽检和复核应符合设计要求。

⑦ 观感质量验收应符合要求。

⑧ 智能建筑的等级符合设计等级要求。

（2）竣工验收结论与处理

① 竣工验收结论分为合格和不合格。

② 按规定各款全部符合要求，视为各系统竣工验收合格，否则为不合格。

③ 各系统竣工验收合格，视为智能建筑工程竣工验收合格。

④ 竣工验收发现不合格的系统或子系统时，建筑单位应责成责任单位限期整改，直到重新验收合格；整改后仍无法满足安全使用要求的系统不得通过竣工验收；实际执行过程中，当出现因个别无法满足使用要求的系统而使整个智能建筑工程无法完成竣工验收时，可经建设主管部门或质量技术监督部门批准，对个别不合格系统待其整改合格后，再进行专项验收，以免延误整个工程项目的投入使用。专项验收合格后，整个智能建筑工程竣工验收合格。

（3）竣工资料填写

竣工验收时按规范要求填写资料审查结果和验收结论。

六、智能楼宇弱电系统工程施工验收规则

建筑弱电系统工程在施工过程中，必须严格按照工程质量检验评定标准逐项检查操作质量，在工程完工后，还必须对施工质量进行评定，并准备好质量保证资料，保证交付使用的工程达到设计要求和满足使用功能。

（1）电气线路敷设的规定

① 电气线路敷设的一般规定

a. 电缆（线）敷设前，应做外观及导通检查，并用直流500V兆欧表测量绝缘电阻，阻值不应小于5MΩ；当有特殊规定时，应符合其规定。

b. 线路应按最短途径集中敷设，横平竖直、整齐美观、不宜交叉。

c. 线路不应敷设在易受机械损伤、有腐蚀性介质排放、潮湿以及有强磁场和强静电场干扰的区域，必要时应采取保护或屏蔽措施；线路不应敷设在影响操作，妨碍设备检修、运输和人行的位置。

d. 当线路周围环境温度超过65℃时，应用采取隔热措施；处在有可能引起火灾的火源场所时，应加防火措施；线路不宜平行敷设在高温工艺设备、管道上方和具有腐蚀性液体介质的工艺设备、管道的下方。

e. 线路与绝热的工艺设备、管道绝热层表面之间的距离应大于 200mm，与其他工艺设备、管道表面之间的距离应大于 150mm。

f. 线路的终端接线处以及经过建筑物的伸缩缝和沉降缝处，应留有适当的余度；线路不应有中间接头，当无法避免时，应在分线箱或接线盒内接线，接头宜采用压接；当采用焊接时应用无腐蚀性的焊药。补偿导线宜采用压接。同轴电缆及高频电缆应采用专用接头。

g. 敷设线路时，不宜在混凝土梁、柱上凿安装孔。

h. 线路敷设完毕，应进行校线及编号，并按第 a. 条的规定，测量绝缘电阻。测量线路绝缘时，必须将已连接上的设备及元件断开。

② 线路敷设规定

a. 线槽需要平整、内部光洁、无毛刺、加工尺寸准确。线槽焊接连接时应牢固，不应有显著变形。

b. 线槽采用螺栓连接或固定时，宜采用平滑的半圆头螺栓，螺母应在线槽的外侧，固定应牢固。

c. 线槽的安装横平竖直，排列整齐。垂直排列的线槽拐弯时，其弯曲弧度应当一致。线槽安装在工艺管架上时，宜在工艺管架道的侧面或上方。

d. 线槽拐直角时，其最小的弯曲半径不应小于槽内最粗电缆外径的 10 倍，槽与槽之间、槽与仪表盘之间、槽与盖之间的连接处，应当对合严密。

e. 线槽的直线长度超过 50m 时，宜采用热胀补偿措施，线槽应有排水孔。

f. 线槽内直接引出电缆时，应当使用机械加工方法开孔，并且采用合适的护圈保护电缆。

③ 电线管敷设规定

a. 电线直穿保护管敷设，保护管的内部清洁、无毛刺，管口光滑、无锐边。

b. 电线管弯制时，角度不应小于 90°，弯曲处不应有凹陷、裂缝和明显的弯曲。

c. 电线管的直线长度超过 30m 或弯曲角度的总和超过 270°时，要在中间加装接线盒。

d. 电线管的两端口应带线箍或打成喇叭形。

e. 金属管敷设时采用螺纹连接，管端螺纹长度不应小于管接头直径的 1/2。埋设时采用套管焊接，管子的对口处应当处于套管的中心位置，焊接牢固，焊口严密，且做好防腐处理。

f. 电线管与检测元件或接地设备之间，应当使用金属软管连接，且有防水弯；与分线箱、接线盒等连接时必须密封，用锁紧螺母将管固定。

g. 电线管的埋设应选最短敷设，离表面的净距离不应小于 15mm。电线管应当排列整齐，牢固固定。

h. 电线穿墙时，两端自延伸出墙面的长度不大于 30mm；穿过楼板时，电线管要高出楼板 1m。

i. 埋设的电线管引出地面时，管口高出地面 200mm；当从地下引出落地式仪表表盘时，盘（箱）高出内地面 50mm。

j. 在户外和潮湿场所敷设的保护管，引入分线箱或仪表盘（箱）时，要从底部进入，接线盒和分线箱必须密封，分线箱标明编号。

④ 电缆敷设规定

a. 电缆敷设时要求合理安排，不宜交叉，以防止电缆之间及电缆与其他硬物之间的摩擦。

b. 电缆敷设时的环境温度不应低于－7℃，多芯电缆的弯曲半径不应小于其外径的6倍。

c. 在同一线槽内的不同信号、不同电压等级的电缆，应当分类布置；对于交流电源线路和联锁线路，应当使用隔板与无屏蔽的信号线隔开敷设。

d. 信号电缆线与电力电缆线交叉敷设时要成直角；当平行敷设时，其相互间的距离应当符合设计规定。

e. 明敷设的信号线路与具有强磁场和强电场的电气设备之间的净距离要大于1.5m；用屏蔽电缆或穿金属保护管以及在线槽内敷设时要大于0.8m。

f. 数条线槽垂直分别安装时，电缆按照从上到下的顺序排列：仪表信号线路、安装连锁线路、交流和直流供电线路。

g. 信号线路、供电线路与联锁线路分别采用各自的保护管。

h. 电缆沿支架或线槽内敷设时规定如下：当电缆倾斜度超过45°或垂直排列时，固定在每一个支架上；当不超过45°或水平排列时，每隔1～2个支架固定一次；在引入仪表盘前300～400mm处固定；当引入接线盒及分线箱前150～300mm处固定。

（2）电源设备安装的规定

① 供电系统规定

a. 继电器、接触器和开关动作应当灵活，接触紧密，无锈蚀与损坏。

b. 紧固件、接线端子完好无损，且无污物和锈蚀。

c. 设备的附件齐全、性能符合安装使用说明书的规定。

② 电源设备安装规定

a. 电源设备的安装应当牢固、整齐、美观；端子编号、用途标牌及其他标志完整无缺，书写正确清楚。

b. 仪表箱内安装的供电设备，其裸露带电体相互间或其他裸露导电体之间的距离应不小于4mm。

c. 供电箱安装的混凝土墙、柱或基础上时，采用膨胀螺栓固定，箱体中心距离地面的高度宜为1.3～1.5m；成排安装的供电箱，应当排列整齐。

d. UPS设备安装完毕后，需要检查其自动切换装置的可靠性，切换时间及切换电压值应符合设计要求。

e. 稳压器在使用前检查其稳压特性，电压波动值应当符合安装说明书的规定；整流器在使用前应当检查其输出电压，电压值符合安装使用说明书的规定。

f. 供电设备的带电部分与金属外壳间的绝缘电阻，用500V兆欧表测量时不应小于5MΩ。

g. 供电系统内所有电源设备的开关均应处于断开的位置，且应检查熔断器容量。

（3）弱电系统接地的规定

① 电信设备接地的规定

a. 直流电源、电信设备的机架、机壳，通信电缆的金属保护套和屏蔽层。

b. 交流配电屏、稳流器屏等供电设备的外露导电部分；直流配电屏的外露导电部分。

c. 交流直流两用电信设备的机架、机柜内与机架、机柜不绝缘的供电整流盘的外露导电部分。

d. 电缆、架空线路，放电器，避雷器等。

e. 当采用IT制式供电，电信设备的泄漏电流在100mA以上时，为了避免保护设备误动作，采用双绕组变压器供电。其一次侧接入 IT 制式；若二次侧以 TN 制式供电，此时供电设备接地与 TN 制式相同。

f. 电信设备的工作接地，一般要求单独设置，也可与建筑物内变压器的工作接地共用一个接地装置。这样，必须通过绝缘的专用接地线与接地装置相连。

g. 电信设备采用共同接地装置时，其接地电阻应不大于 1Ω，宜用两根截面不小于 25mm² 的铜芯绝缘线穿管敷设在共同的接地极上。当采用基础钢筋作为共同地极时，连接处应有铜铁过渡接头。

② 电子设备接地规定

a. 电子设备的信号接地、逻辑接地、功率接地、屏蔽接地等保护接地，通常合用一个接地极，其接地电阻不大于 4Ω；当电子设备的接地与工频交流接地、防雷接地合用一个接地极时，其接地电阻不大于 1Ω；屏蔽接地单独设置，接地电阻一般为 30Ω。

b. 电子设备的抗干扰能力差时，其接地应与防雷接地分开，两者相互距离在 20m 以上；抗干扰能力较强的电子设备，两者距离不宜超过 5m。

c. 电子设备接地和防雷接地采用共同接地装置时，为了避免雷击时遭受反击和保证设备安全，采用埋设铠装电缆供电。

d. 电缆屏蔽层必须接地。为了避免产生干扰电流，对于信号电缆和 1MHz 以下低频电缆应该一点接地；对于 1MHz 以上电缆，为保证屏蔽层为地电位，采用多点接地。

e. 电子设备的工作频率在 1MHz 以下、接地线长度为 $L>\lambda/20$ 时，采用辐射式接地系统；电子设备的工作频率在 10MHz 以下、接地线长度为 $L>\lambda/20$ 时，采用环式接地系统；电子设备的工作频率在 1～10MHz、接地线长度为 $L=\lambda/20$ 时，采用混合式接地系统。

f. 辐射式接地系统采用一点接地；环式接地系统采用等电位接地；混合式接地系统，在电子设备内部采用辐射式接地，在外部采用环式接地。

g. 接地环母线的截面：电子设备频率在 1MHz 时，采用 120mm×0.35mm 的铜箔；在 1MHz 以下时，采用 80mm×0.35mm 的铜箔。

③ 数据处理设备接地规定

a. 数据处理设备的接地电阻一般为 4Ω。当与交流工频接地和防雷接地合用时，接地电阻为 1Ω。

b. 直流工作接地与交流工作接地不采用共同接地时，两者之间的电压差不应超过 0.5V，以免其干扰。

c. 直流工作接地的引下线应采用多芯铜导线，截面不小于 35mm；当改善信号的工作条件时，采用多股铜绞线。

d. 数据处理设备泄漏电流为 10mA 以上时，主机室内的金属体应相互连接成一体，连接线采用 6mm² 的铜导线或 25mm×4mm 镀锌扁钢，并且进行接地，接地电阻不大于 4Ω。

④ 电声、电视系统接地规则

a. 电声、电视系统的接地电阻一般为 4Ω；如果设备容量小于等于 0.5kV·A 时，接地电阻可不大于 10Ω。

b. 闭路电视系统采用一点接地方式，避免接地电位差造成交流杂散波的干扰。

c. 演播室宜采取防静电接地，当电磁场干扰严重时，采用屏蔽接地。防静电接地、屏蔽接地接到系统的接地装置上。

(4) 综合布线系统工程电气测试方法及内容

① 测试连接方法　综合布线系统工程电气测试时的连接方法有两种，即基本连接方法

和信道连接方法。

② 测试内容

a. 主要测试水平电缆终端工作区信息插座及交接间配线设备接插件接线端子间的安装连接正确或错误。

b. 测试长度应在测试连接图所要求的范围之内。

c. 选定频率上的信道和基本连接衰减量应符合规定的要求。信道的衰减包括 10m 跳线、4m 设备连接、各电缆段及插件的衰减的总和。

[课后习题]

① 智能楼宇弱电系统工程验收分哪几种？

② 智能楼宇弱电系统工程竣工验收步骤如何？

学习情境二 视频监控系统设备安装与调试

任务一 参观视频监控系统应用场所

[任务目标]

通过参观调研视频监控系统应用场所，理解视频监控系统功能、基本组成、原理和系统的类型，理解组成设备功能、分类和选型原则，为学校视频监控系统建设获取必要信息。

[任务内容]

① 介绍实训室监控系统的功能和组成设备。
② 参观智能化楼宇弱电系统综合实训室。
③ 参观智能化楼宇弱电系统分项实训室，近距离观察各种监控设备。

[知识点]

一、视频监控系统功能和发展

（1）视频安防监控系统

视频安防监控系统（VSCS：video surveillance & control system）利用视频技术探测、监视设防区域，并实时显示、记录现场图像的电子系统或网络。视频安防监控系统，不同于一般的工业电视或民用闭路电视（CCTV）系统，是特指用于安全防范的目的，通过对监视区域进行视频探测、视频监视、控制、图像显示、记录和回放的视频信息系统或网络。主要任务是对建筑物内重要部位的事态、人流等动态状况进行宏观监视、控制，以便对各种异常情况进行实时取证、复核，达到及时处理目的。

视频安防监控系统通过遥控摄像机及其辅助设备（镜头、云台等），直接观察被监视场所的情况，同时可以把被监视场所的情况进行同步录像，集成了预防、监视、控制取证和管理等功能。从逻辑上可分为前端、传输、控制和显示记录四部分，如图2-1所示。

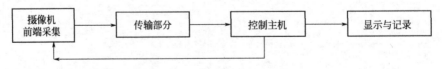

图 2-1 视频监控系统逻辑组成

（2）视频安防监控系统的发展

视频安防监控系统发展经过了三个阶段：全模拟视频监控阶段、模拟数字混合监控阶段和全数字化的网络监控阶段，目前正向数字化、网络化、智能化方向发展。

① 全模拟视频监控方式　是第一代监控系统。优点：视音频信号的采集、传输、存储均为模拟形式，图像质量高；技术成熟，系统功能强大、完善。缺点：只能在本地监控中心观看小范围的监控图像，与信息系统无法交换数据，监控仅限于监控中心，应用的灵活性较差，不易扩展。系统主要由摄像机、视频矩阵、监视器和录像机组成，摄像机采集模拟信号直接以模拟方式近距离传输，传输介质主要采用专用的同轴电缆。这种监控方式主要用于建筑物内部监控。

② 模拟数字混合监控方式（DVR）　DVR是近几年迅速发展的第二代监控系统，采用微机和操作系统平台，在计算机中安装视频压缩卡和相应的DVR软件，不同型号视频卡可连接多路视频，支持实时视频和音频。前端摄像机采集的模拟信号还是以模拟方式传输，通过同轴电缆或光的传输线路连接到监控中心的数字硬盘录像机（DVR：Digital Video Recorder）上，数字硬盘录像机采用数字视频压缩处理技术，完成对图像的多画面显示、压缩、数字录像和网络传输等功能。优点：视频、音频信号的采集、存储主要为数字形式，质量较高；系统功能较为强大、完善；与信息系统可以交换数据；应用的灵活性较好。缺点：实现远距离视频传输需铺设（租用）光缆，在光缆两端安装视频光端机设备，系统建设成本高，不易维护、且维护费用较大。

③ 全数字化的网络监控方式　是视频安防监控系统发展的第三代，也是视频安防监控系统发展的趋势。前端摄像机传送的视频信号数字化后，由高效压缩芯片进行压缩，然后通过内部处理后，以IP包的形式传送到网络服务器上。网络用户可以通过专用软件或直接通过浏览器观看Web服务器上的摄像机图像，授权用户还可以控制摄像机、云台、镜头的动作，对系统进行设置。网络视频监控的代表产品就是网络视频服务器和网络摄像机。

二、视频监控系统组成

视频安防监控系统一般由前端、传输、控制及显示记录四个主要部分组成（图2-2）。前端部分包括一台或多台摄像机以及与之配套的镜头、云台、防护罩、解码驱动器等；传输部分包括电缆和/或光缆，以及可能的有线/无线信号调制解调设备等；控制部分主要包括视频切换器、云台镜头控制器、操作键盘、种类控制通信接口、电源和与之配套的控制台、监视器柜等；显示记录设备主要包括监视器、录像机、多画面分割器等。

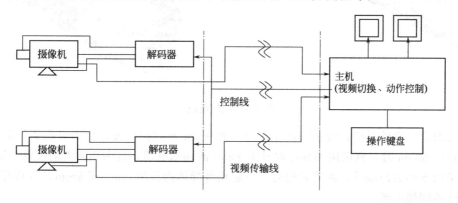

图 2-2　视频监控系统组成

（1）前端摄像机部分

前端摄像机部分包括摄像机、镜头、防护罩、云台和解码器等，摄像部分是整个监控系统的前端，也是整个系统的眼睛，作用是将所监视目标的光信号变为电信号。摄像机安装在某个监控点上，视场角覆盖整个被监视区域。如果监视区域较大，可以在摄像机上安装变焦镜头，使摄像机能够观察的距离更远更清楚；也可以把摄像机安装在电动云台上，通过控制台的控制，可以使云台带动摄像机作水平和垂直方向的转动，从而使摄像机能够覆盖的角度和面积更大。

由于摄像部分是整个监控系统的最前端，监视场所的情况是由它把监视的内容编程图像信号传送到控制中心的监视器上，摄像部分是系统的原始信号源。因此摄像部分及其产生的图像信号的质量影响着整个系统的质量，也是影响系统噪声的最大因素，所以选择和处理摄像部分至关重要。

(2) 传输部分

传输部分是系统的信号通路，传输的信号包括图像信号、控制中心通过控制台对摄像机等前端设备进行控制的信号。主要传输的内容是图像信号，要求在图像信号经过传输系统后，不产生明显的噪声以及色度信号和亮度信号的失真，保证原始图像信号的清晰度和灰度等级没有明显下降等。这就要求传输系统在衰减、噪声引入、幅频特性和相频特性方面都有较好的性能。

电视监控系统中传输方式的确定，主要根据传输距离的远近、摄像机的多少而定。传输距离较近时，采用视频基带传输方式；传输距离较远时，采用射频有线传输方式或光纤传输方式。

① 视频基带传输方式　视频基带传输方式适用于近距离传输，优点是传输系统简单、失真小、附加噪声低，不需要增加设备，直接从摄像机到控制台之间传输电视图像信号。传输线选用同轴电缆，型号为 SYV-75-5、SYV-75-7、SYV-75-9，如图 2-3 所示。S 代表射频同轴电缆；Y 代表聚乙烯（PE）绝缘；V 代表聚氯乙烯（PVC）护套；75 代表特性阻抗 75Ω；5 代表绝缘外径的近似值。SYV 成为视频电缆。

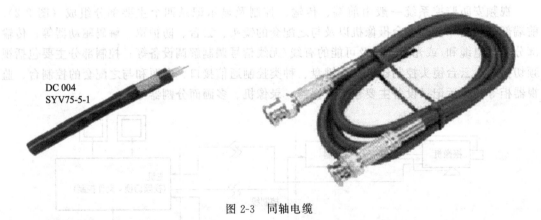

DC 004
SYV75-5-1

图 2-3　同轴电缆

一般而言，室外线路，宜选用外导体内径为 9mm 的同轴电缆，采用聚乙烯外套。室内距离不超过 500m 时，宜选用外导体内径为 7mm 的同轴电缆，且采用防火的聚氯乙烯外套；终端机房设备间的连接线，距离较短时，宜选用外导体内径为 3mm 或 5mm，且具有密编铜网外导体的同轴电缆。

② 射频传输方式　射频传输方式适用于远距离，同时传输多路图像信号的场所。传输过程中产生的微分增益和微分相位较小，失真小，适合于远距离传输彩色图像信号；而且一条传输线可以同时传输多路射频图像信号。常用的设备包括调制器、混合器/定向耦合器、

分波器和解调器，见图 2-4。

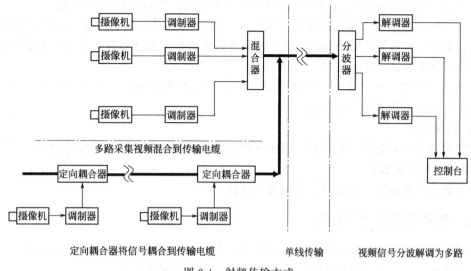

图 2-4　射频传输方式

a. 调制器　调制器输入端接收摄像机输出的视频信号，调制器的输出端输出经过调制的射频信号。调制器的作用是将视频信号变为特定频道的射频信号。

b. 混合器　混合器有多个信号输入端和一个混合后的输出端。混合器是将调制到不同频道上的各路电视信号经过混合器混合成为一路信号，在一条射频同轴电缆上传输。有时候，可以用定向耦合器取代混合器，将某路视频信号混合到射频传输电缆上。

c. 分波器　分波器把电缆传输来的多频道射频信号分开，送入解调器中解调出对应的视频信号。

d. 解调器　解调器将来自传输干线上的各路射频电视信号解调还原为视频电视信号，把这些信号送入监控系统控制中心。每个解调器解调一路视频信号。

传输线选用 SYWV、SYWV：聚乙烯物理发泡绝缘，PVC 护套，国标代号是射频电缆；高频衰减比 SYV 小，视频传输特性优异，在有线电视信号传输上应用广泛。

③ 光缆传输方式　光缆传输是光将各摄像机的视频信号分别调制到对应的射频频道上，经过混合器到光发射端机，光发射端机输出光信号送入光缆中。经过光缆传输后，由光接收端机解调出射频信号，再经过射频解调器解调出对应摄像机的全视频信号。

光缆模拟射频多路视频监控系统结构如图 2-5 所示。

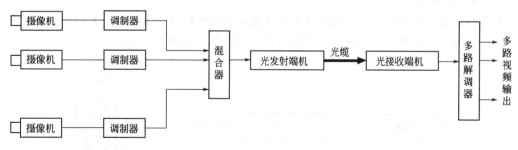

图 2-5　光缆传输方式

光缆传输视频图像信号，适用于远距离、大容量、高质量保密性传输图像信号。

a. 单膜光纤每千米损耗是同轴电缆的 1%。模拟光纤多路电视传输系统可以实现 20km

无中断传输，这个距离基本上能满足超远距离的电视监控系统。

b. 目前一路一芯单膜光纤可以传输几十路电视信号，传输容量大大提高。

c. 光频噪声以及传输系统的非线性失真小，所以光纤多路视频传输系统的传输信号的噪声比、交调、互调等性能指标都较高；而且光纤系统抗干扰性能强，基本上不受外界温度变化影响，从而保证了传输质量。

d. 光纤多路视频传输系统的保密性好，传输信号不易被窃取，适于保密系统使用，特别适于强电磁干扰和电磁辐射环境。

(3) 控制部分

控制部分主要为矩阵及其键盘，用于视频切换功能和通信控制带云台的摄像机动作。

(4) 显示和记录部分

显示部分为监视器，记录部分为硬盘录像机。

三、视频监控系统的分类

视频监控系统从应用场合来讲，分为小型、中型和大型系统。如果从组成形式上，可以分为单头单尾方式、单头多尾方式、多头单尾方式和多头多尾方式。

(1) 单头单尾方式

头是摄像机，尾是监视器。由一台摄像机和一台监视器组成的方式连续定点监视场所，如图 2-6 所示。有时候监视区域较大，可以在摄像机上安装变焦镜头，使摄像机能够观察的距离更远更清楚；也可以把摄像机安装在电动云台上，通过控制台的控制，可以使云台带动摄像机作水平和垂直方向的转动。这种单头单尾方式如图 2-7 所示。

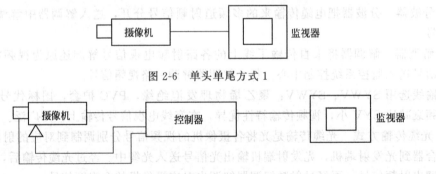

图 2-6 单头单尾方式 1

图 2-7 单头单尾方式 2

(2) 单头多尾方式

单头多尾方式是由一台摄像机向许多监视点输送图像信号，由各个点上的监视器同时观看图像。这种方式用在多处监视同一个固定目标的场合。如图 2-8 所示。

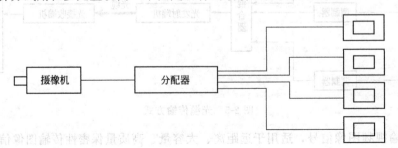

图 2-8 单头多尾方式

（3）多头单尾方式

多头单尾方式用在一处集中监视多个目标的场合。如图 2-9 所示。

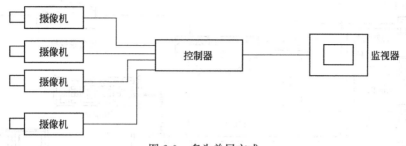

图 2-9　多头单尾方式

（4）多头多尾方式

多头多尾方式用在多处集中监视多个目标的场合，如图 2-10 所示。

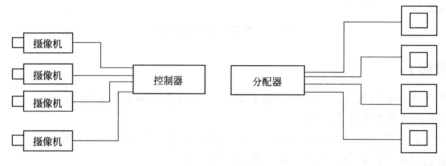

图 2-10　多头多尾方式

四、视频监控系统类型

（1）普通视频监控系统

一般要求的视频监控系统由前端视频采集部分、传输部分、控制管理和显示部分组成，见图 2-11。

前端视频采集部分包括摄像机、镜头、解码器。传输部分：300～500m 内采用视频基带传输方式传输视频，采用 485 总线传输控制信号。控制管理部分包括硬盘录像机、矩阵主机及其操作键盘。显示部分：适当数量的监视器。

（2）特殊视频监控系统

特别要求的电视监控系统分为以下几类。

① 有声音拾取功能的电视监控系统　系统可以把监视的图像和声音内容一起传输到控制中心。

② 由视频监控系统和入侵报警系统两部分组成，系统在控制台设有入侵报警的联动接口。在有防盗报警信号时，控制台发出报警，并且启动录像机自动对报警的场所进行录像。

③ 具有自动跟踪和锁定功能的电视监控系统　系统工作方式是将入侵目标的图像及声音信号转为数据文件，提取目标信号，反馈给摄像机及自动云台，控制摄像机及云台进行跟踪锁定，还将自动启动关联摄像机或报警装置。

④ 远距离多路信号的视频监控系统。

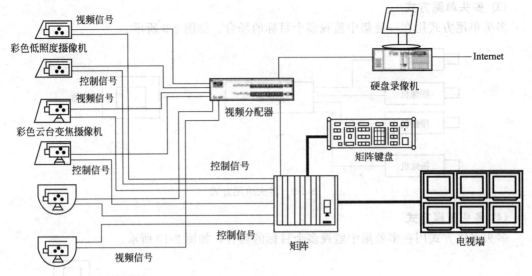

视频信号
彩色低照度摄像机
控制信号
视频信号
彩色云台变焦摄像机
控制信号
控制信号
控制信号
视频信号
视频分配器
硬盘录像机
Internet
矩阵键盘
矩阵
电视墙

图 2-11　视频监控系统结构图

[问题讨论]

①　监狱视频监控系统、学校视频监控系统、商用楼视频监控系统等不同建筑物功能对视频监控系统的要求有什么不同？

②　视频监控系统分类如何？目前我国主流的视频监控系统处于哪一代？

③　就自己单位的状况，讨论视频监控系统的架构？

[课后习题]

视频监控系统主要由哪三部分组成？各部分有什么特点？

[基本术语]

(1) 视频 video　基于目前的电视模式（PAL 彩色制式，CCIR 黑白制式 625 行，2:1 隔行扫描），所需的大约为 6MHz 或更高带宽的基带信号。

(2) 视频探测 video detecting　采用光电成像技术（从近红外到可见光谱范围内）对目标进行感知并生成视频图像信号的一种探测手段。

(3) 视频监控 video monitoring　利用视频探测手段对目标进行监视、控制和信息记录。

(4) 视频传输 video transmitting　利用有线或无线传输介质，直接或通过调制解调等手段，将视频图像信号从一处传到另一处，从一台设备传到另一台设备。本系统中通常包括视频图像信号从前端摄像机到视频主机设备，从视频主机到显示终端，从视频主机到分控，从视频光发射机到视频光接收机等。

(5) 视频主机 video controller/switcher　通常指视频控制主机，它是视频系统操作控制的核心设备，通常可以完成对图像的切换、云台和镜头的控制等。

(6) 报警图像复核 video check to alarm　当报警事件发生时，视频监控系统能够自动实时调用与报警区域相关的图像，以便对现场状态进行观察复核。

(7) 报警联动 action with alarm　报警事件发生时，引发报警设备以外的其他设备进行动作（如报警图像复核、照明控制等）。

（8）**视频音频同步** synchronization of video and audio 指对同一现场传来的视频、音频信号的同步切换。

（9）**环境照度** environmental illumination 反映目标所处环境明暗的物理量，数值上等于垂直通过单位面积的光通量。

（10）**图像质量** picture quality 指能够为观察者分辨的光学图像质量，它通常包括像素数量、分辨率和信噪比，但主要表现为信噪比。

（11）**图像分辨率** picture resolution 指在显示平面水平或垂直扫描方向上，在一定长度上能够分辨的最多的目标图像的电视线数。

（12）**前端设备** terminal device 指分布于探测现场的各类设备。通常指摄像机以及与之配套的相关设备（如镜头、云台、解码驱动器、防护罩等）。

（13）**分控** branch console 通常指在中心监控室以外设立的控制和观察终端设备。

（14）**视频移动报警** video moving detecting 指利用视频技术探测现场图像变化，一旦达到设定阈值即发出报警信息的一种报警手段。

（15）**视频信号丢失报警** video loss alarm 指视频主机对前端来的视频信号进行监控时，一旦视频信号的峰值小于设定值，系统即视为视频信号丢失，并给出报警信息的一种系统功能。

任务二　视频监控系统设备选型及配置

［任务目标］

了解系统类型；了解典型设备名称、功能、分类、选型依据；学会设备选型并能够画出系统组成原理图。

［任务内容］

学校工业中心共五层楼，监控中心设在智能楼宇综合实训室，每层走廊设置1台固定彩色低照度摄像机；智能楼宇综合实训室、综合布线实训室和电子商务实训室需要设置全方位转动摄像机；其他实训室只需要固定普通摄像机；电梯内设置1台摄像机。

具体任务：

① 根据学校工业中心图纸，确定系统类型，画出系统拓扑图；

② 对学校工业中心进行现场勘查，列出信息点统计表，确定典型设备名称、功能、分类、选型依据；

③ 根据实训条件用表格形式列出所需要的设备材料清单（名称、型号、规格数量），画出系统结构原理图。

［知识点］

一、系统选型

（1）视频监控系统在实际应用中设备组合选用的四种状态

① 连续监视一个固定目标时，宜选用摄像机、传输线缆、监视器组合。

② 集中监视多个分散目标时，宜选用摄像机、传输线缆、切换控制器、监视器组合。

③ 多处监视同一个固定目标时，宜选用摄像机、传输线缆、视频分配器、监视器组合。

④ 需要多处监视多个目标时，宜选用摄像机、传输线缆、视频分配器、切换控制器、监视器组合。

(2) 传输方式的选择

传输的信号包括图像信号、控制信号和电源信号。

对于图像信号，要求图像信号经过传输系统后，不产生明显的噪声以及色度信号和亮度信号的失真，保证清晰度和灰度等级不下降。近距离传输一般选用视频基带传输方式；远距离传输可以选择射频传输方式和光缆传输方式。

对于控制信号，根据具体设备要求选用232/485/422等不同的通信方式。

对于电源信号，有统一供电和就地取电两种情况。

对于离工业中心距离较近（500m）的情况，可以选用视频基带方式，系统如图2-12所示。

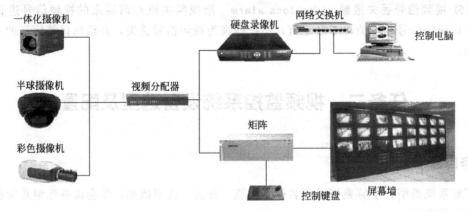

图 2-12　视频监控系统图

二、设备分类、选型

(1) 摄像机

摄像机是获取监视现场图像的前端设备，监控系统中使用的摄像机主要是CCD摄像机。严格讲，摄像机是摄像机和镜头的总称，见图2-13。

图 2-13　摄像机

① 按成像色彩划分　分为彩色摄像机和黑白摄像机。

彩色摄像机　适用于景物细部辨别，如辨别衣着或景物的颜色。

黑白摄像机　适用于光线不充足地区及夜间无法安装照明设备的地区，在监视景物的位置或移动时，可选用黑白摄像机。

② 按分辨率划分　评估摄像机分辨率的指标是水平分辨率，其单位为线对，即成像后可以分辨的黑白线对的数目。常用的黑白摄像机的分辨率一般为380～600，彩色为380～

480，其数值越大成像越清晰。一般的监视场合，用400线左右的黑白摄像机就可以满足要求。而对于医疗、图像处理等特殊场合，用600线的摄像机能得到更清晰的图像。

③ 按灵敏度划分　通常用最低环境照度要求来表明摄像机灵敏度，黑白摄像机的灵敏度大约是0.02～0.5Lux（勒克斯），彩色摄像机多在1Lux以上。0.1Lux的摄像机用于普通的监视场合；在夜间使用或环境光线较弱时，推荐使用0.02Lux的摄像机。与近红外灯配合使用时，也必须使用低照度的摄像机。另外摄像的灵敏度还与镜头有关，0.97Lux/F0.75相当于2.5Lux/F1.2、相当于3.4Lux/F1。

④ 按照度划分

普通型　正常工作所需照度1～3Lux。

月光型　正常工作所需照度0.1Lux左右。

星光型　正常工作所需照度0.01Lux以下。

红外型　采用红外灯照明，在没有光线的情况下也可以成像。

参考环境照度：

夏日阳光下　100000Lux，阴天室外　10000Lux；

视频台演播室　1000Lux，距60W台灯60cm，桌面：300Lux；

室内日光灯　100Lux，黄昏室内：10Lux；

20cm处烛光　10～15Lux，夜间路灯：0.1Lux。

⑤ 按CCD靶面大小划分　CCD芯片已经开发出多种尺寸，目前采用的芯片大多数为1/3in[1]和1/4in。在购买摄像头时，特别是对摄像角度有比较严格要求的时候，CCD靶面的大小、CCD与镜头的配合情况将直接影响视场角的大小和图像的清晰度。

1in　　靶面尺寸为宽12.7mm×高9.6mm，对角线16mm。

2/3in　靶面尺寸为宽8.8mm×高6.6mm，对角线11mm。

1/2in　靶面尺寸为宽6.4mm×高4.8mm，对角线8mm。

1/3in　靶面尺寸为宽4.8mm×高3.6mm，对角线6mm。

1/4in　靶面尺寸为宽3.2mm×高2.4mm，对角线4mm。

⑥ 按扫描制式划分　有PAL制和NTSC制。中国采用隔行扫描（PAL）制式（黑白为CCIR），标准为625行50场，只有医疗或其他专业领域才用到一些非标准制式。日本是NTSC制式，525行60场（黑白为EIA）。

⑦ 依供电电源划分　有110V AC（NTSC制式多属此类），220V AC，24V AC，12V DC或9V DC（微型摄像机多属此类）。

⑧ 按同步方式划分

内同步　用摄像机内同步信号发生电路产生的同步信号来完成操作。

外同步　使用一个外同步信号发生器，将同步信号送入摄像机的外同步输入端。

电源同步（线性锁定，line lock）用摄像机AC电源完成垂直推动同步。

⑨ 按外观分　有机板型、针孔型、半球形、枪式等。

(2) 镜头

镜头与CCD摄像机配合，可以将远距离目标成像在摄像机的CCD靶面上。见图2-14。

① 按镜头安装方式分类　所有的摄像机镜头均是螺纹口的，CCD摄像机的镜头安装有两种工业标准，即C安装座和CS安装座。两者螺纹部分相同，但两者从镜头到感光表面的距离不同。

---

❶　1in＝25.4mm，全书同。

图 2-14　镜头

② 按摄像机镜头规格分类　摄像机镜头规格应视摄像机的 CCD 尺寸而定，两者应相对应。摄像机镜头规格有 1/2in、1/3in、1/4in，其对应的摄像机 CCD 尺寸分别是 1/2in、1/3in、1/4in。

如果镜头尺寸与摄像机 CCD 靶面尺寸不一致时，观察角度将不符合设计要求，或者发生画面在焦点以外等问题。

③ 以镜头光圈分类　摄像机镜头分固定光圈镜头、手动光圈镜头和自动光圈镜头三大类型。

手动和自动调整光圈都是为了调节光的通光量，使传感器（CCD）感受光量保持在最佳状态。

手动光圈镜头是最简单的镜头，适用于光照条件相对稳定的条件下。手动光圈镜头，可以与电子快门摄像机配合在各种光线下使用。

在照明条件变化大的环境中或不是用来监视某个固定目标，应采用自动光圈镜头。比如在户外或人工照明经常开关的地方，自动光圈镜头的光圈动作由电机驱动，电机受控于摄像机的视频信号。

自动光圈镜头有两种驱动方式：一类为视频输入型（Video driver with Amp），视频输入型镜头内包含有放大器电路，用以将摄像机传来的视频信号转换成对光圈电机的控制；另一类称为 DC 输入型（DC Driver no Amp），利用摄像机上的直流电压来直接控制光圈。两种驱动方式产品不具可互换性，但现已有通用型自动光圈镜头推出。

④ 以镜头的视场大小分类　以视场大小，镜头可分为如下几种。

标准镜头：又称为中焦距镜头，视角 30°左右，在 1/2in CCD 摄像机中，标准镜头焦距定为 12mm；在 1/3in CCD 摄像机中，标准镜头焦距定为 8mm。

广角镜头：又称为短焦距镜头。视角 90°以上，焦距可小于几毫米，可提供较宽广的视景。

远摄镜头：又称为长焦距镜头或望远镜头。视角 20°以内，焦距可达几米甚至几十米，此镜头可在远距离情况下将被摄的物体形象加大，但使观察范围变小。

变倍镜头：也称为伸缩镜头，有手动变倍镜头和电动变倍镜头两类。

可变焦点镜头：它介于标准镜头与广角镜头之间，焦距连续可变，即可使远距离物体放大，同时又可提供一个宽广的视景，使监视范围增加。变焦镜头可设置自动聚焦于最小焦距和最大焦距两个位置，但是从最小焦距到最大焦距之间的聚焦，则需通过手动聚焦实现。

针孔镜头：镜头直径几毫米，可隐蔽安装。

⑤ 按变焦类型分类　可分为手动变焦镜头、电动变焦镜头、固定焦距镜头。

手动变焦镜头的焦距是可变的，它有一个焦距调整环，可以在一定范围内调整镜头的焦距，其变比一般为 2~3 倍，焦距一般为 3.6~8mm。在实际工程应用中，通过手动调节镜头的变焦环，可以方便地选择监视现场的视场角。

对于大多数视频监控系统工程来说，当摄像机安装位置固定下来后，再频繁地手动变焦是很不方便的，因而手动变焦镜头一般用在要求较为严格而用定焦镜头又不易满足要求的场合。但这种镜头却受到工程人员的青睐，因为在施工调试过程中使用这种镜头，通过在一定范围的焦距调节，一般总可以找到一个可使用户满意的观测范围，不用反复更换不同焦距的镜头，方便施工。

电动变焦镜头中有两个微型电动机，其中一个电动机受控而转动时可改变镜头的焦距，另一个电动机受控转动时可完成镜头的对焦。由于该镜头增加了两个可遥控调整的功能，因而此种镜头也称为电动两可变镜头。

（3）云台

云台是承载摄像机并可进行水平和垂直两个方向转动的装置，如图 2-15 所示。云台内装有两个电动机，一个负责水平方向的转动，另一个负责垂直方向的转动。水平转动的角度一般为 350°，垂直转动则有 ±45°、±35°、±75°等。水平及垂直转动的角度大小可通过限位开关进行调整。

图 2-15　云台

云台的分类如下。

① **按使用环境分类**　分为室内型和室外型，主要区别是室外型密封性能好，防水、防尘、负载大。有些高档的室外云台除有防雨装置外，还有防冻加温装置。

② **按安装方式分类**　分为侧装和吊装，即云台是安装在天花板上还是安装在墙壁上。

③ **按外形分类**　分为普通型和球形，球形云台是把云台安置在一个半球形、球形防护罩中，除了防止灰尘干扰图像外，还隐蔽、美观、快速。

（4）解码器

解码器，也称为接收器/驱动器（Receiver/Driver）或遥控设备（Telemetry），如图 2-16 所示，是为带有云台、变焦镜头等可控设备提供驱动电源，并与控制设备如矩阵进行通信的前端设备。通常，解码器可以控制云台的上、下、左、右旋转，变焦镜头的变焦、聚焦、光圈以及对防护罩雨刷器、摄像机电源、灯光等设备的控制，还可以提供若干个辅助功能开关，以满足不同用户的实际需要。高档次的解码器还带有预置位和巡游功能。

室内解码器LH-2051　　室内外通用解码器LH-2071　　室外解码器LH-2041

图 2-16　解码器

① 按照云台供电电压分为交流解码器和直流解码器　交流解码器为交流云台提供交流 230V 或 24V 电压驱动云台转动。直流云台为直流云台提供直流 12V 或 24V 电源。如果云台是变速控制的，还要要求直流解码器为云台提供 0～33V 或 36V 直流电压信号，来控制直流云台的变速转动。

② 按照通信方式分为单向通信解码器和双向通信解码器　单向通信解码器只接收来自控制器的通信信号，并将其翻译为对应动作的电压/电流信号驱动前端设备。双向通信的解码器除了具有单向通信解码器的性能外，还向控制器发送通信信号，因此可以实时将解码器的工作状态传送给控制器进行分析。另外，可以将报警探测器等前端设备信号直接输入到解码器中，由双向通信来传送现场的报警探测信号，减少线缆的使用。

③ 按照通信信号的传输方式可分为同轴传输和双绞线传输　一般的解码器都支持双绞线传输的通信信号，而有些解码器还支持或者同时支持同轴电缆传输方式，也就是将通信信号经过调制与视频信号以不同的频率共同传输在同一条视频电缆上。

(5) 视频分配器

视频分配器是实现一路视频输入、多路视频输出的功能，使之可在无扭曲或无清晰度损失情况下观察视频输出。通常视频分配器除提供多路独立视频输出外，兼具视频信号放大功能，故也成为视频分配放大器。视频分配放大器以独立和隔离的互补晶体管或由独立的视频放大器集成电路提供 4～6 路独立的 75Ω 负载能力，包括具备彩色兼容性和一个较宽的频率响应范围（10Hz～7MHz），视频输入和输出均为 BNC 端子。

图 2-17　硬盘录像机

(6) 硬盘录像机

数字硬盘录像机（Digital Video Recorder，DVR）集磁带录像机、画面分割器、视频切换器、控制器、远程传输系统的全部功能于一体，本身可连接报警探头、警号，图 2-17 硬盘录像机实现报警联动功能，还可进行图像移动侦测、可通过解码器控制云台和镜头、可通过网络传输图像和控制信号等。

(7) 矩阵

重要的功能就是实现对输入视频图像的切换输出，将视频图像从任意一个输入通道切换到任意一个输出通道显示。一般来讲，一个 $M \times N$ 矩阵，表示它可以同时支持 M 路图像输入和 N 路图像输出。

这里需要强调的是必须要做到任意，即任意的一个输入和任意的一个输出。选择视频矩阵主机时首先要确定自己有多少个摄像机需要控制，是不是还会扩充，把现有的和将来有可能扩充的摄像矩阵机（图 2-18）数目相加，选择控制器的输入路数。比如学校工业中心监控系统建设中，监控点有 9 个，可是监视器只有 6 个，以后监视点还会扩展到 25 个，那么最少也要有 25 路视频输入给控制主机（由于控制主机大部分以输入、输出模块形式扩充，输入以 8 的倍数递增），所以需要选择 32 输入主机。

(8) 监视器

监视器作为视频监控终端设备，充当着监控人员的"眼睛"，同时也为事后调查起到关键性作用。监视器可以分为黑白和彩色监视器、CRT（阴极射线管）和 LCD（液晶）监视器。见图 2-19。

图 2-18　矩阵机

图 2-19　监视器

[任务步骤]

① 根据学校工业中心图纸，确定系统类型，画出系统结构原理图，如图 2-20 所示。

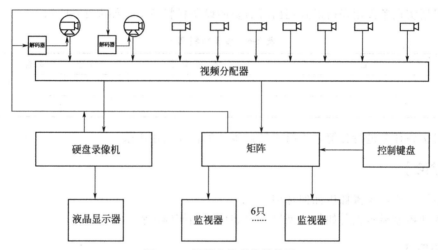

图 2-20　视频监控系统结构图

② 根据所提供的图纸，进行现场勘查，确定监控信息点，填写信息点统计表如表 2-1 所示。

表 2-1　信息点统计表

编号	位　置　分　布	需求分类说明	单位	数量	备注
1	综合布线实训室 楼宇综合实训室	全方位旋转摄像机		2	
2	电梯间	空间较小监控角度大		1	
3	电梯入口及楼道			5	
4	其他实训室	固定方向摄像机		7	

③ 根据信息点位置特点和用户要求，选配前端设备如表 2-2 所示。

表 2-2　前端系统配置表

编号	产　品　名　称	产　品　型　号	单位	数量	备注

④ 根据信息点和控制中心的位置和距离，选配传输系统设备和线材如表 2-3 所示。

表 2-3　传输系统配置表

编号	产品名称	产品型号	单位	数量	备注

⑤ 根据系统类型、信息点数等要求选配控制系统设备如表 2-4 所示。

表 2-4　控制系统配置表

编号	产品名称	产品型号	单位	数量	备注

⑥ 根据信息点数和具体监控要求，选配显示系统设备如表 2-5 所示。

表 2-5　显示系统配置表

编号	产品名称	产品型号	单位	数量	备注

⑦ 根据实训条件用表格形式列出所需要的设备材料清单，如表 2-6 所示。

表 2-6　设备材料清单

编号	产品名称	产品型号	单位	数量	备注
1					
2					

⑧ 对实施任务进行分解，小组成员初步分工，并描述出来。

[问题讨论]

① 不同应用场合摄像机如何选型？

② 管理控制显示设备如何选型以及安装位置如何确定？

[课后习题]

① 请在课余时间参观附近医院、超市、商场等场所，根据所看到的前端设备，并根据自己的假设条件，把系统补充完整，写出调查报告。

② 系统安装调试任务如何分解？

任务三　摄像机、云台、解码器的安装和调试

[任务目标]

通过特定场合摄像机镜头支架的安装和调试，了解摄像机镜头的分类和各项技术指标，学会摄像机镜头的选型，掌握摄像机镜头安装和调试技巧。

通过特定场合云台、解码器的安装和调试，了解云台、解码器的功能分类选型；学会云台解码器的安装接线，能够对系统故障进行调试。

[任务内容]

学校工业中心是实验室聚集地，晚上没有人值班，需要安装固定彩色摄像机和全方位转动摄像机，方便校门口门卫监控工业中心楼梯口情况。

[知识点]

一、摄像机（图 2-21～图 2-23）

红外线摄像机　　　　　红外夜视球形摄像机　　　　距离红外防水CCD摄像机

彩色红外夜视摄像机　　红外夜视一体化摄像机　　　微型彩转黑感红外摄像机

图 2-21　红外摄像机

彩色低限度摄像机　　　低限度彩色半球　　　　　　低限度摄像机

黑白半球摄像机　　　　超低限度摄像机　　　　　　彩色高清晰低限度

图 2-22　低照度摄像机

监控系统中使用的摄像机主要是 CCD 摄像机。摄像机是摄像机和镜头的总称，根据被摄目标物体的大小和摄像机与物体的距离，通过计算得到镜头焦距来确定镜头，所以镜头都是依据实际情况而定的。

(1) CCD 摄像机工作方式

CCD（Charge Coupled Device 电荷耦合器件）是一种特殊半导体器件，被摄物体的图像经过镜头聚焦至 CCD 芯片上，CCD 根据光的强弱积累相应比例电荷，各个像素积累的电荷在视频时序的控制下，逐点外移，经滤波、放大处理后，形成视频信号输出。视频信号连

CF62F1-Ⅱ宽动态摄像机

CP62F3-Ⅰ30倍变焦宽动态摄像机

CC-240超宽动态彩色摄像机

宽动态超级背光补偿数码摄像机

SN-587C/A超级宽动态摄像机

第二代超级宽动态摄像机

图 2-23　CCD 宽动态摄像机

接到监视器或视频机的视频输入端，便可以看到与原始图像相同的视频图像。

（2）彩色摄像机的主要技 CCD 术指标

① CCD 尺寸（摄像机靶面大小）　多为 1/2in、1/3in、1/4in 和 1/5in。

② CCD 像素数　CCD 由面阵感光元素组成，每一个元素称为像素，像素越多，分辨率越高，图像越清晰。38 万像素以上为高清晰度摄像机。像素数有的给出水平及垂直方向的像素数，CCD 如 500（高）×582（宽），有的给出两者乘积值，如 30 万像素。对于一定尺寸 CCD 芯片，像素数越多，每一个像素单元面积越小，由该芯片构成摄像机的分辨率越高。

③ 水平分辨率　水平分辨率是衡量摄像机优劣的一个重要参数，当摄像机摄取等间隔排列的黑白相间条纹时，在监视器上能够看到线数最多。分辨率不仅与 CCD 和镜头有关，还与摄像机电路通道频带宽度直接有关，通常规律是 1MHz 的频带宽度相当于清晰度为80 线。

④ 灵敏度　也称最小照度，是 CCD 对环境光线的敏感程度，即 CCD 正常成像时所需要最暗光亮度。照度单位是 Lux，数值越小，表示需要的光亮度越小，摄像机越灵敏。月光级或星光级等高敏感度摄像机可工作在很暗的条件下，2～3Lux 属一般照度。

⑤ 扫描制式　有 PAL 制和 NTSC 制之分。

⑥ 摄像机电源　摄像机电源，交流有 220V、110V、24V，直流为 12V 或 9V。

⑦ 信噪比　是信号对于噪声的比值取对数后乘以 20，单位为分贝（dB）。一般摄像机给出的信噪比值均是在 AGC（自动增益控制）关闭时的值，因为当 AGC 接通时，会对小信号进行提升，使得噪声电平也相应提高。CCD 摄像机的信噪比的典型值一般为 45～55dB。

⑧ 视频输出　多为 1Vp-p、75Ω，均采用 BNC 接头。

⑨ 镜头安装方式　有 C 和 CS 方式，两者的感光距离不同。

（3）CCD 彩色摄像机可调功能

CCD 彩色摄像机除了上面介绍的基本参数外，还有一些可调功能，如同步方式选择、自动增益控制、背光补偿、电子快门、白平衡、色彩调整等。

① 同步方式的选择　有三种同步方式：外同步、内同步、电源同步供选择。

② 自动增益控制　所有摄像机都有信号放大电路，如果在微光下适当放大，可以相对提高清晰度，如果在光亮的环境中放大，可能造成过载，造成信号畸变，需要有自动增益控制（AGC）电路来探测信号电平，适当开关 AGC，使得摄像机在较宽动态范围内工作。即在低照度时自动增加摄像机灵敏度，提高图像信号强度获得清晰图像。

③ 背光补偿　也称逆光补偿，通常摄像机 AGC 工作点由整个视场内容平均值决定。在视场中有很亮背景区和一个很暗前景区情况下，AGC 对于前景区不合适。如果此时背光补偿开启时，摄像机只根据视场中一个子区域确定 AGC 工作点，如果前景目标恰好在此子区域内，将有效改善前景目标可视性。

④ 电子快门　电子快门控制摄像机 CCD 累积时间。当电子快门关闭时，对于 PAL 摄像机，为 1/50s；当摄像机的电子快门打开时，对于 PAL 型摄像机，其电子快门覆盖从 1/50s 到 1/10000s 的范围。当电子快门速度增加时，聚焦在 CCD 上的光减少，结果将降低摄像机的灵敏度，同时对于观察运动图像时候，较高快门速度会产生一个"停顿动作"效应，增加了摄像机动态分辨率。

⑤ 白平衡　白平衡用于彩色摄像机，使摄像机图像能精确反映景物状况。可以分为手动白平衡和自动白平衡两种方式。自动白平衡又分成连续方式和按钮方式两种。

自动白平衡的连续方式：白平衡设置将随着景物色彩温度改变连续调整，范围为2800～6000K。这种方式对于景物色彩温度在拍摄期间不断改变的场合是最适宜的，使色彩表现自然，但景物几乎没有白色时，连续白平衡不能产生最佳彩色效果。

自动白平衡的按钮方式：先将摄像机对准诸如白墙、白纸等白色目标，然后将自动方式开关从手动拨到设置位置，静止几秒，或者至图像呈现白色，在白平衡被执行后，将自动方式开关拨回手动位置以锁定该白平衡的设置，此时白平衡设置将保持在摄像机的存储器中，直至再次执行被改变为止，其范围为 2300～10000K。在此期间，即使摄像机断电也不会丢失该设置。

二、镜头

镜头是监控系统中必不可少的部件，镜头与 CCD 摄像机配合，可以将远距离目标成像在摄像机的 CCD 靶面上。见图 2-24。

图 2-24　镜头

镜头光学特性包括成像尺寸、焦距、相对孔径和视场角等几个参数。

① 成像尺寸　镜头一般可分为 1in（25.4mm）、2/3in（16.9mm）、1/2in（12.7mm）、1/3in（8.47mm）和 1/4in（6.35mm）等几种规格，分别对应不同成像尺寸选用镜头时、应使镜头成像尺寸与摄像机靶面尺寸大小相吻合。

② 焦距　焦距决定了摄取图像大小，用不同焦距镜头对同一位置某物体摄像时，配长

焦距镜头摄像机所摄取的景物尺寸大，反之，配短焦距镜头摄像机所摄取景物尺寸小。

当已知被摄物体的大小及该物体到镜头的距离时，可估算选配镜头焦距：$f=hD/H$ 或 $f=vD/V$。其中，D 为镜头中心到被摄物体距离；H 和 V 分别为被摄物体水平尺寸和垂直尺寸；h 为靶面成像水平宽度；v 为靶面成像高度。

③ 相对孔径　为了控制通过镜头光通量大小，在镜头后部设置光圈。假定光圈的有效孔径为 d，由于光线折射关系，镜头实际孔径为 D，D 与焦距 f 之比定义为相对孔径 A，即 $A=D/f$。一般用相对孔径的倒数来表示镜头光阑的大小，即 $F=f/D$。F 称为光圈数，标注在镜头光阑调整圈上，其标值为 1.4、2、2.8、4、5.6、8、11、16、22 等序列值，隔一个数值是前一个数值的 2 倍。像的照度与光阑的平方成正比，光阑每变化一挡，像亮度变化一倍。F 值越小，光阑越大，到达摄像机靶面的光通量就越大。

④ 视场角　镜头有一个确定的视野，镜头对这个视野的高度和宽度的张角称为视场角。视场角与镜头焦距 f 及摄像机靶面尺寸（水平尺寸 h 和垂直尺寸 v）的大小有关，镜头的水平视场角 α_h 和垂直视场角 α_v 可分别由下式来计算，即：

$$\alpha_h=2\arctan(h/2f) \qquad \alpha_v=2\arctan(v/af)$$

根据以上两式，镜头的焦距 f 越短，其视场角越大，摄像机靶面尺寸 h 或 v 越大，其视场角也越大。如果所选择镜头视场角太小，可能出现监视死角；若选择镜头视场角太大，可能造成监视主体画面尺寸太小，难以辨认，画面边缘出现畸变。因此，要根据具体应用环境选择视场角合适镜头。

⑤ 接口　镜头的安装方式有 C 型安装和 CS 型安装两种。在视频监控系统中常用镜头是 C 型安装镜头。镜头安装部位口径是 25.4mm，从镜头安装基准面到焦点距离是 17.526mm。大多数摄像机的镜头接口 CS 型，C 型镜头安装到 CS 接口摄像机时需增配一个 5mm 厚的接圈。将如果对 C 型镜头不加接圈就直接接到 CS 型接口摄像机上，可能使镜头后镜面碰到 CCD 靶面的保护玻璃，造成 CCD 摄像机的损坏。

三、防护罩

防护罩是使摄像机在有灰尘、雨水、高低温等情况下正常使用的防护装置。一般分为两类，一类是室内防护罩，另一类是室外防护罩。室内用防护罩结构简单，价格便宜，其主要功能是防止摄像机落尘并有一定的安全防护作用，如防盗、防破坏等。室外用防护罩一般为全天候防护罩，即无论刮风、下雨、下雪、高温、低温等恶劣情况，都能使安装在防护罩内的摄像机正常工作。这种防护罩具有降温、加温、防雨、防雪等功能。为了在雨雪天气仍能使摄像机正常摄取图像，一般在全天候防护罩的玻璃窗前安装有可控制的雨刷。

四、支架

普通支架有短的、长的、直的、弯的，根据不同的要求选择不同的型号。室外支架主要考虑负载能力是否合乎要求，再有就是安装位置，因为从实践中发现，很多室外摄像机安装位置特殊，有的安装在电线杆上，有的固定于塔吊上，有的安装在铁架上。见图 2-25。

五、云台

(1) 云台的选用

在选用云台时，除了要考虑安装环境、安装方式、工作电压、负载大小、性能价格比和外形是否美观外，还应注意以下几个方面。

① 承重 为适应不同摄像机及防护罩的安装，云台的承重应是不同的。应根据选用的摄像机及防护罩的总重量来选用合适承重的云台。室内用云台的承重量较小，云台的体积和自重也较小。室外用云台因为肯定要在它的上面安装带用防护罩的摄像机，所以承重量都较大，它的体积和自重也较大。

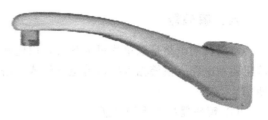

图 2-25 支架

目前出厂的室内用云台承重量为 1.5~7kg，室外用云台承重量为 7~50kg。还有些云台是微型云台，比如与摄像机一起安装在半球型防护罩内或全天候防护罩内的云台。

② 控制方式 一般的云台均属于有线控制的电动云台。控制线的输入端有 5 个，其中 1 个为电源的公共端，另外 4 个分别为上、下、左、右控制端。如果将电源的一端接在公共端，电源的另一端接在"上"时，则云台带动摄像机头向上转动，其余类推。

还有的云台内装有继电器等控制电路，这样的云台往往有 6 个控制输入端。1 个是电源的公共端，4 个是上、下、左、右端，还有 1 个则是自动转动端。当电源的一端接到公共端，电源的另一端接在"自动"端时，云台将带动摄像机头按一定的转动速度进行上、下、左、右的自动转动。

在电源供电电压方面，目前常见的有交流 24V 和 220V 两种。云台的耗电功率，一般是承重量小的功耗小，承重量大的功耗大。

在选用云台时，最好选用在云台固定不动的位置上安装有控制输入端及视频输入、输出端接口的云台，并且在固定部位与转动部位之间（即摄像机之间）有用软螺旋线形成的摄像机及镜头的控制输入线和视频输出线的连线。这样的云台安装，使用后不会因长期使用导致转动部分的连线损坏，特别是室外用的云台更应如此。

(2) 云台结构

以球罩云台 YD5309 为例，结构如图 2-26 所示，包括顶盖、排风扇、上罩、内罩、下罩、摄像机托板、加热单元和限位块等。

图 2-26 云台的结构

六、解码器

解码器的电路是以单片机为核心，由电源电路、通信接口电路、自检及地址输入电路、输出驱动电路、报警输入接口等电路组成。解码器一般不能单独使用，需要与系统主机配合使用。

（1）解码器的作用和功能

解码器的主要作用是接收控制中心的系统主机送来的编码控制信号，并进行解码，成为控制动作的命令信号，再去控制摄像机及其辅助设备的各种动作（如镜头的变倍、云台的转动等）。见图 2-27。

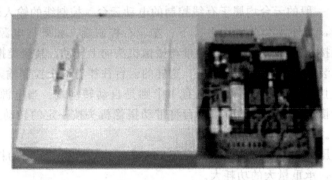

图 2-27 外置解码器

解码器不能单独使用，而必须与矩阵控制系统配合使用。

同一个系统中可能有多台解码器，所以每一台解码器上都有一个拨码开头，它决定了该解码器在该系统中的编号（即 ID 号），在使用解码器时，首先必须对拨码开关进行设置。在设置时，必须与系统中的摄像机编号一致。

解码器具有自检功能，即不需要远端主机的控制，直接在解码器上操作拨码开关，通过测试云台和电动镜头的工作是否正常来判断连线是否正确，同时镜头电压可在 6V、8V、10V、12V 之间进行选择，以适应不同的镜头电源。

解码器在通信正确时，通信指示灯闪亮，这样，就很容易判断此解码器与系统主机的连线是否正确。解码器还具有回传为数据信号的功能，因而在实际应用中可以将各类报警探头等前端设备直接接于监控现场的解码器上。报警探头发出的报警信号，可在前端解码器内编码后经由 RS-485 通信总线回传到中心控制端的系统主机，这样在实际工程施工中即可省去从前端监控现场到中心控制端的报警连线，从而大大减小施工难度，也减少了工程线缆的用量及成本。

（2）解码器接线方法（图 2-28）

（3）解码器使用

选择好解码器的工作电压（P/TVOLTAGE），设置好解码器的地址（ID 的 1～8 端子，地址为 1～256），选择好解码器 FUNCT 中的 1、2 端子设定波特率，使解码器与控制设备之间有相同的数据传输速度，选择好解码器工作协议（FUNCT 的 3、4 端子），并将通信控制线（485 总线）与总线相连。解码器一方面可根据控制点发送过来的要求信号控制云台（UP，DOWN，LEFT，RIGHT）与镜头的电动变焦（ZOOM，FOCUS，IRIS 和镜头公共端 LENS COM）及摄像机动作，并将一定的回复信号返回给控制点；另一方面将视频信号传送给控制点作监控等。同时解码器可提供摄像机电源（DV12V，GND）和云台电源（P/TVOLTAGE），并将交

流 24V 电源提供

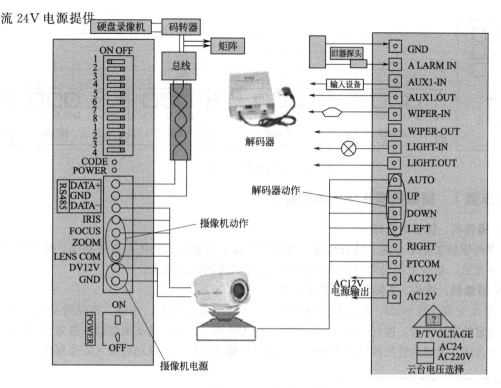

图 2-28　解码器接线图

给交流 24V 的设备使用。此外，还具有控制灯光、雨刷及镜头保护和自动匹配控制协议的功能，兼容多种控制协议。

注意：

① 当 FUNCT 中的 3、4 如拨成 1、1，则拨 ID 为自检功能，即控制云台的转动和摄像的清晰度，否则 ID 则表示解码器地址，当 3、4 都拨 1 时为自动匹配协议；

② 通电后 POWER 会一直亮，解码器接到正确的指令时，指示灯 CODE 会快速闪烁，若无法控制云台及摄像机，应先检查 CODE 灯是否闪烁；

③ 解码器的 DATA＋与 DATA－两端之间需并接一个 120Ω 的匹配电阻；

④ 注意云台的工作电压，然后在解码器上选择相应的电压。

（4）485 通信方式

智能解码器采用 RS-485 总线控制通信方式，DATA＋、DATA－为信号端，G（GND）为屏蔽地。标准 RS-485 设备至智能解码器解码器之间采用二芯屏蔽双绞线连接，连接电缆的最远累加距离不超过 15000m。多个解码器连接最远一个解码器的 DATA＋、DATA－两端之间，并接一个 120Ω 的匹配电阻。架设通信线时，应尽可能地避开高压线路或其他可能的干扰源。见图 2-29。

注意：解码器 DATA＋、DATA－、GND 端子对应连接。

［任务材料］

工具　涨塞、螺钉旋具、小锤、电钻。

材料　各类镜头若干、彩色低照度摄像机 1 台、一体化摄像机 1 台；直流电源 1 个；视频线材若干、监视器 1 台、支架、云台 1 台、解码器 1 台。

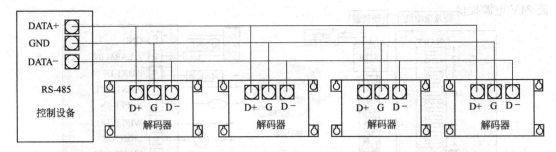

图 2-29 设备连接示意图

[任务步骤] 摄像机镜头防护罩的安装

(1) 摄像机、镜头的选择

考虑到学校工业中心晚上没有灯光，光线不充足，仅监视景物的位置或移动，使用低照度黑白摄像机；摄像范围局限在楼梯口较小的范围，选用定焦镜头。

(2) 摄像机、镜头、支架和防护罩的安装

① 拿出支架（图 2-30），准备好工具和零件：涨塞、螺钉旋具、小锤、电钻等必要工具；按事先确定的安装位置，检查好涨塞和自攻螺丝的大小型号，试一试支架螺丝和摄像机底座的螺口是否合适，预埋的管线接口是否处理好，测试电缆是否畅通，就绪后进入安装程序。

图 2-30 支架

图 2-31 摄像机镜头安装

② 拿出摄像机和镜头，按照事先确定的摄像机镜头型号和规格，仔细装上镜头（红外摄像机和一体式摄像机不需安装镜头）。安装镜头时，首先去掉摄像机及镜头的保护盖，然后将镜头轻轻旋入摄像机的镜头接口并使之到位。对于自动光圈镜头，还应将镜头的控制线连接到摄像机的自动光圈接口上，对于电动两可变镜头或三可变镜头，只要旋转镜头到位，则暂时不需校正其平衡状态（只有在后焦距调整完毕后，才需要最后校正其平衡状态）。具体步骤如下。

a. 卸下镜头接口盖。

b. 镜头安装：逆时针方向转动松开定位焦距（可调环上的一颗螺钉），然后将环按 C 方向（逆时针）转动到底。否则，在摄像机上安装镜头时，可能会对内部图像感应器或镜头造成损坏。见图 2-31。

c. 必须根据镜头的类型，将镜头选择开关置于摄像机的一侧。如果安装的镜头是 DC 控制类型，则将选择开关置于"DC"，如果是视频控制类型，则切换到"VIDEO"。

d. 根据镜头类型，旋转焦距调节螺钉调整焦距。注意不要用手碰镜头和 CCD，确认固定牢固后，接通电源，连通主机或现场使用监视器、小型视频机等调整好光圈焦距。

③ 拿出支架、涨塞、螺丝刀、小锤、电钻等工具，按照事先确定的位置装好支架。检查牢固后，将摄像机按照约定的方向装上（确定安装支架前，先在安装的位置通电测试一下，以便得到更合理的监视效果）。

④ 如果在室外或室内灰尘较多，需要安装摄像机护罩，在步骤 b. 后，直接从这里开始安装护罩：

a. 打开护罩上盖板和后挡板；

b. 抽出固定金属片，将摄像机固定好；

c. 将电源适配器装入护罩内；

d. 复位上盖板和后挡板，理顺电缆，固定好，装到支架上。

⑤ 把焊接好的视频电缆 BNC 插头插入视频电缆的插座内（用插头的两个缺口对准摄像机视频插座的两个固定柱，插入后顺时针旋转即可），见图 2-32，确认固定牢固、接触良好，摄像机 6 个接线桩解释如表 2-7 所示。

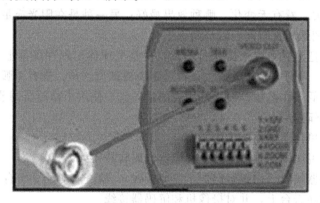

图 2-32 视频接口

表 2-7 摄像机接线桩定义表

名　称	输入/输出
1	DC　电源接入输入(12±0.5)V
2	接地(电源)
3	键盘输入
4	对焦(＋:Near，－Far)输入(限制＋3~13V，－3~13V)
5	变焦(＋:Tele，－Wide)输入(限制＋3~13V，－3~13V)
6	公共(变焦，对焦的公共端)

⑥ 将电源适配器的电源输出插头插入监控摄像机的电源插口，并确认牢固度。

⑦ 把电缆的另一头按同样的方法接入控制主机或监视器（视频机）的视频输入端口，确保牢固、接触良好。

⑧ 接通监控主机和摄像机电源，通过监视器调整摄像机角度到预定范围，并调整摄像机镜头的焦距和清晰度，进入录像设备和其他控制设备调整工序。

(3) 摄像机测试步骤

测试摄像机主要测试清晰度和色彩还原性、照度、逆光补偿，其次是测其球形失真、耗电量、最低工作电压。下面介绍清晰度和色彩还原性以及照度、逆光补偿等指标的测试。

① 清晰度的测试　多个摄像机进行测试时，应使用相同镜头，以测试卡中心圆出现在监视器屏幕的左右边为准，清晰准确的数出已给的刻度线，共 10 组垂直线和 10 组水平线，分别代表垂直清晰度和水平清晰度。如垂直 350 线，水平 800 线，最好用黑白监视器。测试时可在远景物聚焦，也可边测边聚焦。

② 彩色还原性的测试　测试此参数应选好的彩色监视器。首先远距离观察人物、服饰，看有无颜色失真，拿色彩鲜明的物体作对比，看摄像机反应灵敏度，拿彩色画册放在摄像机前，看画面勾勒得清晰程度，过淡或过浓都应再次对运动的彩色物体进行摄像，看有无彩色拖尾、延滞、模糊等。测试条件：摄像机在 50V 时应在 (50+10)V 照度情况下测量，即每台摄像机最佳照度基础上加 10V，且光圈应保持最接近状态。

③ 照度　室内光照也可从最暗调至最明。测试时，摄像机光圈均开至最大时记录最高照度值，再把光圈打至最小，再记录最低照度值。

④ 逆光补偿　测试此参数有两种方法：一种是在暗室内，把摄像机前侧灯调至最亮，然后在灯下方放置一图画或文字，把摄像机迎光摄像，看图像和文字能否看清，画面刺不刺眼，并调节换挡开关，看有无变化，哪种效果最好；另一种是在阳光充足的情况下把摄像机向窗外照，此时看图像和文字能否看清楚。

⑤ 球形失真　把测试卡置于摄像机前端，使整个球体出现在屏幕上，看圆球形有无椭圆；把摄像机前移，看圆中心有无放大，再远距离测试边、角、框有无弧形失真等。

⑥ 耗电量　最低工作电压，使用万用表测量电流，使用小稳压器调节电压看耗电量。

(4) 安装云台解码器

① 摄像机进行单体调试。

② 阅读解码器说明书，画出云台、解码器、码转器接线图。

③ 云台和解码器接线（内置解码器不需要接线），检查解码器、云台设备是否正常。

④ 摄像机固定在云台上，并对摄像机和解码器接线。

⑤ 摄像机的视频输出连接到原有学校监控系统的视频线上。

⑥ 对解码器的拨码盘进行拨码，做解码器的自检实验（内置解码器自动自检）。

⑦ 解码器的通信线与原有码转器的对应端子连接。

(5) 云台、解码器故障处理方法

① 码转灯不闪　软件设置（灯不闪，码转换器未工作），软件中的解码器设置（解码器协议、COM 口、波特率等）；或更换一个 COM 口。

② 无法控制解码器　解码器中无继电器响声。

a. 检查解码器是否供电。

b. 检查码转换器是否拨到了输出 485 信号。

c. 检查解码器协议是否设置正确。

d. 检查波特率设置是否与解码器符合，检查地址码设置与所选的摄像机是否一致。

e. 检查解码器与码转换器的接线是否正确。

f. 检查解码器工作是否正常：解码器断电 1min 后通电，是否有自检声；软件控制云台时，解码器的 UP、DOWN、AUTO 等端口与 PTCOM 口之间有无电压变化。

g. 检查解码器的保险管是否已烧坏。

③ 无法控制云台

a. 检查解码器工作是否正常。

b. 解码器的 24V 或 220V 供电端口电压是否输出正常。

c. 直接给云台的 UP、DOWN、与 PTCOM 线进行供电，检查云台是否能正常工作。

d. 检查供电接口是否接错。

e. 检查电路是否接错（解码器为 UP、DOWN 等线与 PTCOM 直接给云台供电，各线与摄像机及云台各线直接连接就可以了；有的解码器为独立供电接口）。

④ 云台控制的部分功能无法使用

a. 界面上无法操作：安装相应的云台控制补丁程序。

b. 点击时码转灯亮或解码器里面有继电器响，但部分功能无法控制：检查无法控制的功能部分接线是否正确，云台、镜头等设备是否完好，解码器功能端口是否有电压输出。

c. 控制时云台动作不正常　如出现转动无法停止情况，首先单独对该端口进行测试（直接向该端口通电，进行控制），如正常，则检查解码器对应的端口是否工作正常。

注意：提及解码器接线和调试情况，均指解码器外置情况。

［问题讨论］

① 摄像机在整个监控系统中的地位和作用是什么

② 讨论内置解码器和外置解码器的优缺点。

③ 简述外置解码器自检功能调试步骤。

［课后习题］

① 调查目前市场上摄像机的应用情况。

② 解码器地址设置的作用是什么？

任务四　视频矩阵的安装与调试

［任务目标］

通过特定场合进行矩阵的安装调试，了解矩阵的分类和各项技术指标，学会矩阵头的选型，掌握矩阵安装和调试技巧。

［任务内容］

学校工业中心监控系统建设中，监控点有 15 个，可是监视器只有 6 个，以后监视点可能扩展到 25 个。怎么才能让所有监控点都在监视之中呢？可以通过安装视频矩阵，实现视频切换。

［知识点］

一、视频矩阵

(1) 视频矩阵的基本功能和要求

矩阵功能就是实现对输入视频图像的切换输出。将视频图像从任意一个输入通道切换到任意一个输出通道显示。$M \times N$ 矩阵：表示同时支持 M 路图像输入和 N 路图像输出。

（2）视频矩阵的分类

按视频切换方式的不同，分为模拟矩阵和数字矩阵。

模拟矩阵：视频切换在模拟视频层完成。信号切换主要是采用单片机或更复杂的芯片控制模拟开关实现。

数字矩阵：视频矩阵和 DVR 合二为一，视频切换在数字视频层完成，这个过程可以是同步的也可以是异步的。数字矩阵的核心是对数字视频的处理，需要在视频输入端增加 AD 转换，将模拟信号变为数字信号，在视频输出端增加 DA 转换，将数字信号转换为模拟信号输出。视频切换的核心部分由模拟矩阵的模拟开关变成了对数字视频的处理和传输。

矩阵主要功能是实现多路信号进、多路信号输出，可以将任意一个输出口进行信号切换，来输出任意一个输入信号。VGA 矩阵实现的是多路 VGA 信号输入、多路信号输出。RGB 矩阵是将 VGA 信号转换成 RGB 信号来实现矩阵功能。实际工程中可以看成同一种设备来使用，只需要接上 RGB 转 VGA 头就可以了。

按照输入、输出通道的不同，常见的视频矩阵一般有 16×4、16×8、16×16 等。常规的理解是乘号前面的数字代表输入通道的多少，乘号后面的数字代表输出通道的多少。不论矩阵的输入输出通道多少，它们的控制方法都大致相同：前面板按键控制、分离式键盘控制、第三方控制（RS-232/422/485 等）。

设计一个视频矩阵的基本原则，是根据信号源和显示终端数量的多少以决定矩阵的通道数，由于矩阵规格的差异（通道数的多少），在价格上的体现非常明显，在预算一定的情况下，选择矩阵通道数对扩展影响较大。

（3）矩阵的选择

选择视频矩阵主机时，首先要确定需要控制的摄像机个数，是否需要扩充，把现有的和将来有可能扩充的摄像机数目相加，选择控制器的输入路数。比如学校工业中心监控系统建设中，监控点有 15 个，可是监视器只有 6 个，以后监视点可能扩展到 25 个，那么最少也要有 25 路视频输入给控制主机（由于控制主机大部分以输入、输出模块形式扩充，输入以 8 的倍数递增），所以需要选择 32 输入主机。

（4）矩阵键盘连接示意图（图 2-33）

① 视频连接　所有的视频输入（如摄像机），应接到视频输入模块（VIM）的 BNC 上；所有的视频输出（如监视器），应接到视频输出模块（VOM）的 BNC 上。所有视频连接应使用带 BNC 插头高质量 75Ω 视频电缆。所有的视频输出必须在连接中最后一个单元接 75Ω 终端负载。中间单元必须设置为高阻。如果不接负载，图像会过亮。相反，如果接了 2 倍负载，图像会过暗。视频连接图如图 2-34 所示。

② 控制数据线连接　控制数据线从矩阵系统后面板通信端口输出，它发送切换和控制信号到其他机箱，数据线在输入和输出机箱之间环形连接。数据线还向摄像机提供云台、镜头、辅助开关和预置点的控制信号。

矩阵系统端口终端说明如下。

CODE1：主要用于连接键盘、报警主机、多媒体控制器等设备。

CODE2：主要用于连接解码器、智能高速球、码分配器、码转换器等设备。

CODE3：主要用于连接网络矩阵主机。

CODE4：主要用于连接计算机、DVR 等设备。

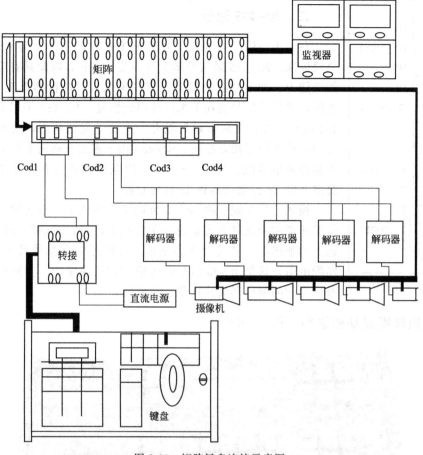

图 2-33　矩阵键盘连接示意图

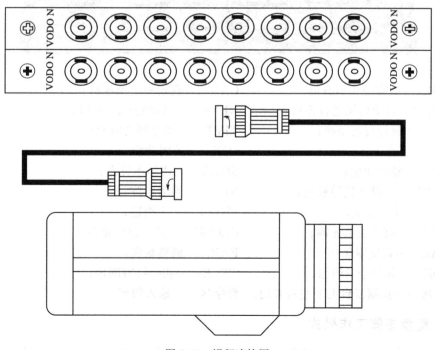

图 2-34　视频连接图

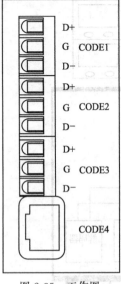

图 2-35 工作图

二、RS-485 通信

在要求通信距离为几十米到上千米时，广泛采用 RS-485 串行总线标准。RS-485 采用平衡发送和差分接收，因此具有抑制共模干扰的能力。加上总线收发器具有高灵敏度，能检测低至 200mV 的电压，故传输信号能在千米以外得到恢复。RS-485 采用半双工矩阵 485 接口方式，任何时候只能有一点处于发送状态，因此，发送电路须由使能信号加以控制。RS-485 用于多点互联时非常方便，可以省掉许多信号线。应用 RS-485 可以联网构成分布式系统，其允许最多并联 32 台驱动器和 32 台接收器。

视频监控系统中的 485 多为双线传输 A＋，布线时标准应严格按照所谓的菊花链方式布线。在总线上，可以明确区分出最近和最远点的解码器，若总线距离很远，可能还要在总线最末端加 120Ω 匹配电阻，这是由 485 信号的传输方式所决定的。实践中常见这种布线导致的解码器失控现象。参见图 2-35。

三、矩阵键盘功能说明（图 2-36）

图 2-36 矩阵键盘

MOV——选定一个监视器；	CAN——选定一个摄像机；
LAST——自动切换逆行方向；	NEXT——自动切换正运行方向；
RUN——运行自动切换；	TIME——切换停留时间；
ON——启动功能；	OFF——关闭功能；
AUX——辅助功能；	SHOT——调用预置点；
ALARM——设防报警触点；	NET——网络矩阵；
ACK——功能确认；	SHIFT——上挡键；
OPEN——打开镜头光圈；	CLOSE——关闭镜头光圈；
NEAR——调整聚焦；	FAR——调整聚焦；
WIDE——获得全景图像；	TELE——获得特写图像；
万向区——控制云台上下左右方向；	数字区——输入数据。

四、键盘矩阵工作模式

键盘工作模式主要在直接控制解码器、智能高速球中应用。要进入此种工作模式，改变

ID 中 8 号端子为 "ON"。

波特率选择设置：改变 ID 中的 5、6 号端子，就能设置键盘的波特率值。波特率的选择是为了使键盘与控制设备之间有相同的数据传输速度，波特率拨码开关位置。见表 2-8。

表 2-8 波特率选择设置

1	0	1200	1	1	4800
0	1	2400	0	0	9600

控制协议：改变 ID 中的 1、2、3、4 号，在波特率相同的情况下，就能控制不同控制协议的解码器、智能高速球。控制协议设置见表 2-9。

表 2-9 控制协议设置

序号	产　品	控制协议
1	10000 派尔高	(PELCO-D)
2	21000 派尔高	(PELCO-P)
3	30100 艾立克,亚安	(ALEC,YAAN)
4	41100 三星	(SAMSUNG)
5	50010HC	(Hanci)
6	61010 盟威	(Mainvan)

五、键盘与系统连接示意图（图 2-37）

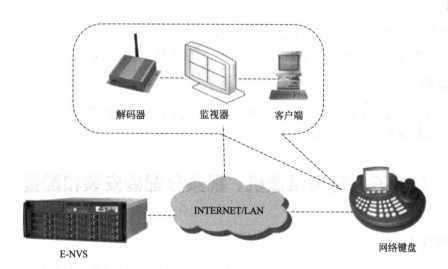

图 2-37　网络键盘与系统连接示意图

键盘接线盒至系统的通信为普通带屏蔽的二芯双绞线，距离最长 1200m。

[任务材料]

工具：涨塞、螺钉旋具、小锤、电钻。

材料：一体化摄像机 1 台、直流电源 1 个；云台 1 台、解码器 1 台、线材若干、矩阵。

[任务步骤]

① 根据现场环境选用美观性价比高的矩阵主机和键盘。

② 阅读解码器说明书，画出矩阵和前端视频采集设备接线图。

③ 矩阵 VIDEOIN 和摄像机 VIDEOOUT 连接。

④ 矩阵的通信口 CODE1 与矩阵键盘连接。

⑤ 矩阵的通信口 CODE2 与解码器的通信口连接。

⑥ 使用矩阵控制视频在监视器上的切换。

⑦ 使用矩阵控制云台动作。

⑧ 矩阵故障处理方法。

a. 编程是否正确，有无遗漏之处

• 使用分控键盘时，对监视器的分配和授权的编程是否正确；

• 设置报警监控和录像时，有否正确连接报警设备，编程是否合理（相关设备的数据冲突）；

• 连接外部受控设备，如快球、解码器、报警设备，要注意说明书所提供的数据端口，正确连接和编程。

b. 矩阵的故障

• 开机无显示，查看保险丝；

• 32 路以上矩阵箱开机无显示，查看插板自查发光二极管工作是否正常，不正常时，重插该板；

• 某路无输出时，可调换一路正常的画面，以便查看是矩阵问题还是其他问题；

• 控制失效，查看是否接对控制端口，受控器有否编码；更换另一端口。

[问题讨论]

① 视频监控系统在什么情况下需要选用视频矩阵？

② 视频矩阵的输入视频如何与摄像机以及其对应的解码器进行通信？

[课后习题]

① 调研目前市场上视频矩阵各个品牌特点以及应用情况（包括市场份额）。

② 说明矩阵在整个监控系统中的地位和作用。

任务五　硬盘录像机、视频分配器安装和配置

[任务目标]

通过特定场合硬盘录像机的安装调试，了解硬盘录像机、视频采集卡和多媒体软件的分类、选型；学会视频采集卡和多媒体软件的安装方法，能够使用多媒体软件对监控设备和视频控制管理显示。

[任务内容]

学校工业中心监控系统，要求能够对晚间楼内的视频信息进行存储，以便白天察看。

[知识点]

一、硬盘录像机

数字硬盘录像机（Digital Video Recorder，DVR）集磁带录像机、画面分割器、视频切

换器、控制器、远程传输系统的全部功能于一体，本身可连接报警探头、警号，实现报警联动功能，还可进行图像移动侦测、可通过解码器控制云台和镜头、可通过网路传输图像和控制信号等。与传统模拟监控系统相比，硬盘录像机组网简单，方便实现网络监控及分控。

数字硬盘录像机是安防行业发展的一个新趋势，并将迅速地替代传统模拟系统设备。目前市场上出现了许多品牌和种类的数字硬盘录像机（DVR），有 PC 式和嵌入式；PC 式又可进一步分为基于 Linux 操作系统和 Windows 操作系统等。

二、视频采集卡

监控压缩卡是将模拟摄像机、录像机、LD　视盘机、电视机输出的视频信号等输出的视频数据或者视频音频的混合数据输入电脑，并转换成电脑可辨别的数字数据，存储在电脑中，成为可编辑处理的视频数据。按照其用途可分为广播级、专业级和民用级监控压缩卡。广播级视频采集卡特点是采集图像分辨率高，视频信噪比高，缺点是视频文件所需硬盘空间大，每分钟数据量至少要消耗 200MB。

(1) 监控压缩卡特点

在电脑上通过视频采集卡可以接收来自视频输入端的模拟视频信号，对该信号进行采集、量化成数字信号，然后压缩编码成数字视频。大多数视频卡都具备硬件压缩的功能，在采集视频信号时首先在卡上对视频信号进行压缩，然后再通过 PCI 接口把压缩的视频数据传送到主机上。一般的 PC 视频采集卡采用帧内压缩算法，把数字化的视频存储成 AVI 文件，高档一些的视频采集卡还能直接把采集到的数字视频数据实时压缩成 MPEG-1 格式的文件。由于模拟视频输入端可以提供不间断信息源，视频采集卡要采集模拟视频序列中的每帧图像，并在采集下一帧图像之前把数据传入 PC 系统。因此，实现实时采集的关键是每一帧所需的处理时间。如果每帧视频图像的处理时间超过相邻两帧之间的相隔时间，则要出现数据的丢失，也即丢帧现象。采集卡都是把获取的视频序列先进行压缩处理，然后再存入硬盘，也就是说视频序列的获取和压缩是在一起完成的，免除了再次进行压缩处理的不便。不同档次的采集卡具有不同质量的采集压缩性能。

(2) 监控压缩卡对系统要求

目前的监控压缩卡是视频采集和压缩同步进行，也就是说视频流在进入电脑前就要分析和压缩成 JPG 格式文件，这个过程就要求电脑有高速的 CPU、足够大的内存、高速的硬盘、通畅的系统总线。硬盘是这套配置的关键，它不仅需要大容量，而且存储速度要快。

视频采集卡硬盘外形见图 2-38。

三、多媒体监控软件系统

(1) 多媒体系统功能

多媒体数字实时监控录像系统是针对银行、邮政、道路等部门开发的专业实时监控录像系统。在保证性能稳定的基础上，系统可做到多达多路的音视频实时录像。图像被压缩成标准的 MPEG-4 格式保存在硬盘中。系统查询录像记录操作简便，仅须选择所要查询的时间和日期就可浏览图像。抓拍的图像以 .BMP 的格式存储。在监视与回放图像的情况下，系统均可对单路或多路进行实时录像，见图 2-39。

目前市场上的多媒体软件，基本上都具备如下功能：

图 2-38　视频采集卡外形

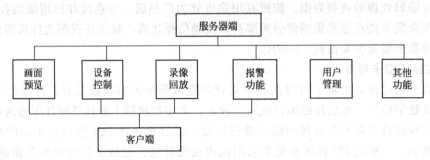

图 2-39　视频采集卡

① 画面预览

显示画面简洁明了：设置多个功能隐藏面板（云台控制，控制菜单）；支持多通道多种风格的画面预览。

客户端预览画质多样化：基于双码流功能，可根据实际应用情况，实现 D1、2CIF、DCIF、CIF、QCIF 等多种模式的画面预览，以适应不同场合的需要。

② 设备控制

主控与分控一体：软件自识别工作状态，当作为主控时，也可以兼作分控，监控本地的同时，也可以监控其他远程主机，接受远程主机报警信息，进行分控录像等。

预览画面控制云台：直接在云台所在通道的画面上对云台进行控制。

兼容数字矩阵和模拟矩阵：通过数字矩阵卡，将数字视频录像画面进行多种方式的组合，然后解码还原为模拟信号，投送到电视墙上；同时可以通过串口控制模拟矩阵。

③ 录像和回放

录像模式多样：按照分辨率划分，支持多种格式，每种分辨率又分为多级；录像触发类型多样：主控具有正常录像、视频丢失报警录像、视频运动报警录像、硬件探测报警录像四种模式，同时具有预录像功能，将报警触发前一段时间内的录像也进行打包，弥补了报警延时带来的缺陷，根据自动工作计划中的设置，可按时、按需选择任意报警类型组合进行布防。

回放模式灵活：回放支持画中画，画面可随意拖曳，录像回放更具参照性；发挥数据备份功能，可将有价值的视频或图片信息备份到指定设备中。

④ 报警功能　视频丢失、视频运动、硬件探测、手动报警。

⑤ 用户管理　用户管理实行三级管理体制，管理权限更加明确，操作范围精细，避免

受限用户误操作或接触敏感信息（音视频信息、系统设置信息及操作权限设置等）。

⑥ 其他功能 包括电子地图、色彩调整、清盘及写盘故障信息和语音广播等功能。

（2）多媒体软件系统的安装

软件安装包包括两部分，一是视频压缩卡的驱动程序，另一部分是系统安装程序。这里强调系统安装程序的安装。

① 运行 Setup. exe 文件进行安装，选择安装语言，进入"选择安装类型"，可以选择三种安装类型：

a. 本地系统 仅安装主机软件，不安装网络软件；

b. 完全安装 安装本地软件和网络软件；

c. 网络软件 仅安装网络软件，不安装主机软件。

根据需要选择 a. b. c. 之一。

② 在软件安装完后，用户如果需要重新配置系统的特殊功能，可运行软件所在目录下的 ConfigFunction. exe，操作功能和此一样。

（3）多媒体主机软件的使用

① 系统运行 在桌面只有"多媒体数字录像监控系统"图标，双击该图标运行：CX-Main. exe。

由"开始"菜单进入的"程序"组中的"录像回放"运行的是 CXPlay. exe。

由"开始"菜单进入的"程序"组中的"网络监视"运行的是 CXNet. exe。

由"开始"菜单进入的"程序"组中的"系统设备驱动代理"运行的 CXAgent. exe，该程序一般是随机启动。

② 设置网络服务器 如图 2-40 所示。

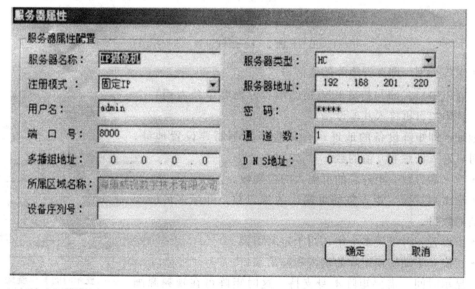

图 2-40 网络服务器设置

a. 网页所在目录 指提供网服务的那个目录，该目录可放入 htm 及其他供下载的目录，但不支持脚本运行。

b. CGI 脚本目录 用来运行脚本的目录，不供用户浏览和下载，只能运行。

c. 默认网页和脚本 指定后运行该页，在 IE 中键入 http：//193.19.3.68，则运行的是 test. htm 这个页面。

d. 服务端口　Http 网服务器默认的是 80 端口，当该端口不能使用时，需要改此端口，这时需要在 IE 上用"："指明端口号，如 http：//193.19.3.68：8080。

e. 监控主机的 IP 地址或域名　自动使用本机的 IP 地址或域名。当监控主机和网服务器在同一台机上时，推荐使用该项设置。当监控主机和网服务器不在同一台机上时，需要指定主控主机的 IP 地址或域名。

③ 视频矩阵控制矩阵设置　如图 2-41 所示。

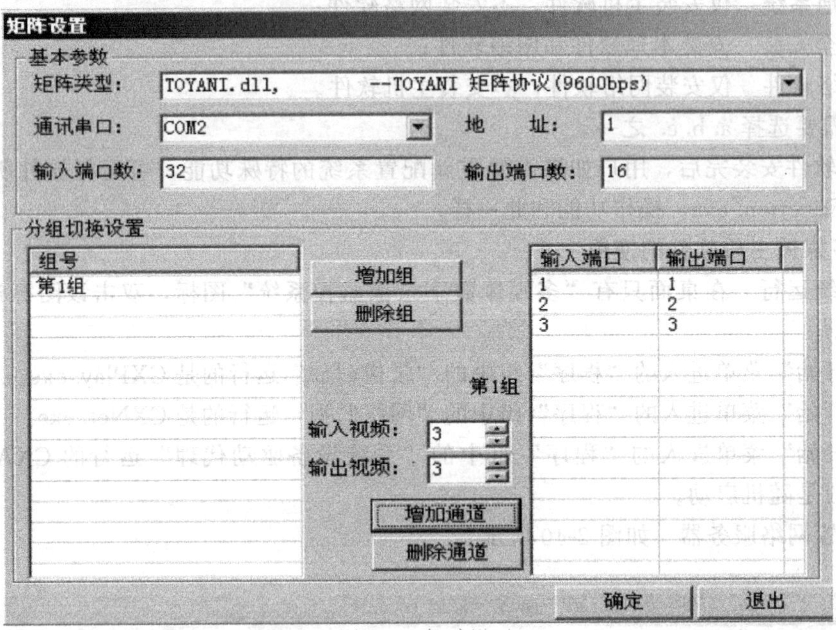

图 2-41　矩阵设置

• 矩阵类型　即选择矩阵的通信协议。

• 通讯串口　即与矩阵相连接的串口，需要单独占用一个串口，该串口可再接入其他设备。

地址：即矩阵设备的地址，有某些矩阵不需要设置地址，则此时可输入任意非 0 值的数。

• 输入端口数　矩阵总的可输入的视频数。

• 输出端口数　矩阵总的可输出的端口数，即最多可接入电视墙的数目。

• 组设置　可设置多个组，用于定时切换。

• 切换　手动切换矩阵的输入和输出端口。

• 显示时间　需要矩阵本身支持，这时矩阵可在视频源画面上叠加时间。

• 叠加　需要矩阵本身支持，让矩阵在视频源画面上叠加字符信息。

• 自动切换　定时执行矩阵组切换。

④ 视频参数设置　图 2-42 为矩阵控制图。

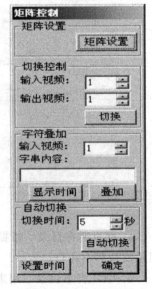

图 2-42　矩阵控制图

a. 画面字体设置：

• 正确颜色 当系统不使用 OSD 功能（字符叠加），将用该颜色直接绘制信息。

• 操作画面颜色 当系统不使用 OSD 功能（字符叠加），将用该颜色直接绘制活动窗口的信息，包括边框。

• 字体大小 当系统不使用 OSD 功能（字符叠加），将用该字体大小直接绘制信息。

• 画面轮切时间 当画面启动轮切（在主界面右下角"显示画面"按钮上按右键），用该时间来切换画面。

• 填充区图片 当窗口数多于实际的视频通道数（如 8 路视频）时，将用该图片来填充。

• 声音预览 对于支持声音监听的卡才支持该功能。

b. 录像设置

• 录像文件时间 每一个录像文件的大小。

• 自动覆盖 当所有硬盘录像满后，将自动覆盖最早的文件。如果用户手动删除某些文件，留出空间后，首先将不会覆盖最早文件。

• 开机启动录像 如果某路的工作方式没有设置或是手动方式，则由该模块来决定是否自动录像。

• 报警声音设置 系统提供两种报警方式，如采用"计算机音箱报警"，则需要有声卡，并在某些地方指定声音文件。

• 自动锁定时间设置 系统提供自动锁定功能，在该时间之后将锁住界面上所有按钮，若锁定后在操作时将提示用户解锁。另一个解锁是键盘解锁，系统屏蔽了非输入功能的键，如 Alt＋Ctrl＋Del，这时按 Alt＋Ctrl＋E 解锁或锁定，该功能需要管理员身份才能解开。系统安装时在安装包中的 CXRecord.reg 文件中指定是否需要屏蔽键盘功能。

• 系统退出关机 系统退出时即关闭计算机，防止他人恶意破坏资料。

• 启用软件 WatchDog 启用后系统将时刻监视主程序运行状态，如发生故障时将自动关闭主程序并启动它，但是并不给计算机复位信号。

• 自动重启设置 为保证系统的稳定性，建议用户启用该项。

• 网络通信协议 提供三种通信协议，建议用户在局域网上使用组播协议（或 UDP 协议），Internet 网上使用 UDP 协议，少用 TCP 协议。其中组播协议可穿过 5 级路由（TTL＝5，当然穿过路由器，还要路由器来支持），占用组播地址：224.5.6.10，需要注意的是组播是一种不安全但能有效减少网络带宽的协议，用户只需要加入这个组，即可接收数据进行解码，而主机无法控制该用户是否能使用视频资源。

c. 视频参数设置（图 2-43）

• 名称 该路视频名称，用于叠加在视频画面上。

• 网络功能启用 只有启动网络功能的路数，在网络上才能监视该路。

• 云台解码器类型 选择所用的云台。如该类型中没有所要的云台，可与供应商联系，并提供相应的通信协议。从供应商处取得通信协议驱动程序，放入运行目录 Drv＼PT 下，重新启动程序即可。

• 云台解码器地址 所用解码器地址。注意地址不能为 0，若解码器地址为 0，可调到其他没有用的地址上。

• 通信端口 计算机的串口，1 表示第一个串口 COM1，2 表示第二个串口 COM2，其

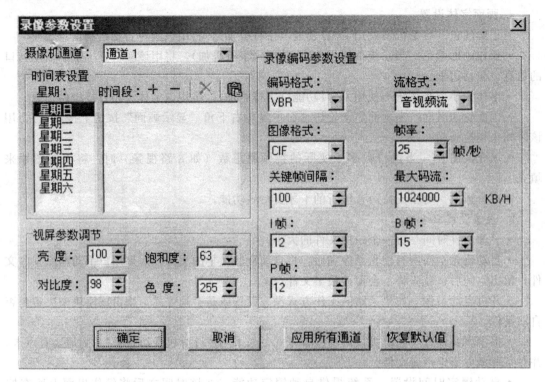

图 2-43　视频参数设置

他依此类推，最多支持到 COM9。

- 视频制式　支持 PAL 制和 NTSC 制两种。
- 编码方式　决定画面大小。在 PAL 制下：CIF 是 $352×288$，QCIF 是 $176×144$，HD1 上是 $704×288$，是 $704×576$；在 NTSC 制下：是 $352×240$，D1CIFQCIF 是 $176×120$，HD1 上是 $704×240$，D1 是 $704×480$。
- 流模式　提供录像的类型。
- 图像质量　决定图像质量。
- 模糊程度　专业术语是"量化系数"，该值越大马赛克现象越明显，所用码流越小。
- 帧率　在 PAL 制下可调范围是 $1\sim25$ 帧/s，在 NTSC 制下是 $1\sim30$ 帧/s。
- 关键帧间隔　即 I 帧间隔，系统解码时要从 I 帧开始解码。I 帧即基本帧，记录一副完整的图像信息，其码流比其他类型帧大 $3\sim5$ 倍，该值变大会下降码流，但会给解码后图像质量带来影响。
- 最大码流　系统采用限码流的动态码流录像方式。一般录像实际码流在该值的 $40\%\sim80\%$ 之间（用户一般可用 60% 计算），用户可估算硬盘所需要的空间，每路每小时为：（码流 $×3.6/8000$） $×60\%$，单位是 MB/h/每路，如采用 512K 时（即 512000），为 $(512000×3.6/8000)×60\%=138$MB/h/每路。实际中可能比该值更小（静态时约 40M）或更大（最大是 $512000×3.6/8000=230$MB/h/每路），一般情况下，好的图像质量为 $800\sim2000$K，较好图像质量为 $500\sim800$K，一般的图像质量为 $380\sim500$K，较差图像质量为 $256\sim380$K，差的图像质量小于 256K。可以看出码流小于 500K 时，图像质量变化是比较大的，当大于 800K 以后，图像质量已看不出明显的变化。

四、硬盘录像机的常见问题和解决方法

（1）无图像显示

① 显卡不兼容造成。可以通过 direct draw 测试，如果测试能通过，则不是此原因。

② PCI 接口接触不良好，可以换一个 PCI 槽位测试。

③ 板卡是否有损坏，可以考虑换一张卡测试。

（2）图像不清晰

① 录像回放质量差　硬盘录像机在"普通"的压缩质量下，录像回放质量比较满意。但有时发现"马赛克"现象比较严重，特别是对于运动图像，图像变得模糊不清，其主要原因是摄像机亮度过低（在此不要试图改变硬盘录像机的亮度来补偿），需要调整摄像机亮度来加以补偿。

② 实时监视的图像不清晰　可以在数字硬盘录像机的系统设置里，根据所配置摄像机的型号或者清晰度，选择"普通摄像机"或者"高清晰度摄像机"；同时，也可以通过调整视频的亮度、色度、对比度及饱和度的值，以达到满意的效果。

（3）音频监听、回放不正常

① 系统的兼容性原因　在使用工控机安装本系统时，建议音频卡安装在基本 PCI 插槽上。

② 声卡驱动程序或者系统设备的驱动程序安装有误　在安全模式下，检查声卡及系统设备驱动程序，删除重复的设备驱动程序，重新启动计算机，安装产品供应商提供的驱动程序。并使用 directsound 测试，最好使用具有软件缓冲和硬件缓冲的声卡。

③ 由于市场上监听器的声音输出幅值有所不同，音频输入的幅值不匹配可能导致音频效果不好，可以通过对音视频卡的输入调节放大倍数。如果监听器的输出幅值不在所列的范围内，就只能调节监听器的输出幅值。

（4）监听正常，但回放无声音

原因可能是没有设置"允许录音"。在系统设置的"摄像机设置"里，将所要求录音的摄像机勾选"允许录音"即可。

（5）图像静止不动

可能是音视频卡已死机，可能是音视频卡和计算机的 PCI 插槽接触不良好，可以关闭计算机，重新启动计算机；如果出现较为频繁的卡死现象，可以考虑换卡；如果不是很频繁的情况，可能是因为系统工作时间太长，可以设定系统每天定时重启动以缓解系统工作压力和释放内存；也可以在系统的某一张卡上增加与计算机连接的复位线，以达到自动恢复系统的目的。

（6）前端控制不灵活

原因可能是解码器与云台等连接不良好，或者通信线缆过长。一般使用方法是解码器和云台采用就近安装，即解码器一般安装在云台附近。

（7）视频干扰严重

① 视频电缆接口处接触不良好。

② 视频电缆受到强电干扰，视频电缆不能和强电线路一并走线。

③ 摄像机不能接地，在整个系统中，只能采用中心机单点接地，不能使用多点接地，否则会引起共模干扰。

（8）网络客户端图像混乱

在同一局域网使用两台或多台服务器时，多播组 IP 地址或者端口号设置为相同（应该

每一台有独立的多播组 IP 地址和端口号），更改此项设置即可。

五、视频分配器

实现视频一路输入增益后分解为多路输出。

[任务材料]

螺钉旋具、矩阵控制监控系统 1 套、硬盘录像机、视频采集卡、多媒体软件安装程序、视频分配器。

[任务步骤]

（1）硬件安装

① 安装完计算机的基本部件和操作系统（不包括驱动程序）后进行。

② 安装视频压缩卡。

③ 安装主板驱动程序（包括磁盘驱动程序，如 ATA100）。

④ 安装视频压缩卡驱动程序。

⑤ 安装显示卡驱动程序。

⑥ 安装其他驱动程序。

⑦ 安装 DrictX。

⑧ 安装外部设备，如云台解码器、报警控制器、矩阵。

对于外部设备（如云台解码器、报警控制器、矩阵），根据实际的产品特点进行安装。如果打乱以上安装顺序，系统有可能不能正常安装成功。

注意：①由于系统内硬盘数比较多，故发热量也大，应注意计算机的通风。一般采用比较理想的散热方式为：计算机的前面进风，在卡和电源处进行抽风处理，同时各个通风孔应加大。②如果计算机的温度过高（如超过 65℃），计算机工作将不正常，这将导致工作不正常，压缩下来的文件长度为 0 或比正常文件增大许多。这时应停机，让计算机冷却。③耗材类硬盘的大小，应该综合考虑现场应用情况和录像要求，选择合适大小的硬盘。

（2）软件安装和配置

软件安装完毕之后，要实现对各个监控点的云台的控制，必须在软件的配置页面，把每一路视频对应的解码器地址和通信协议填写正确。

（3）多媒体软件实现对视频回放的应用

（4）前端视频采集设备视频输入接入视频分配器

（5）视频分配器的视频输出（一路接入硬盘录像机，另一路接入矩阵）

（6）硬盘录像机调试

[问题讨论]

① 讨论视频采集卡选用依据。

② 讨论多媒体软件如何配置。

[课后习题]

① 调研目前市场上硬盘录像机各个品牌特点以及应用情况（包括市场份额）。

② 说明硬盘录像机在整个监控系统中的地位和作用。

任务六　线缆的选择和线缆接头制作

[任务目标]

通过特定场合进行线缆及线缆接头制作，了解线缆的分类、选型，学会视频接头、音频接头和 VGA 接头制作方法。

[任务内容]

学校工业中心的视频监控系统工程需要选择电缆，并制作视频接头、音频接头和 VGA 接头。

[知识点]

一、传输方式的选择

① 选择传输方式的依据是传输距离、地理条件、摄像机的数量以及分布情况。

② 传输距离较近时，可采用同轴电缆传输视频基带信号的视频传输方式。当传输黑白（彩色）电视基带信号，在 5MHz（5.5MHz）点的不平坦度大于 3dB 时，宜加电缆均衡器；当大于 6dB 时，应加电缆均衡放大器。

③ 传输距离较远，监视点分布范围广，或需进电缆电视网时，宜采用同轴电缆传输射频调制信号的射频传输方式。

④ 长距离传输或需避免强电磁场干扰的传输，宜采用传输光调制信号的光缆传输方式。当有防雷要求时，应采用无金属光缆。

⑤ 系统的控制信号可采用多芯线直接传输，或将遥控信号进行数字编码用电（光）缆进行传输。

二、线缆选型

(1) 同轴电缆

① 应根据图像信号采用基带传输还是射频传输，确定选用射频电缆还是视频电缆。

② 所选用电缆的防护层应适合电缆敷设方式以及使用环境（如环境气候、存在有害物质、干扰源等）。

③ 室外线路，宜选用外导体内径为 9mm 的同轴电缆，采用聚乙烯外套。

④ 室内距离超过 500m 时，宜选用外导体内径为 7mm 的同轴电缆。

⑤ 终端机房设备间的连接线距离较短时，宜选用的外导体内径为 3mm 或 5mm，且具有密编铜网外导体的同轴电缆。

(2) 其他线缆选择

① 通信总线　RVVP 2mm×1.5mm。

② 摄像机电源　RVS 2×0.5。

③ 云台电源　RVS 5×0.5。

④ 镜头　RVS (4～6)×0.5。

⑤ 灯光控制　RVS 2×1.0。

⑥ 探头电源　RVS 2×1.0。

⑦ 报警信号输入　RV 2×0.5。

⑧ 解码器电源　RVS 2×0.5。

RVV 与 KVVP 比较，区别：RVV 和 RVVP 里面采用的线为多股细铜丝组成的软线，即 RV 线组成。KVV 和 KVVP 里面采用的线为单股粗铜丝组成的硬线，即 BV 线组成。

AVVR 与 RVVP 比较，区别：东西一样，只是内部截面小于 0.75mm² 的名称为 AVVR，大于等于 0.75mm² 的名称为 RVVP。

SYV 与 SYWV 比较，区别：SYV 是视频传输线，用聚乙烯绝缘；SYWV 是射频传输线，物理发泡绝缘，用于有线电视。

RVS 与 RVV2 芯比较，区别：RVS 为双芯 RV 线绞合而成，没有外护套，用于广播连接；RVV2 芯线直放成缆，有外护套，用于电源，控制信号等方面。

(3) 电缆辐射要求

① 电缆的弯曲半径应大于电缆直径的 15 倍。

② 电源线宜与信号线、控制线分开敷设。

③ 室外设备连接电缆时，宜从设备的下部进线。

④ 电缆长度应逐盘核对，并根据设计图上各段线路的长度来选配电缆。宜避免电缆的接续，当电缆接续时，应采用专用接插件。

三、线缆基础

(1) 电线电缆定义

电线、电缆是指用以传输电能信息和实现电磁能转换的线材产品。

电线：通常把只有金属导体的产品和在导体上敷有绝缘层外加轻型保护（如棉纱编织层、玻璃丝编织层、塑料、橡皮等）、结构简单、外径比较细小、使用电压和电流比较小的绝缘线，叫做电线。

电缆：把既有导体和绝缘层，有时还加有防止水分侵入的严密内护层，或还加机械强度大的外护层，结构较为复杂，截面积较大的产品叫做电缆。

(2) 线缆基本组成

电线、电缆由导体（导线）、绝缘层、屏蔽、绝缘线芯、保护层等基本部分组成。根据不同需要的电线、电缆是按照由上述某些或全部组成内容组成的集成体。

(3) 线缆主要用途

供电；输配电；电机、电器和电工仪器绕组以实现电磁能转换；测量电气参数和物理参数；传输信号、信息和控制；用于共用天线电视或电缆电视系统；用作无线电台发射和接收天线的馈电线或各种射频通信及测试设备连接线。

(4) 电缆电线分类

按用途可分为裸导线、绝缘电线、耐热电线、屏蔽电线、电力电缆、控制电缆、通信电缆、射频电缆等。

常有的绝缘电线有以下几种：聚氯乙烯绝缘电线、聚氯乙烯绝缘软线、丁腈聚氯乙烯混合物绝缘软线、橡皮绝缘电线、农用地下直埋铝芯塑料绝缘电线、橡皮绝缘棉纱纺织软线、聚氯乙烯绝缘尼龙护套电线、电力和照明用聚氯乙烯绝缘软线等。

电缆桥架适用于一般工矿企业室内外架空敷设电力电缆、控制电缆，亦可用于电信、广播电视等部门在室内外架设。

常用的电附件有电缆终端接线盒、电缆中间接线盒、连接管及接线端子、钢板接线槽、电缆桥架等。

连接电缆与电缆的导体、绝缘屏蔽层和保护层，以使电缆线路连接的装置，称为电缆中间接头。

(5) 常用电缆型号

① syv 实心聚乙烯绝缘射频同轴电缆。

② sywv（y）物理发泡聚乙烯绝缘有线电视系统电缆，视频（射频）同轴电缆（syv、sywv、syfv）适用于视频监控及有线电视工程。

③ sywv（y）、sykv 有线电视、宽带网专用电缆结构，（同轴电缆）单根无氧圆铜线＋物理发泡聚乙烯（绝缘）＋（锡丝＋铝）＋聚氯乙烯（聚乙烯）。

④ 信号控制电缆（rvv 护套线、rvvp 屏蔽线），适用于楼宇对讲、防盗报警、消防、自动抄表等工程，rvvp 铜芯聚氯乙烯绝缘屏蔽聚氯乙烯护套软电缆电压 300V/300V 2～24 芯，用途：仪器、仪表、对讲、监控、控制安装。

⑤ rg 物理发泡聚乙烯绝缘接入网电缆，用于同轴光纤混合网（hfc）中传输数据模拟信号。

⑥ kvvp 聚氯乙烯护套编织屏蔽电缆，用途：电器、仪表、配电装置的信号传输、控制、测量。

⑦ rvv（227iec52/53）聚氯乙烯绝缘软电缆，用途：家用电器、小型电动工具、仪表及动力照明。

⑧ avvr 聚氯乙烯护套安装用软电缆。

⑨ sbvvhya 数据通信电缆（室内、外），用于电话通信及无线电设备的连接以及电话配线网的分线盒接线用。

⑩ rv、rvp 聚氯乙烯绝缘电缆。

⑪ rvs、rvb 适用于家用电器、小型电动工具、仪器、仪表及动力照明连接用电缆。

⑫ bv、bvr 聚氯乙烯绝缘电缆，用途：适用于电器仪表设备及动力照明固定布线用。

⑬ rib 音箱连接线（发烧线）。

⑭ kvv 聚氯乙烯绝缘控制电缆，用途：电器、仪表、配电装置信号传输、控制、测量。

⑮ sftp 双绞线传输电话、数据及信息网。

⑯ ul2464 电脑连接线。

⑰ vga 显示器线。

⑱ syv 同轴电缆无线通信、广播、监控系统工程和有关电子设备中传输射频信号（含综合用同轴电缆）。

⑲ sdfavp、sdfavvp、syfpy 同轴电缆，电梯专用。

⑳ jvpv、jvpvp、jvvp 铜芯聚氯乙烯绝缘及护套铜丝编织电子计算机控制电缆。

四、视频监控系统中所用的线缆

视频信号传输一般采用直接调制技术，以基带频率（约 8MHz 带宽）的形式，最常用的传输介质是同轴电缆。一般采用专用的 SYV75Ω 系列同轴电缆，常用型号为 SYV75-5（它对视频信号的无中继传输距离一般为 300～500m）；距离较远时，需采用 SYV75-7、SYV75-9，甚至 SYV75-12 的同轴电缆（在实际工程中，粗缆的无中继传输距离可达 1km

以上）；也有通过增加视频放大器以增强视频的亮度、色度和同步信号，但线路中干扰信号也会被放大，所以回路中不能串接太多视频放大器，否则会出现饱和现象，导致图像的失真；距离更远的采用光纤传输方式。光纤传输具有衰减小、频带宽、不受电磁波干扰、重量轻、保密性好，主要用于国家及省市级的主干通信网络、有线电视网络及高速宽带计算机网络。通信线缆一般用在配置有云台、镜头的摄像装置，在使用时需在现场安装解码器。现场解码器与控制中心的视频矩阵切换主机之间的通信传输线缆，一般采用 2 芯屏蔽通信电缆（RVVP）或 3 类双绞线 UTP，每芯截面积为 $0.3\sim0.5\text{mm}^2$。选择通信电缆的基本原则是距离越长，线径越大。例如 RS-485 通信规定的基本通信距离是 1200m，实际工程中选用RVV2-1.5 的护套线，可以将通信长度扩展到 2000m 以上。当通信距离过长时，需使用 RS-485 通信中继器。

控制电缆通常指的是用于控制云台及电动可变镜头的多芯电缆，它一端连接于控制器或解码器的云台、电动镜头控制接线端，另一端则直接接到云台、电动镜头的相应端子上。由于控制电缆提供的是直流或交流电压，而且一般距离很短（有时还不到1m），基本上不存在干扰问题，因此不需要使用屏蔽线。常用的控制电缆大多采用 6 芯或 10 芯电缆，RVV6-0.2、或 RVV10-0.12 等。其中 6 芯电缆分别接于云台的上、下、左、右、自动、公共 6 个接线端，10 芯电缆除了接云台的 6 个接线端外，还包括电动镜头的变倍、聚焦、光圈、公共 4 个端子。在闭路电视监控系统中，从解码器到云台及镜头之间的控制电缆，由于距离比较短一般不作特别要求；而由中控室的控制器到云台及电动镜头的距离少则几十米，多则几百米，对控制电缆就需要有一定的要求，即线径要粗，如选用 RVV10-0.5、RVV10-0.75 等。声音监听线缆一般采用 4 芯屏蔽通信电缆（RVVP）或 3 类双绞线 UTP，每芯截面积为 0.5mm^2。在没有干扰的环境下，也可选为非屏蔽双绞线，如在综合布线中常用的 5类双绞线（4 对 8 芯）；由于监控系统中监听头的音频信号传到中控室是采用的点对点布线方式，用高压小电流传输，因此采用非屏蔽的 2 芯电缆即可，如 RVV2-0.5 等。

五、防盗报警系统中所用的线缆

前端探测器至报警控制器之间一般采用RVV2×0.3（信号线）以及 RVV4×0.3（2 芯信号＋2 芯电源）的线缆，而报警控制器与终端安保中心之间一般采用的也是 2 芯信号线，至于用屏蔽线或者双绞线还是普通护套线，就需要根据各种不同品牌产品的要求来定，线径的粗细则根据报警控制器与中心的距离和质量来定，但首先要确定安保中心的位置和每个报警控制器的距离，最远距离不能超过各种品牌规定的长度，否则就不符合总线的要求了；在整个报警区域比较大，总线肯定不符合要求的条件下，可以将报警区分成若干区域，每个区域内确定分控中心的安装位置，确保该区域内总线符合要求，并确定总管理中心位置和分管理中心位置，确定分控中心到总管理中心的通信方式，是采用 RS232-RS485 转换传输，或者采用 RS232-TCP/IP 利用小区的综合布线系统传输，或者分管理中心的管理软件采用TCP/IP 网络转发给总管理中心。

报警控制器的电源一般采用本地取电而非控制室集中供电，线路较短，一般采用RVV 2×0.5mm 以上规格即可，依据实际线路损耗配置。周界报警和其他公共区域报警设备的供电一般采用集中供电模式，线路较长，一般采用 RVV 2×1.0mm 以上规格，依据实际线路损耗配置。所有电源的接地需统一。

不同性质的报警（如周界报警、公共区域报警总线和住户报警总线分开）不宜用同一路总线，分线盒安装位置要易于操作，采用优质的分线接口处理总线与总线的连接，方便维修及调试；建议总线和其他线路分管走线，总线走弱电桥架需按弱电标准和其他线路保持距离，以免引起例如可视对讲系统的非屏蔽非双绞的音频线路及其他高低频的干扰。

六、楼宇对讲系统中所用的线缆

楼宇对讲系统所采用的线缆大都是 RVV、RVVP、SYV 等类线缆，用于传输语音、数据、视频图像，同时线缆要求还表现在语音传输的质量、数据传输的速率、视频图像传输的质量及速率，故在楼宇对讲系统当中，所采用的线缆质量要求还是比较高的。传输语音信号及报警信号的线缆主要采用 RVV4-8×1.0，而在视频传输上都是采用 SYV75-5 的线缆为主，当然也出现了一些用网线传输包括视频在内信号的新技术，无须视频线；有些系统因怕外界干扰或不能接地时，其在系统当中用线必须采用 RVVP 类线缆。随着小区智能化的不断完善，对于线缆的要求越来越高，其中所含的线缆有五类线、RVV 信号线、视频线等。

直接按键式楼宇可视对讲系统用线标准：各室内机的视频、双向声音及遥控开锁等接线端子都以总线方式与门口机并接，但各呼叫线则单独直接与门口机相连。因此，这种结构的多住户可视对讲系统所用线缆较多：视频同轴电缆 SYV75-5、SYV75-3 系列，传声器/扬声器/开锁线用一根 4 芯非屏蔽或屏蔽护套线（AVVR4、RVV4 或 RVVP4 等），电源线用 1 根 2 芯护套线（AVVR2、RVV2 等），呼叫线用 2 芯屏蔽线（RVVP2）。

数字编码按键式可视对讲系统，一般应用在高层住宅楼多住户场合。根据不同厂家的设备系统配线标准不同，但一般来讲系统基本配线为主干线包括视频同轴电缆（SYV75-5、SYV75-3 等）、电源线（AVVR2、RVV2 等）、音频/数据控制线（RVVP4 等）、分户信号线（RVVP6 等）。

大多数安装楼宇可视对讲系统的住宅楼都设有管理中心机，并在小区围墙门口处装有小区围墙机，使住户、管理中心与访客实现技防所谓的三方通话。这样的联网型系统的配线就增加了单元门口机、小区门口机及管理中心机之间的联网线，一般包括有视频同轴电缆（SYV75-7、SYV75-5、SYV75-3 等）传输视频信号，4 芯屏蔽线（RVVP4-0.5 等）传输音频、控制信号。

[任务材料]

工具：螺钉旋具、电烙铁、剥线钳。
材料：各类线材、各类端接头。

[任务步骤]

(1) BNC 头制作

① 剥线　同轴电缆由外向内分别为保护胶皮、金属屏蔽网线（接地屏蔽线）、乳白色透明绝缘层和芯线（信号线）。芯线由一根或几根铜线构成。金属屏蔽网线是由金属线编织的金属网，内外层导线之间用乳白色透明绝缘物填充，内外层导线保持同轴，固称为同轴电缆。剥线用小刀将同轴电缆外层保护胶皮剥去 1.5cm，小心不要割伤金属屏蔽线，再将芯线外的乳白色透明绝缘层剥去 0.6cm，使芯线裸露。

② 连接芯线　原 BNC 接头由 BNC 接头本体、屏蔽金属套筒、芯线插针三部分组成，芯线插针用于连接同轴电缆芯线；剥好线后请将芯线插入芯线插针尾部的小孔中，用专用卡线钳前部的小槽用力夹一下，使芯线压紧在小孔中。

可以使用电烙铁焊接芯线与芯线插针，焊接芯线插针尾部的小孔中置入一点松香粉或中性焊剂后焊接，焊接时注意不要将焊锡流露在芯线插针外表面，会导致芯线插针报废。

注意：如果没有专用卡线钳，可用电工钳代替，但需注意：一是不要使芯线插针变形太大，二是将芯线压紧以防止接触不良。

③ 装配 BNC 接头　连接好芯线后，先将屏蔽金属套筒套入同轴电缆，再将芯线插针从BNC 接头本体尾部孔中向前插入，使芯线插针从前端向外伸出，最后将金属套筒前推，使套筒将外层金属屏蔽线卡在 BNC 接头本体尾部的圆柱体（图 2-44）。

图 2-44　BNC 接头

④ 压线　保持套筒与金属屏蔽线接触良好，用卡线钳上的六边形卡口用力夹，使套筒形变为六边形。重复上述方法，在同轴电缆另一端制作 BNC 接头即制作完成。使用前最好用万用电表检查一下，断路和短路均会导致无法通信。

注意：制作组装式 BNC 接头需使用小螺丝刀和电工钳，按前述方法剥线后，将芯线插入芯线固定孔，再用小螺丝刀固定芯线，外层金属屏蔽线拧在一起，用电工钳固定在屏蔽线固定套中，最后将尾部金属拧在 BNC 接头本体上。

制作焊接式 BNC 接头需使用电烙铁，按前述方法剥线后，只需用电烙铁将芯线和屏蔽线焊接 BNC 头上的焊接点上，套上硬塑料绝缘套和软塑料尾套即可。

(2) 音频头制作

① XLR，卡农插头，输出/输入平衡信号，高阻抗。分 male、female 两种，其中 male用于输出信号，比如将信号输入给调音台；female 用于接收信号，比如接收话筒的信号等。参阅图 2-45。

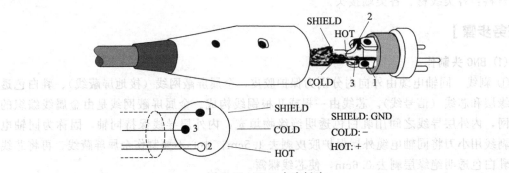

图 2-45　XLR 卡农插头

② TRS 大三芯（图 2-46），用于平衡信号，或者用于不平衡的立体声信号，比如耳机。

③ TS 大二芯（图 2-47），用于单声道信号。

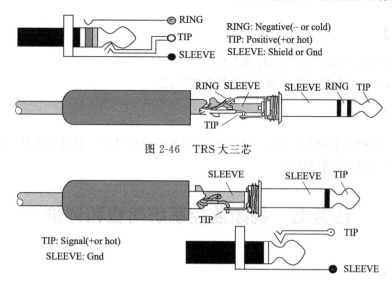

图 2-46　TRS 大三芯

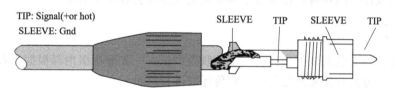

图 2-47　TS 大二芯

④ RCA 莲花（图 2-48），一般用于民用设备，比如常用的 CD 机、录音机等。而模拟视频信号也会用这种插头，只是用 RCA 输出的视频信号质量很差，此时插头、插座的颜色为黄色。

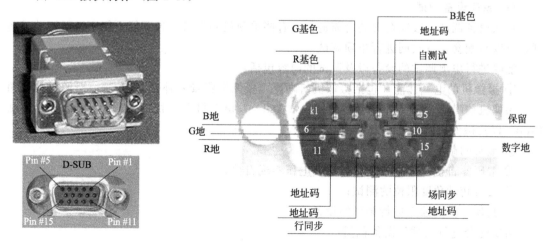

图 2-48　RCA 莲花

（3）VGA 接头制作（图 2-49）

图 2-49　VGA 接头

计算机 D15 的焊接方法：

方法一　选择 3＋4 计算机视频线的传统焊法（注意 D15 接头一定选用金属外壳）；

方法二　也是常用的焊接方法。D15 两端的 5～10 脚焊接在一起作公共地，红、绿、蓝的屏蔽线绞在一起接到公共地上；1、2、3 脚接红、绿、蓝的芯线；13 接黄线；14 接白线；外层屏蔽压接到 D15 端壳。

[问题讨论]

　　① 一个质量好的 BNC 接头的标准是什么？

　　② 说明 VGA 接头焊接顺序和 VGA 接头的应用。

[课后习题]

　　① 调研目前市场上视频监控系统传输系统中线缆使用情况，各种线缆使用比例如何？

　　② 比较视频电缆和射频电缆。

任务七　视频监控系统检查和评价

[任务目标]

　　通过视频监控系统分项集成、系统联合调试，使学生掌握分体调试和联合调试的方法和细节。通过视频监控系统安装后的自查互查，不断调试优化，写出系统设备安装调试报告。

　　通过对完成任务的评价，使学生了解视频监控系统验收注意事项。

[任务内容]

　　对完成的设备安装调试工作做进一步的联合调试：一方面小组内部根据检查标准实现自查和互查，另一方面对完成的任务按照评价标准进行评价。

[知识点]

　　(1) 单项设备调试

　　单项设备调试一般应在安装之前进行，有些单项设备自身单独可能不便于进行调试或测试，可以与配套设备共同进行单项调试。

　　能够进行单项调试的设备以及调试的内容包括：

　　① 摄像机的电气性能　包括摄像机清晰度、摄像机背景光补偿（BLC）、摄像机最低照度、摄像机信噪比、摄像机自动增益控制（AGC）、摄像机电子快门（ES）、摄像机白平衡（WB）以及摄像机同步方式；

　　② 镜头的调整；

　　③ 解码器自检　通过测量其输出端电压实现自检；

　　④ 云台转动角度限位的测试；

　　⑤ 其他一些能独立进行调试的设备。

　　需要配套进行调试的设备包括：

　　① 矩阵切换和控制的调试　需要和带云台的摄像机一起联合调试，进行切换功能和控制功能以及矩阵自身权限功能调试；

　　② 硬盘录像机　需要和带云台的摄像机一起联合调试，进行监视、录像、回放和远程权限功能调试。

　　(2) 分系统调试

　　分系统调试包括按功能划分测试和按设备所在区域划分范围调试。一般而言，传输系统测试都是按功能划分的调试。图像信号、控制信号以及设备行为的调试既按功能又按所在区域进行调试。

（3）监控系统的一般故障和诊断方法

① 线路是否通畅　包括视频线路、控制线路和电源线路。

② 球机地址是否设置正确　地址设置应该与控制设备地址设置对应。

（4）系统施工质量验收表

通过以上各项检查，填写系统施工质量验收表，如表 2-10 所示。

表 2-10　视频安防监控系统施工质量验收表

单位(子单位)工程名称			子分部工程		安全防范系统
分项工程名称		视频安防监控系统	验收部位		
施工单位			项目经理		
施工执行标准名称及编号					
分包单位			分包项目经理		
检测项目(主控项目)			检查评定记录		备注
1	设备功能	云台转动			
		镜头调节			
		图像切换			
		防护罩效果			
2	图像质量	图像清晰度			
		抗干扰能力			
3	系统功能	监控范围			设备抽检数量不低于 20% 且不少于 3 台。合格率为 100% 时为合格；系统功能和联动功能全部检测，符合设计要求时为合格，合格率为 100% 系统检测合格
		设备接入率			
		完好率			
		矩阵主机	切换控制		
			编程		
			巡检		
			记录		
		数字视频	主机死机		
			显示速度		
			联网通信		
			存储速度		
			检索		
			回放		
4	联动功能				
5	图像记录保存时间				

检测意见：

监理工程师签字：　　　　　　　　　　　　　　　　　　检测机构负责人签字：
(建设单位项目专业技术负责人)
日期：　　　　　　　　　　　　　　　　　　　　　　　日期：

（5）监控系统集成主要工作流程

① 根据用户需要和现场勘查结果，得到被监控点表，包括受控点特定要求，比如安装位置、监视现场一天的光照度变化和夜间提供光照度的能力、监视范围、供电情况。

② 根据受控点表和系统功能要求确定摄像机数量、技术性能、技术指标、所用型号、摄像机镜头要求、云台要求、传输距离、控制要求。

③ 初步设计，包含前端设备布局图；系统构成框图，标明各种设备的配置数量、分布情况、传输方式等；系统功能说明，包括整个系统的功能、所用设备的功能、监视覆盖面等；设备、器材配置明细表，包括设备型号，主要技术性能指标、数量。

④ 详细设计施工图 包括设备的安装位置、线路的走向、线间距离、所使用导线的型号规格、护套管的型号规格、安装要求等；测试、调试说明应包括系统分调、联调等说明及要求。

⑤ 工程实施流程 分为4个阶段，即施工准备、施工阶段、调试开通阶段和竣工验收阶段。

a. 施工准备 包括施工技术准备和其他准备。其中技术准备包括学习掌握相关的规范和标准，围绕工程公司的质量目标，进一步全面掌握工程质量检评标准，掌握创样板的质量标准和质量控制；熟悉和审查图纸，由设计、建设、施工三方会审图纸，核对土建与安装图纸之间有无矛盾和错误，明确各专业之间配合关系；技术交底；编制工程施工组织设计，明确施工任务特点、技术质量要求、系统划分、施工工艺、施工要点，对可能出现的问题和工序，提出针对性措施，商定配合事宜等；施工工期的时间表；编制施工工期进度表；施工预算、施工组织设计；根据图纸、预算定额、施工组织设计、施工定额投标文件等重新编制施工预算。施工其他准备包括现场准备、施工队伍准备、材料进场准备和施工使用设备。

b. 施工阶段 配合土建工程及其他工程。预留孔洞和预埋管线与土建工程的配合；线槽架的施工与土建工程的配合；管线施工与装饰工程的配合；各控制室布置与装饰工程的配合。

c. 调试开通阶段 扫清少量的收尾工作，按编制的系统调试方案，各专业对各系统进行单机试运行、系统综合测试及调整、资料的整理。

d. 竣工验收阶段 按编制的验收计划逐层、逐间、逐区的进行验收工作。对发现的问题迅速整改，申请复检，逐步验收移交。工程验收分为隐蔽工程、分项工程和竣工工程三个步骤进行。

[任务步骤]

（1）系统检查（表2-11）

表2-11 系统检查表

编号	项目	检查细节	检查评定	说明
1	摄像机	(1)设置位置、视野范围		
		(2)安装质量		
		(3)镜头、防护罩、支撑位置、云台安装质量与紧固情况		
		(4)通电：图像检查		
		(5)解码器控制云台动作		
		(6)解码器控制摄像机动作		

编号	项目	检查细节	检查评定	说明
2	矩阵	(1)安装质量		
		(2)遥控内容与切换路数		
		(3)通电检查		
3	硬盘录像机	(1)视频路数		
		(2)视频质量		
		(3)控制功能		
		(4)远程监视功能		
		(5)其他功能		
4	其他设置	(1)安装位置与安装质量		
		(2)通电实验		
5	电缆敷设	(1)电缆的弯曲半径应大于电缆直径的15倍		
		(2)电源线宜与信号线、控制线分开敷设		
		(3)电缆排列位置、布放和绑扎质量		
		(4)焊接及插接头安装质量		

(2) 任务实施评价表 (表 2-12)

表 2-12 任务实施评价表

编号	项目	评定	说明
1	监控系统情况		
2	实训报告		
3	小组分工协作		
4	其他方面		

(3) 视频监控系统安装调试应遵守的规范

① 智能建筑设计标准 GB/T 50314—2006

② 建筑与建筑群综合布线系统工程设计规范 GB/T 50311—2000

③ 视频安防监控系统技术要求 GAT 367—2001

④ 其他规范

[问题讨论]

国家规范对视频监控系统有哪些要求？

[课后习题]

视频监控系统验收规范包括哪些环节？

学习情境三 入侵报警系统设备安装与调试

任务一 参观入侵报警系统应用场所

[任务目标]

通过参观调研入侵报警系统应用场所，了解入侵报警系统功能、基本组成和系统的类型，了解各组成设备功能、分类和选型原则。为入侵报警系统建设获取必要信息。

[任务内容]

① 介绍实训室入侵报警系统的功能和组成设备。

② 参观智能化楼宇弱电系统综合实训室。

③ 参观智能化楼宇弱电系统分项实训室，近距离观察各种入侵报警设备。

[知识点]

一、入侵报警系统概述

入侵报警系统是指当非法侵入防范区时，引起报警的装置。它是用来发出出现危险情况信号的。入侵报警系统就是用探测器对建筑内外重要地点和区域进行布防。它可以及时探测非法入侵，并且在探测到有非法入侵时，及时向有关人员示警。譬如门磁开关、玻璃破碎报警器等可有效探测外来的入侵，红外探测器可感知人员在楼内的活动等。一旦发生入侵行为，能及时记录入侵的时间、地点，同时通过报警设备发出报警信号。

第一代入侵报警器是开关式报警器，它防止破门而入的盗窃行为，这种报警器安装在门窗上。第二代入侵报警器是安装在室内的玻璃破碎报警器和振动式报警器。第三代入侵报警器是空间移动报警器（例如超声波、微波、被动红外报警器等），这类报警器的特点是：只要所警戒的空间有人移动就会引起报警。

防侵入报警系统负责为建筑物内外各个点、线、面和区域提供巡查报警服务，通常由报警探测器、报警系统控制主机（简称报警主机）、报警输出执行设备以及传输线缆等部分组成，如图 3-1 所示。

二、入侵报警系统的组成

(1) 入侵报警系统的组成

入侵报警系统负责为建筑物内外提供巡查报警服务，当在监控范围内有非法侵入时，引起声光报警。入侵报警系统的组成结构如图 3-2 所示，其中探测器、信道、报警控制器是其

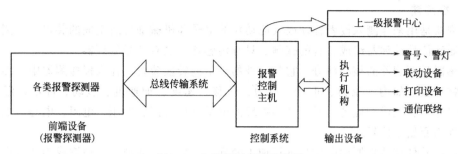

图 3-1　入侵报警系统示意图

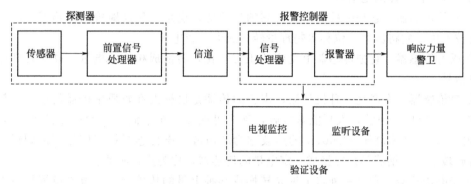

图 3-2　入侵报警系统的组成

必不可少的主要组成部分。

（2）入侵报警系统的基本工作原理

报警探测器利用红外或微波等技术自动检测发生在布防监测区域内的入侵行为，将相应信号传输至报警监控中心的报警主机，主机根据预先设定的报警策略驱动相应输出设备执行相关动作，如自动启动监控系统录像，拨打 110 等。

（3）入侵报警系统的主要设备

报警探测器，俗称探头，一般安装在监测区域现场，主要用于探测入侵者移动或其他不正常信号，从而产生报警信号源的由电子或机械部件所组成的装置，其核心器件是传感器。采用不同原理制成的传感器件，可以构成不同种类、不同用途，达到不同探测目的报警探测装置。根据警戒范围的不同，报警探测器有点控制型、线控制型、面控制型、空间控制型之分。为了减少误报警现象的发生，有的探测器结合了两种检测技术，这种具有"双重鉴别"能力的探测器称为双鉴探测器。

视频移动探测器，又称为景象探测器，是一种特殊的报警探测器。它一般采用电荷耦合器件 CCD 作为遥测传感器，通过检测被监测区域的图像变化来产生报警信号。移动目标只有闯入摄像机的监视视野才会引起电视图像的变化，所以又将其称为视频运动探测器或动目标探测报警器。视频移动探测器有内置式和外置式之分，目前常用的内置式从原理上说是通过电平比较实现的，因此视频移动探测器严格说来是一种技术或电路，而不是某个具体的器件。这种技术与前面具体的报警探测器相比，具有隐蔽性强、更改探测点灵活等优点，但使用起来必须与监控系统相结合方能发挥作用。

报警控制主机，又称为报警控制器，其主要作用是接收各种探测器的报警信号，然后按预先设置的程序驱动相关设备执行相应的警报处理，如发出声光报警信号，与监控系统实现联动，控制现场的灯光，记录报警事件和相应的视频图像等。

(4) 探测器

探测器是用来探测入侵者移动或其他动作的电子和机械部件所组成的装置。探测器通常由传感器和信号处理器组成。有的探测器只有传感器，没有信号处理器。

传感器是探测器的核心部分，它是一种物理量的转换装置。在入侵探测器中，传感器将被测的物理量（如力、压力、重量、应力、位移、速度、加速度、震动、冲击、温度、声响、光强等）转换成相应的、易于精确处理的电量（如电流、电压、电阻、电感、电容等）。该电量称为原始电信号。

前置信号处理器将原始电信号进行加工处理，如放大、滤波等，使它成为适合在信道中传输的信号，称为探测电信号。

① 开关传感器　它是一种简单、可靠的传感器，也是一种最廉价的传感器，广泛应用在安防技术中。它将压力、位移等物理量转化成电压或电流。

② 压力传感器　它把传感器上受到的压力变化，转换成相应的电量，放大处理后成为探测电信号。

③ 声传感器　声音是一种机械波，声音的传播是机械波在媒质中传播的过程。频率在 20Hz 到 20000Hz 的声波，人耳能够接收，称为可闻波。频率低于 20Hz，人耳听不到的声波称为次声波。频率高于 20000Hz 的声波称为超声波。声传感器把声信号（例如说话、走动、打碎玻璃、锯钢筋等）转换成一定电量的传感器，称为声传感器。

④ 光电传感器　它是一种将可见光转换成某种电量的传感器。光敏二极管是最常见的光传感器。光敏二极管的外形与一般二极管一样，只是它的管壳上开有一个嵌着玻璃的窗口，以便于光线射入。为增加受光面积，PN 结的面积做得较大。

光敏三极管除了具有光敏二极管能将光信号转换成电信号的功能外，还有对电信号放大的功能。

⑤ 热电传感器　这是一种将热量变化转换成电量变化的能量转换器件。热释电红外线元件是一种典型的热量传感器。当受到红外线的照射时，热释电材料的温度发生变化，同时其表面电荷也会产生变化。热释电材料只有在温度变化时才产生电压，如果红外线一直照射，则没有不平衡电压。一旦无红外线照射时，结晶表面电荷就处于不平衡状态，从而输出电压。

⑥ 电磁感应传感器　电磁场也是物质存在的一种形式。当入侵者入侵防范区域，使原先防范区域内电磁场的分布发生变化，这种变化可能引起空间电场的变化，电场畸变传感器就是利用这种特性。入侵者的入侵也可能使空间电容发生变化，电容变化传感器就是利用这种特性。

(5) 信道

信道是探测电信号传送的通道。信道的种类较多，通常分有线信道和无线信道。有线信道是指探测电信号通过双绞线、电话线、电缆或光缆向控制器或控制中心传输。无线信道则是对探测电信号先调制到专用的无线电频道由发送天线发出；控制器或控制中心的无线接收机将空中的无线电波接收下来后，解调还原出控制报警信号。信道是传输探测电信号的通道，也即媒介。信道的范围有狭义和广义之分。仅指传输信号的媒介称为狭义信道。把除包括传输媒介外，还包括从探测器输出端到报警控制器输入端之间的所有转换器（如发送设备、编码发射机、接收设备等）在内的扩大范围的信道称为广义信道，如图 3-3 所示。

① 有线信道　在报警器中常用的有线信道有如下两种。

a. 专用线　专用于连接每个探测器和报警接收中心的线路，只作为传输该系统的探测

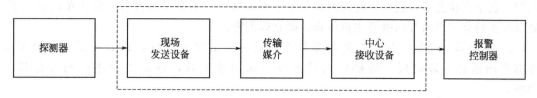

图 3-3 广义信道框图

信号用，不作它用。一般常用的有双绞线、电缆、通信电缆。专用线是我国目前大量采用的信道。专用线有并行传输的多线制和串行传输的总线制两种。总线制线数最少有两根，既作电源传输用又作信号传输用。常用的是 4 根线，电源线和信号线分开。也有 6 根线或更多一点的。串行总线制比并行传输的多线制对整个报警工程系统的设计、施工和节省导线上优越得多，尤其是对大、中型工程来说优越性就更加显著。

b. 借用线　一些建好的建筑物内已有各种传输线网络，如 220V 的照明线路，电话及电视共用的天线线路等，若能借此传输报警系统的探测信号，也是报警系统的设计者和施工者们所盼望的。人们根据实际需要，研制了能利用已有的线路传输报警探测信号的相关设备，如电话报警器，平时作为电话用，有情况时作为报警器用。

② 无线信道　无线信道将探测器输出的探测电信号经过调制，用一定频率的无线电波向空间发送，到报警控制器处接收。控制中心将接收信号分析处理后，发出报警和判定报警部位。

一般都是探测器在正常状态下不发射无线电波，而在报警状态下发射无线电波的模式。常用的有调幅与调频两种方式。

(6) 报警控制器

报警控制器也称为报警主机，是接收来自探测器的电信号后判断有无警情的神经中枢。报警控制器由信号处理和报警装置组成。报警信号处理是对信号中传来的探测电信号进行处理，判断电信号中"有"或"无"情况，输出相应的判断信号。若探测电信号中含有入侵者入侵信号时，则信号处理器发出报警信号，报警装置发出声或光报警，引起工作人员的警觉。小型报警主机如图 3-4 所示。

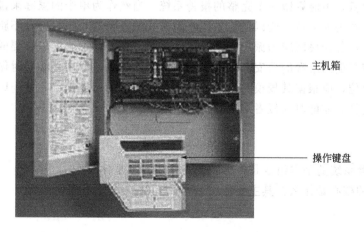

————————主机箱

————————操作键盘

图 3-4　小型报警主机

报警主机的基本功能主要有以下几个方面。

① 布防与撤防功能　报警主机可手动布防或撤防，也可以定时对系统进行自动布防或

撤防。在正常状态下，监视区的探测设备处于撤防状态，不会发出报警；而在布防状态下，如果探测器有报警信号向报警主机传来，则立即报警。

② 布防延时功能　如果布防时操作人员尚未退出探测区域，那么就要求报警主机能够自动延时一段时间，等操作人员离开后布防才生效，这是报警主机的布防延时功能。

③ 防破坏功能　当有人对报警线路和设备进行破坏，发生线路短路或断路，设备被非法撬开等情况时，报警主机会发出报警，并能显示线路故障信息。

④ 报警联动功能　遇有报警时，报警主机的编程输出端可通过继电器接点闭合执行相应的动作，将报警信号经通信线路以自动或人工拨号方式向上级部门或保安公司转发，以便快速沟通信息或组网，特别是重点报警部位应与闭路电视监控系统联动，自动切换到该报警部位的图像画面，自动录像。

⑤ 自检保护功能　报警主机应能对报警系统进行自检，使各个部分处于正常工作状态。报警主机的机壳应有挂锁或锁控装置（两路以下例外），机壳上除密码按键及灯光显示外，所有影响功能的操作机构均应放在箱体之内。

为了实现区域性的防范，通常把几个需要防范的小区联网到一个报警中心，一旦出现危险情况，可以集中力量打击犯罪分子。各个区域的报警控制器的电信号，通过电话线、电缆、光缆，或用无线电波传到控制中心，同样控制中心的命令或指令也能回送各区域的报警值班室，以加强防范的力度。控制中心通常设在市、区的公安保卫部门。

(7) 验证设备

验证设备及其系统即声、像验证系统。由于报警器不能做到绝对的不误报，所以往往附加电视监控和声音监听等验证设备，以确切判断现场发生的真实情况，避免警卫人员因误报而疲于奔波。电视验证设备又发展成为视频运动探测器，使报警与监视功能合二为一，减轻了监视人员的劳动强度。

(8) 其他配套部分

警卫力量根据监控中心（即报警控制器）发出的报警信号，迅速前往出事地点，抓获入侵者，中断其入侵活动。

没有警卫力量，不能算做一个完整的报警系统。当然作为单个的家庭来说，除了家庭成员外，没有另外的警卫力量，所以往往采用吓跑方式的报警器，把入侵者吓跑便算了事。最好应该组织起来，各居民区应与派出所、联防队合作，在监控中心配以必要的警卫力量。同时，监控中心应与更高层次的公安部门的机动力量保持联系，以便在必要时做出较大规模的行动。至于各单位，应根据其规模的大小，自行组成相应的监控中心，且与区域性的监控中心联网。只有这样，才能对入侵者形成一种威慑力量。

［问题讨论］

① 入侵报警系统的基本组成是什么？各自作用分别是什么？
② 探测器的核心是什么？其主要作用是什么？

［课后习题］

① 报警控制器的主要作用是什么？
② 报警系统的传输系统中，传输的信号主要有什么？
③ 入侵报警探测器的种类有哪些？

任务二 入侵报警系统设备选型

[任务目标]

了解入侵报警系统类型；了解典型设备名称、功能、分类、选型依据；学会设备选型并能够画出系统组成原理图。

[任务内容]

有居民住宅小区模型一座，现以该模拟建筑为例，建设一套入侵报警系统，入侵报警系统控制主机设在智能楼宇综合实训室，具体任务：

① 根据建筑模型，确定入侵报警系统类型，画出系统拓扑图；

② 对该模型进行现场勘查，列出信息点统计表，确定典型设备名称、功能、分类、选型依据；

③ 根据实训条件用表格形式，列出所需要的设备材料清单（名称、型号、规格、数量），画出系统结构原理图。

[知识点]

一、入侵报警控制器的选型

入侵报警控制器可以直接或间接接收来自入侵探测器发出的报警信号，发出声光报警并能指示入侵发生的部位。

（1）小型报警控制器

对于一般的小用户，其防护的部位很少，如写字楼里的小公司，学校的财会、档案室，较小的仓库等，都可采用小型报警控制器。

小型的控制器一般功能如下：

① 能提供 4～8 路报警信号，功能扩展后，能从接收天线接受无线传输的报警信号；

② 能在任何一路信号报警时，发出声光报警信号，并能显示报警方位、时间；

③ 对系统有自查能力；

④ 市电正常供电时能对备用电源充电，断电时能自动切换到备用电源上，以保证系统正常工作，另外还有欠压报警功能；

⑤ 具有 5～10min 延迟报警功能；

⑥ 能向区域报警中心发出报警信号；

⑦ 能存入 2～4 个紧急报警电话号码，发生报警情况时，能自动依次向紧急报警电话发出报警信号。

（2）区域报警控制器

对于一些相对较大的工程系统，要求防范的区域较大，防范的点也较多，如高层写字楼、高级的住宅小区、大型的仓库、货场等。此时可选用区域性的入侵报警控制器。区域入侵报警控制器具有小型控制器的所有功能，而且有更多的输入端，如有 16 路、24 路及 32 路或更多的报警输入，并具有良好的并网能力。为了输入更多的报警信号，要适当缩小控制器的体积。现在区域入侵报警控制器更多地利用了计算机技术，实现了输入信号的总线制。所有的探测器根据安置的地点，实现统一编码，探测器的地址码、信号及供电由总线完成，大大简化了安装工程。每路输入总线上可挂接多个探测器，而且每路总线上有短路保护，当某路电路发生故障时，控制中心能自动判断故障部位，而不影响其他各路的工作状态。当任何部位发出报警信号后，能直接送到控制中心的CPU，在报警显示板上，电发光二极管或液晶显示报警部位，同时驱动声光报警电路，还可以启动硬盘录像机记录下图像。与此同时，还可以及时把报警信号送到外设通信接口，向更高一级的报警中心或有关主管单位报警。

（3）集中入侵控制器

在大型和特大型的报警系统中，由集中入侵控制器把多个区域控制器联系在一起。集中入侵控制器能接收各个区域控制器送来的信息，同时也能向各区域控制器送去控制指令，直接监控各区域控制器监控的防范区域。集中入侵控制器又能直接切换出任何一个区域控制器送来的声音和图像复核信号，并根据需要，用录像记录下来。由于集中入侵控制器能和多个区域控制器联网，因此具有更大的存储容量和更先进的联网功能。

（4）信道

信道是信号传送的通道，通常分有线信道和无线信道。广义信道除包括传输媒介外，还包括从探测器输出端到报警控制器输入端之间的所有转换器（如发送设备、编码发射机、接收设备等）。

（5）信号的传输方式

信号的传输方式有串行通信和并行通信。对于较长距离的通信，一般采用串行通信。对于控制信号，根据具体设备要求选用RS-232/485/422等不同的串行总线通信方式。

（6）入侵报警系统的选型

① 通过小型报警控制器、区域报警控制器、集中入侵控制器的介绍，根据实用、够用的原则，选用入侵报警系统的控制主机为区域报警控制器。

② 信号的传输方式采用有线信道，串行总线方式，便于系统布线，传输速度也已经可行。

③ 对于固定的入侵报警范围，信号传输通道采用有线信道方式是可行的。

④ 采用如图3-5所示的入侵报警系统是比较可行的。

二、入侵探测器概述

入侵探测器是用来探测入侵者的移动或其他动作的电子及机械部件所组成的装置，包括主动红外入侵探测器、被动红外入侵探测器、微波入侵探测器、微波和被动红外复合入侵探测器、超声波入侵探测器、振动入侵探测器、音响入侵探测器、磁开关入侵探测器、超声和被动红外复合入侵探测器等。

每一种入侵探测器都具有在保安区域内探测出人员存在的一定手段，装置中执行这种任务的部件称为探测器或传感器。

理想的入侵探测器仅仅响应人员的存在，而不响应如狗、猫及老鼠等动物的活动，也不响应室内环境的变化，如温度、湿度的变化及风、雨声音和振动等。要做到这一点不很容易，大多数装置不但响应了人的存在，而且对一些无关因素的影响也产生响应。对报警器的选择和安装，也要考虑使它对无关因素不作响应，同时信号的重复性要好。

设计报警装置时首先要掌握和分析各种入侵行动的特点。入侵者在进入室内时首先要排除障碍，必须打开门窗，或在墙上、地板和顶棚上开洞，因此可以安装一些开关报警器，使

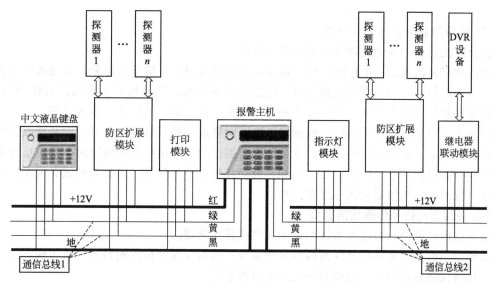

图 3-5　入侵报警系统总体方案

入侵者刚开始行动时就触发开关。另一个应考虑的特点是光和红外线不能透过人体，因此可以利用安装光电装置的方法来探测入侵活动。

　　还有一个十分重要的特点是人体正常体温能发射红外线，利用红外线传感器就可探测出人体辐射的热量。此外，入侵者在行窃时不可避免地要发出声响，使用声控传感器便可探测室内发出的异常声响。利用超声波和微波入侵探测器，是根据人体的移动会干扰超声波或电磁场的原理而工作的。

　　各种探测器有各自不同的工作原理，它们各有优缺点。要使探测器在任何场合都能有效地发挥作用，就应该进行精心选择、精心安装，安装时应尽可能考虑到对探测器的保护措施。由于家庭、商店、团体和企业等部门各自的情况不同，使用的入侵探测器也不尽相同。为了获得最佳保安效果，通常需要根据用户的实际情况对报警系统进行裁剪，这样才能使探测器更好地发挥作用。

　　没有入侵行为时发出的报警叫做误报。误报可能由于元件故障或某些外界影响而造成，它所产生的恶劣后果是不堪设想的，最轻的后果是因为增加了许多不必要的麻烦而使人感到厌烦，从而大大降低报警器的可信度。因此，误报是报警器的致命弱点。

三、入侵报警探测器的分类

　　传感器在报警系统中占据相当重要的地位，入侵报警探测器通常按传感器的种类、工作原理、工作方式、传输信道（或方法）、警戒范围、应用场合等划分。入侵报警探测器的名目繁多，对入侵报警探测器进行分类，将有助于从总体上认识和掌握它。

　　（1）按传感器的种类分类

　　报警探测器可分为磁控开关报警探测器、震动报警探测器、声报警探测器、超声波报警探测器、电场报警探测器、微波报警探测器、红外报警探测器、激光报警探测器、视频运动报警探测器。把两种传感器安装于一个探测器里边的，称为双技术（或称双鉴、复合）报警探测器。

　　（2）按工作原理分类

　　大致分为机电式报警探测器、电声式报警探测器、光电式报警探测器、电磁式报警探测器等。

(3) 按探测器的工作方式分类

报警探测器分为主动式和被动式报警探测器。

主动式报警探测器在工作时，探测器本身要向警戒现场发射某种能量，在接收传感器上形成一个稳定信号。当出现危险情况时，稳定信号被破坏，形成携有报警信息的探测信号。此类报警探测器有超声波式、主动红外式、激光式、微波式、光纤式、电场式等。

被动式报警探测器在工作时，探测器不需要向警戒现场发射能量信号，而是接收自然界本身存在的能量，在接收传感器上形成一个稳定的信号。当出现危险情况时，稳定信号被破坏，形成携有报警信息的探测信号。例如，被动红外报警探测器，还有震动式、可闻声探测式、次声探测式、视频运动式等报警探测器。

(4) 按探测电信号传输信道分类

报警探测器可分为有线报警探测器和无线报警探测器。

需要指出的是，有线报警探测器和无线报警探测器仅仅是按传输信道（或传输方式）的分类，任何探测器都可以之组成有线或无线报警系统。

有线报警器是探测电信号由传输线（无论专用线或借用线）传输的报警器，这是目前大量采用的方式。

无线报警器是探测电信号由空间电磁波传输的报警器。在某些防范现场很分散或不便架设传输线的情况下，无线报警器有独特作用。

(5) 按警戒范围分类

报警探测器分为点控制报警探测器、线控制报警探测器、面控制报警探测器和空间控制报警探测器。

点控制报警探测器是指警戒范围仅是一个点的报警探测器。当这个警戒点的警戒状态被破坏时，即发出报警信号，如磁控开关及各种机电开关报警探测器。

线控制报警探测器是指警戒范围是一条线束的报警探测器。当这条警戒线上任意处的警戒状态被破坏时，即发出报警信号。如激光、主动红外、被动红外、微波（对射型）及双技术报警探测器，都可构成一种看不见摸不着的无形的警戒线。还有一些看得见摸得着的封锁线，如电场周界传感器、电磁振动周界电缆传感器、压力平衡周界传感器、高压短路周界传感器等。

面控制报警探测器是指警戒范围是一个面的报警探测器。当警戒面上任意处的警戒状态被破坏时，即发出报警信号。

空间控制报警探测器是指警戒范围为一个空间的报警探测器。当警戒空间内任意处的警戒状态被破坏时，即发出报警信号，例如双技术报警探测器、超声波报警探测器、微波报警探测器、被动红外报警探测器、电场式报警探测器、视频运动报警探测器等。在这些报警探测器所警戒的空间内，入侵者无论从门窗、天花板或从地下等任意处进入警戒空间时，都会产生报警探测信号。

(6) 按应用场合分类

分为室内与室外报警探测器，或可分为周界报警探测器、建筑物外层报警探测器、室内空间报警探测器及具体目标监视用报警探测器。

四、入侵报警探测器的工作原理及应用场合

入侵探测器用来探测入侵者的入侵行为。需要防范入侵的地方很多，它可以是某些特定

的点，如门、窗、柜台和展览厅的展柜；或是条线，如边防线、警戒线和边界线；有时要求防范范围是个面，如仓库、农场的周界围网（铁丝网或其他控制导线组成的网）；有时又要求防范的是个空间，如档案室、资料室和武器库等，它不允许入侵者进入其空间的任何地方。因此设计、安装人员应该根据防范场所的不同地理特征、外部环境及警戒要求，选用适当的探测器，达到安全防范的目的。

入侵报警系统应对下列可能的入侵行为进行准确、实时的探测并产生报警状态：

① 进入警戒或设防区域；

② 打开门、窗、空调百叶窗等；

③ 用暴力通过门、窗、天花板、墙及其他建筑结构；

④ 破碎玻璃；

⑤ 在建筑物内部移动；

⑥ 接触或接近保险柜或重要物品；

⑦ 紧急报警装置的触发。

入侵探测器应有防拆保护和防破坏保护。当入侵探测器受到破坏，拆开外壳或信号传输线短路、断路及并接其他负载时，探测器应能发出报警信号。

入侵探测器应有抗小动物干扰的能力。在探测范围内，如有直径 30mm、长度为 150mm 的具有与小动物类似的红外辐射特性的圆筒大小物体，探测器不应产生报警。入侵探测器应有抗外界干扰的能力，探测器对干扰信号，应不产生误报。

探测器应有承受常温气流的干扰，不产生误报。

探测器应能承受电火花干扰的能力。

探测器宜在下列条件下工作：室内，$-10 \sim 55\,℃$，相对湿度 $\leqslant 95\%$；室外，$-20 \sim 75\,℃$，相对湿度 $\leqslant 95\%$。

在各种入侵报警系统中，主要差别在于探测器的应用，而探测器的选用主要根据是：

① 保护对象的重要程度　例如对于保护对象特别重要的应加多重保护等；

② 保护范围的大小　例如，小范围可采用感应式报警装置或反射式红外线报警装置，要防止人从窗门进入，可采用电磁式探测报警装置，大范围可采用遮断式红外报警器等。

③ 防御对象的特点和性质　例如，主要是防人进入某区域的活动，则可采用移动探测防入侵装置，可考虑微波防入侵报警装置或被动式红外线报警装置，或者同时采用两者作用兼有的混合式探测防入侵报警装置（常称双鉴或三鉴器）等。

没有入侵行为时发出的报警叫做误报。入侵探测器误报可能是由于元件故障或受环境因素的影响而引起。误报所产生的后果是严重的，它大大降低了报警器的可信度，增加无效的现场介入。所以，对于风险等级和防护级别较高的场合，报警系统必须采用多种不同探测技术组成入侵探测系统，来克服或减少由于某些意外的情况或受环境因素的影响而发生误报警，同时加装音频和视频复核装置，当系统报警时，启动音频和视频复核装置工作，对报警防区进行声音和视频图像的复核。

根据所要防范的场所和区域，选择不同的报警探测器。一般来说，门窗可以安装门磁开关，卧室、客厅安装红外微波探测器和紧急按钮，窗户安装玻璃破碎传感器，厨房安装烟雾报警器。报警控制主机安装在房间隐蔽的地方，以便布防和撤防。报警主机可以进行编程，对报警单元的常开、常闭输出信号进行判别，确认相应区域是否有报警发生。

入侵报警探测器常用的有以下几种。

(1) 点型报警探测器

点型报警探测器是所有报警装置中最简单、发展最早的一种报警装置。由于它简单，也许有人怀疑它的效果。事实上，这种装置与其他形式的装置具有同样的效果，且因简单，所以更可靠。这种入侵探测器的报警范围仅是一个点，例如门、窗、柜台、保险柜等。当这些警戒部位的状态被破坏时，即能发出报警信号，其原理相当于闭合（或断开）一个无源触点开关。

紧急按钮、微动开关、门磁开关等是常见的点型探测器（图3-6）。

(a) 紧急按钮   (b) 微动开关   (c) 门磁开关

图3-6 常见点型探测器

① 紧急按钮 紧急按钮是金融柜台常用的在紧急情况下报警的装置。它们安装在柜台隐蔽处，当出现异常情况时，由柜台操作人员人工报警。紧急按钮有常闭式和常开式两种，一般为无源开关。有的开关带有按下锁紧装置，当开关被按下后，只有用专用钥匙才能使其复位。

② 微动开关 微动开关与报警电路接在一起，在压力作用下开关接通，无压力作用时，开关为断开状态，从而发出（或不发出）报警信号。此类开关通常用在某些点入侵探测器中，以监视门、窗、柜台等特殊部位。把微动开关或金属弹簧片组成的接触开关分别安在窗框上和门窗扇上，当门窗关闭时，开关被压下，触点接上，报警器不发出报警信号；当门窗被打开时，开关弹簧弹开，触点被断开，报警器发出报警信号。

③ 门磁开关 门磁开关主要利用磁簧开关、霍尔开关等磁性探测器件作为探测体。在磁场范围内，门磁开关保持吸合状态，当离开磁场时则断开，从而触发报警输出。门磁开关是一种广泛使用，成本低，安装方便，而且不需要调整和维修的探测器。门磁开关分为可移动部件和输出部件。可移动部件安装在活动的门窗上，输出部件安装在相应的门窗上，两者安装距离不超过10mm。门磁开关可分为常开式和常闭式两种。常开式门磁开关正常时处于开路状态，当有情况（如门、窗被推开）时，开关就闭合，使电路导通启动报警。这种方式平时开关不耗电，但如果电线被剪断或接触不良，将使其失效。常闭式门磁开关则相反，正常时开关处于闭合状态，情况异常时断开，使电路断路而报警。这种方式与常开式相比，在线路被剪断或线路有故障时会启动报警，但如果罪犯在断开回路之前，先选用导线将其短路也会使其失效。一般在门磁探测器中，大多数采用磁簧开关，用常闭方式。

其他的一些点型探测器有拉线开关、活销开关、张力开关、压力开关、水银开关、磁控开关、霍尔效应开关等，这些探测器运用在报警的各种场合，其应用的形式有时要与一些电子线路相配合，总之它只是用来控制一个点的报警，与常见的触点开关类似。

(2) 直线型报警探测器

直线型入侵探测器也称周界入侵探测器。直线型报警探测器的警戒范围是一条线、两条线或更多条线，都是线状的控制形式。当在这条警戒线上的警戒状态被破坏时，发出报警信号。最常用的直线型入侵探测器为对射型微波入侵探测器、主被动红外入侵探测器、激光入侵探测器、双技术周界入侵探测器、电场感应周界入侵探测器等。常见的线型探测器（主动式红外探测器）如图 3-7 所示。

(a) 主动式红外探测器外观　　　　(b) 拆去外壳后的发射机　　　(c) 拆去外壳后的接收机

图 3-7　常见线型探测器（主动式红外探测器）

① 对射型微波入侵探测器　此种探测器主要用于室外周界防护，采用场干扰原理。安装时，发射机与接收机是分开相对而立的，其间形成一个稳定的微波场，用来警戒所要防范的场所。一旦有人闯入这个微波建立起来的警戒区，微波场就受到干扰，微波接收机就会探测到一种异常信息。当这个异常信息超过事先设置的阀值时，便会触发报警。

② 主、被动红外入侵探测器

a. 主动红外入侵探测器　主动式红外探测器由发射机和接收器两部分组成。常用于室外围墙报警，它总是成对使用，一个发射，一个接收。发射机发射出一束不可见的红外线，由被安装在防护区另一端的接收器所接收，这样就形成一道红外警戒线。当被探测目标入侵警戒线时，红外光束被部分或全部遮挡，接收机接收信号发生变化，经放大处理后发出报警信号，即触发红外探测器产生报警输出。

为提高发送的红外线束的抗干扰能力，一般采用信号调制的方式，如脉冲调制和双射束发射，这样可以避免太阳光、小鸟、落叶和小动物等产生的干扰。双射束采用不同的调制频率，可以进一步提高可靠性。此外，红外对射探头还要选择合适的最短遮光时间，时间太短容易引起不必要的干扰，太长又会发生漏报。通常以 10m/s 的速度来确定最短遮光时间。一般人体的厚度为 20cm，则 $20cm/(10m/s)=20ms$，遮光时间超过 20ms 则系统报警，少于 20ms 不报警。主动式红外报警探测器有较远的传输距离，因红外线属于非可见光源，入侵者难以发觉与躲避，防御界线明确，简单可靠，尤其适用于在室内防范。

主动红外探测器由于体积小、重量轻、便于隐蔽，采用双光路的主动红外探测器可大大提高其抗噪声误报的能力；而且主动红外探测器寿命长、价格低、易调整，因此，被广泛使用在安全技术防范工程中。

b. 被动红外入侵探测器　被动式红外探测器实际上是空间型报警探测器，其基本工作原理如下。

人体表面温度与周围环境温度存在差别，因而人体的红外辐射强度和环境的红外辐射强度也存在着差异。在人体穿越所设防区时，红外敏感元件检测到一系列的信号变化，从而触发报警。被动式红外探测器安装环境中的所有物体都会产生红外线和热辐射，但在正常情况下，它们产生的辐射一般比较稳定。空气的流动和温度的变化等也能产生红外线辐射的微小变化，但一般情况下较人体移动产生的红外线辐射变化要小。为了防止这些变化影响被动式红外探测器的可靠性，现在的被动式红外探测器采用了多种抗干扰技术。

被动式红外探测器有其独特的特点：

· 由于它是被动的，不主动发射红外线，因此其功耗极小，尤其适用于要求低功耗的场合；

· 与微波探测器相比，红外波长不能穿越砖头水泥等一般建筑物，在室内使用时不必担心由于室外的运动目标而造成误报；

· 在较大面积的室内安装多个被动红外报警探测器时，因为它是被动的，所以不会产生系统互扰问题；

· 工作不受噪声的影响，声音不会使它产生误报。

实际应用中，把探测器放在所要防范的区域内。当背景辐射发生微小信号变化，被探测器接收后转换成背景信号，这些信号是噪声。噪声不发生报警信号。只有当稳定不变的热辐射被破坏，产生一个变化的新的热辐射时才发出报警信号。

③ 激光入侵探测器　激光探测器和主动式红外探测器一样，都是由发射机和接收机组成的，都属于距离遮挡型探测器。发射机发射一束近红外激光光束，由接收机接收，在收发机之间构成一条看不见的激光光束警戒线。当有目标入侵警戒线时，激光光束被遮挡，接收机接收到的光信号发生突变。光电传感器提取这一变化信号，经放大并作适当处理后，发出报警信号。激光探测器采用半导体激光器的波长，属于红外线波长，处于不可见范围，便于隐蔽，不易被犯罪分子所发现。激光探测器采用脉冲调制，抗干扰能力较强，稳定性好，一般不会因机器本身的问题产生误报警。如果采用双光路系统，可靠性会更高。

激光具有亮度高、方向性强的特点，所以激光探测器十分适合于远距离的线控报警检测。由于能量集中，可以在光路上加反射镜。通过反射镜光，围成光墙，从而用一套激光探测器封锁一个场地的周围，或封锁几个主要通道路口。

④ 电场感应周界入侵探测器　电场感应周界探测器并不是带高电压的钢丝网或围栏。周界金属线上带的是很低的安全电压，因此，人碰触时不会遭受电击和受伤，但人接近时却会触发报警。

⑤ 磁振动电缆传感器　这是一种用于周界安全防范、埋设于地下的电缆式探测装置，又称传感电缆。它能感应入侵者的压力及入侵者所携带的铁磁体，如匕首、枪支以及钳子、起子等作案工具。一旦有入侵者进入其防范区，就会触发报警。

⑥ 泄漏电缆入侵探测器　泄漏电缆原来主要应用于坑道通信，近年来泄漏电缆在周界入侵探测方面的应用逐渐增加。泄漏电缆是掩埋在地下使用的，因而它不受外界影响，基本上可以说是全天候的。尽管它的价格较贵，仍然适合用户的需要。

实际应用中，泄漏电缆周界报警系统有两线组成的，也有三线组成的。双线组成时，一根电缆发射能量，另一根电缆接收能量，两者之间形成一个电场。当有人进入此电场时，干扰了这个耦合场，此时在感应电缆里便产生电量的变化，此变化的电量达到预定值时，便触发报警。三线组成时，中间的一根电缆发射的能量，两边的两根电缆接收能量，中间的一根和其两边的两根电缆之间都各自形成一个稳定的电场；当有人进入此场时，就会产生干扰信号，在其中的一根或两根感应电缆中产生变化的电量；此量达到预定值时，便触发报警。

⑦ 驻极体电缆入侵探测器　驻极体电缆探测器也称张力敏感电缆或麦克风式电缆探测器。

这种驻极体电缆探测器，在电缆中心的内导体上敷以低损耗电介质材料。此材料经处理后，带有一种永久性的静电荷。金属编织的屏蔽套封闭着电介质（填充物），外面再包一层塑料。这种探测器主要用于周界报警系统。应用时将此电缆设法固定在围栏上，使其处于整个围栏高度的中心处。当电缆因入侵者爬越围栏而受压变形时，电缆便产生模拟信号报警，信号的大小正比于压力的大小。

⑧ 警戒缆　主要由传感电缆、处理器和控制器三部分组成，此系统主要用于周界防护，性能上可与驻极体同轴电缆媲美。室外的栅栏上、围墙上、刺网上以及房屋的顶部和四周等均可用它。对气温的变化，风、雨、雪、雾等干扰的适应能力较强。

（3）面型报警探测器

面型报警探测器的警戒范围是一个面。当警戒面上出现入侵时，发出报警信号。面型入侵探测器常用的有平行线电场畸变探测器和带孔同轴电缆电场畸变探测器两种。

① 平行线电场畸变探测器　平行线电场畸变探测器由传感器、支撑杆、中间支柱、跨接件和传感器电子线路组件等组成，如图 3-8 所示。

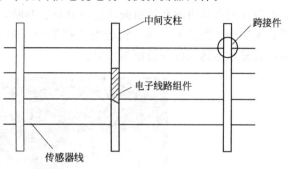

图 3-8　平行线电场畸变探测器

传感器电子线互相平行，一般有 10 条线左右，其线间距大约为 25cm。支撑杆的介质是不锈钢棍，在外面再套上绝缘管。传感器电子线路组件安装在中间支柱上，给传感器线传输正弦交变电流。平行线电场畸变探测器适用于户外周界报警，具有高安全性能和超低误报率。

② 带孔同轴电缆电场畸变探测器　带孔同轴电缆电场畸变探测器由两根平行的带孔同轴电缆和电子装置组成，如图 3-9 所示。其中 Tx 为发射电缆，Rx 为接收电缆，D 为探测区。发射机通过 Tx 向外发送探测信号，这些信号通过漏孔向外传播，在两根电缆之间形成一稳定交变电场。部分能量传入 Rx 接收电缆，经放大处理后，存入接收机存储器。当有人进入探测区时，对电场产生干扰，Rx 接收到变化的电场，与原存储信号进行比较，发生差异时发出报警信号。带孔同轴电缆探测器探测率高，抗干扰能力强。入侵者无论采用什么方式，移动速度快或慢，都能被探测到，不会漏报或误报。

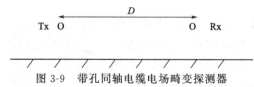

图 3-9　带孔同轴电缆电场畸变探测器

（4）空间型报警探测器

空间型报警探测器的警戒范围是一个空间，当被探测目标侵入所防范的空间时，即发出报警信号。

常见的空间型报警探测器有被动式红外探测器，如图 3-10 所示，其他有声控入侵探测器、声发射探测器、次声波探测器、超声波探测器、微波多普勒空间探测器、视频报警器、双技术与双功能探测器。总而言之，这些探测器能够探测在一个空间中产生的报警信号，监测整个防范空间。

（5）震动型报警探测器

当入侵者进入设防区域，引起地面、门窗的震动，或入侵者撞击门、窗、保险柜面引起

(a) 被动式红外探测器(壁装)　(b) 被动式红外探测器(顶装)

图 3-10　被动式红外探测器

震动，发出报警信号的探测器，称为震动入侵探测器。

震动型探测器用于点控、面控和线控（周界）。用于周界防范时需经一定的组合方能生效，因而主要是用于面控。

震动型探测器常用的有电动式震动型探测器和压电式震动型探测器两种。

常见的玻璃破碎探测器如图 3-11 所示。玻璃破碎探测器是探测敲击玻璃时的震动和玻璃破裂时发出的声音的探测装置，主要用于防护玻璃门、玻璃窗、玻璃展柜等使用玻璃保护的场所。玻璃破碎探测器一般采用压电材料作为传感器件，当玻璃破碎时，对其产生的特有的高频声波和低频振动进行分析、判断，产生报警输出。玻璃破碎探测器采用的分析技术和传感器件不一样，它的安装探测要求也不相同。使用中应按说明书的要求进行安装，这样才能达到较好的探测效果。

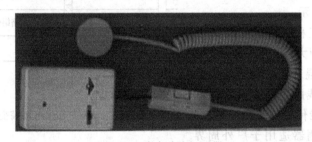

图 3-11　玻璃破碎探测器

(6) 双技术与双功能探测器

双技术探测器和双功能探测器一样，是将两种不同探测原理的技术组装在一起的探测器。

常见的双技术探测器有被动红外/微波探测器（图 3-12），被动红外/微波探测器又称为双鉴探测器，只有检测到红外与微波都产生触发信号时才产生报警信号输出。微波探测器主要对运动物体敏感，而被动红外探测器主要对具有一定温度的物体敏感。对于一个既运动又有热辐射的人体目标，这种双鉴探测器能很好地把人体活动目标区分出来，而对树木、灌木丛的扰动有很大的抑制，使误报的可能性大大减小，有效地提高了抗干扰能力，即具有"双重鉴别"能力。

图 3-12　被动红外/微波探测器

双功能探测器与双技术探测器不同之点，是其中的两种技术执行着各自的任务，即监视着各自的目标，不像双技术探测器中的两种技术同时监视着同一个目标。例如有一款双功能探测器，它采用吸顶式，其内部装有感知移动人体辐射红外线的传感元件和感知敲击玻璃或打碎玻璃时发出的低高频声音的传感元件。当有人进入防范区活动时，它就作为被动红外探测器进行探测；当有人在防范区打碎玻璃时，它就作为玻璃破碎探测器进行探测。就相当于两个探测器装在一个机壳里一样。

双功能探测器很有使用价值，买一个探测器两用，既经济又实惠。同时对安装施工也带来许多方便，可以节省一个探测器所用的传输线路和安装费用。这种探测器非常适用于装有大玻璃的建筑物内，例如商店、展厅、饭店、办公楼等场合。

（7）视频移动探测器

视频移动探测器的工作原理非常简单，如果在摄像机视野范围内有物体运动，必然会引起视频信号对比度的改变，探测器利用类比数字转换器，把对比度的变化转换成数字信号存在存储器中，然后对有一定时间间隔的两个图像进行比较，如果有很大的差异，则说明有物体移动，从而检测出在这段时间内是否有警情发生。

① 外置式视频移动探测原理　外置式视频移动探测器实际上由贴于监视器屏幕上的光敏元件硫化镉来检测视频图像的变化。此种移动检测方式并非直接对视频信号进行检测，而是对视频信号形成的图像（亮度）进行检测，因而从某种意义上来说，该装置最终是实现了视频移动检测器的功能。

② 内置式视频移动探测原理　内置式视频移动探测器直接对视频信号进行取样并与常态数据进行比较，当比较结果出现异常时自动启动报警装置。

五、入侵报警探测器的选型

对于居民小区边界的入侵报警系统，可以使用主动红外入侵探测器。

[任务步骤]

① 画出居民小区边界的入侵报警系统原理图，如图 3-13 所示（可指导学生画出不同的选型配置及原理图）。

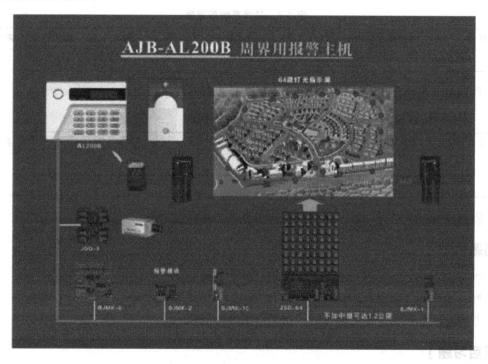

图 3-13　入侵报警系统结构原理图

② 根据所提供的图纸，进行现场勘查，确定报警信息点，填写信息点统计表如表 3-1所示。

③ 根据信息点位置特点和用户要求，选配前端设备如表 3-2 所示。

表 3-1　入侵报警信息点统计表

编号	位置分布	需求分类说明	单位	数量	备注

表 3-2　入侵探测器配置表

编号	产品名称	产品型号	单位	数量	备注

④ 根据信息点和控制中心的位置和距离，选配传输系统设备和线材如表 3-3 所示。

表 3-3　传输系统配置表

编号	产品名称	产品型号	单位	数量	备注

⑤ 根据系统类型、信息点数等要求，选配控制系统设备如表 3-4 所示。

表 3-4　控制系统配置表

编号	产品名称	产品型号	单位	数量	备注

⑥ 根据信息点数和具体监控要求，选配显示系统设备如表 3-5 所示。

表 3-5　显示系统配置表

编号	产品名称	产品型号	单位	数量	备注

⑦ 根据实训条件用表格形式列出所需要的设备材料清单，如表 3-6 所示。

表 3-6　设备材料清单

编号	产品名称	产品型号	单位	数量	备注
1					
2					

⑧ 对实施任务进行分解，小组成员初步分工，并描述出来。

[问题讨论]

① 不同应用场合入侵探测器如何选型？报警主机如何选型？总线形式如何？

② 和上一级的报警中心如何联网？

③ 家庭入侵报警系统如何设计？可包含哪些探测器？

[课后习题]

① 请在课余时间参观附近居民小区、别墅小区、工厂等场所，根据所看到的设备，并根据自己的假设条件，把系统补充完整，写出调查报告。

② 系统安装调试任务如何分解？

③ 报警探测器按警戒范围分为哪些种类？

④ 通过总线扩展接探测设备与传统的报警主机接探测设备有什么不同？

⑤ 总线距离能达到多远？

⑥ 采用双鉴探测器有何好处？举例有哪些双鉴探测器？

任务三　入侵探测器的安装和调试

[任务目标]

了解探测器的安装注意事项，通过某一具体型号探测器的安装和调试，学会探测器的安装方法和调试方法。

[任务内容]

根据相应类型探测器的安装注意事项，对某一具体型号探测器进行安装和调试。通过调试探测器，了解探测器的性能指标，学会探测器的使用方法，实验探测器的入侵报警功能。

[知识点]

一、入侵报警探测器的安装

(1) 入侵探测器的主要技术性能指标

在选购、安装、使用入侵探测器时，必须对各种类型探测器的技术性能指标有所了解，否则必然会给使用带来很大的盲目性，以致达不到有效的安全防范的目的。

① 漏报率、探测率、误报率、探测范围　通常有以下几种表示方法：探测距离、探测视场角、探测面积（或体积）等。例如，某一被动红外探测器的探测范围为一立体扇形空间区域，表示成：探测距离≥15m，水平视场角120°，垂直视场角43°；某一微波探测器的探测面积≥100m²；某一主动红外探测器的探测距离为150m。

② 报警传送方式和最大传输距离　传送方式是指有线或无线传送方式。最大传输距离是指在探测器发挥正常警戒功能的条件下，从探测器到报警控制器之间的最大有线或无线的传输距离。

③ 探测灵敏度　是指能使探测器发出报警信号的最低门限信号或最小输入探测信号。该指标反映了探测器对入侵目标产生报警的反应能力。

④ 功耗　探测器在工作时间的功率消耗。分为静态（非报警状态）功耗及动态（报警状态）功耗。

⑤ 工作电压等　探测器工作时的电源电压（交流或直流）。一般用伏特（V）来表示。

⑥ 工作场所和环境温度等　室内应用：－10～55℃，相对湿度≤95%；室外应用：－20～75℃，相对湿度≤95%。

(2) 入侵探测器的安装

① 入侵探测器的触点类型　按探测器输出的开关信号不同，可分为常开型探测器和常闭型探测器以及常开/常闭型探测器，见图3-14。

a.动合输出　当探头正常时，开关断开，因此线末电阻与之并联；而当探头触发时，开关闭合，回路电阻为零，该防区报警。

b. 动断输出　探头正常时，开关吸合，因此线末电阻与之串联；当探头触发时，开关断开，回路电阻为无穷大，该防区报警。

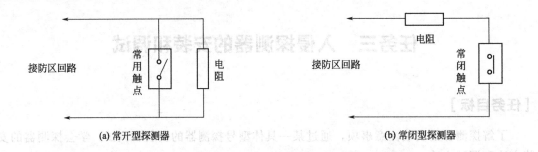

(a) 常开型探测器　　　　　　　　　　(b) 常闭型探测器

图 3-14　常开型探测器与常闭型探测器的报警触点连接图

② 入警探测器与报警器的连接方式　基本上分为三种方式，即四线制、两线制和无线制。

a. 四线制　一般是两根电源线，另外两根是信号线，见图 3-15。

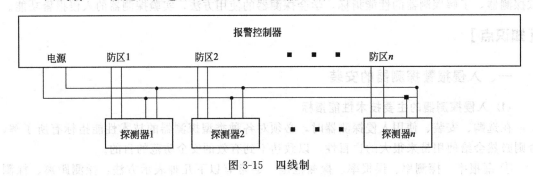

图 3-15　四线制

一般常规需要供电的探测器，如红外探测器、双鉴探测器、玻璃破碎探测器等，均采用的是四线制。某种被动红外探测器的接线端子板上的标注如图 3-16 所示。某种微波-被动红外双鉴探测器的接线端子板上的标注如图 3-17 所示。图 3-16 与图 3-17 的不同点在于多了防拆开关的两个接线端子。

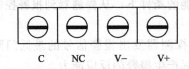

C　NC　V-　V+

图 3-16　被动红外探测器的接线端子板的标注

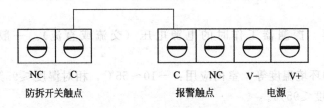

NC　C　　　　　C　NC　V-　V+
防拆开关触点　　　报警触点　　电源

图 3-17　微波-被动红外双鉴探测器的接线端子板的标注

又如某种玻璃破碎探测器的接线端子板上的标注如图 3-18 所示。图 3-18 与图 3-16 的不同点在于不仅多了防拆开关的两个接线端子，而且该种探测器还属于常开/常闭型探测器，既有常闭（NC）输出端，又有常开（NO）输出端。使用时可根据需要将 NC 和 C 端或 NO 和 C 端接至报警控制器的某一防区输入。

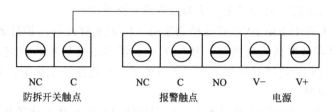

NC　C　　　NC　C　NO　V-　V+
防拆开关触点　　　报警触点　　　　电源

图 3-18　玻璃破碎探测器的接线端子板的标注

b. 两线制　又可分为三种情况。

• 探测器本身不需要供电。某种紧急报警按钮的接线端子板上的标注如图 3-19 所示。使用时可根据需要将 NC 和 C 端或 NO 和 C 端接至报警控制器的某一防区输入即可。

NC　C　NO

图 3-19　紧急报警按钮的接线端子板的标注

• 探测器需要供电，由外接电源供电。

两总线制见图 3-20。

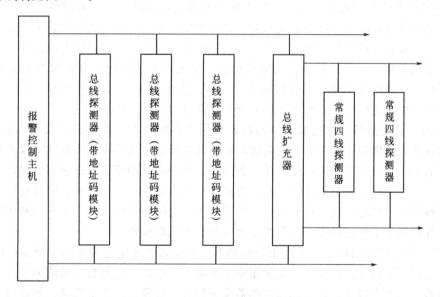

图 3-20　两总线制

c. 无线制　无线制系统需要采用专用的无线探测器和无线报警接收机。

二、入侵探测器的安装

(1) 入侵报警系统探测器工程安装注意事项

① 管线的敷设　在过往的工程实践中，会有部分入侵报警工程在管线施工中存在着不安全隐患。这里所说的不安全隐患并非是指火灾隐患，而是指人为破坏的隐患。在某些探测器的安装部位，常常可以看到使用 PVC 管套或裸露的报警探测电缆，管线安装高度不够，

人手可触及，这些都可被视为系统存在人为破坏隐患，可能极大地影响系统的工作效能，甚至是导致系统的停机待修。如在短时间内查找不到，对于某些系统而言，就无法让系统使用者在警戒规定时间内布防，因为系统会认为故障没有被排除。

在现行的某些工程中使用 PVC 管或槽用于防入侵系统管线的防护装置，相对于镀锌钢管而言，PVC 管更容易遭到人为破坏。从探测器上延伸出来的护套管应该采用金属软管，特殊的卡接头将这段软管连接到探测器上，软管的另一头连接一个全密封的金属过线盒，盒的另一端连接镀锌钢管。

② 管线的隐蔽性　在实际安装过程中，特别是针对某些新建的建筑物，在设计安装时，应充分考虑到探测器管线安装的隐蔽性，能够预埋护管时应尽量考虑预埋。这项工作可随建筑物结构浇注混凝土时由土建建设单位来完成，从而最大程度地保证整个传输路经的隐蔽性。同时还应考虑预埋好的护管能够方便地与主干桥架能够灵活方便的接驳。为使以后用穿线器的使用方便，尽可能在每一路经护套管中预放一根小直径的钢丝。

对于室内壁挂式报警探头的安装，有些工程考虑到工程造价而不选用安装支架，甚至有部分人完全忽视了安装支架的重要性，从而导致了整个系统的不稳定性，其中就包括增加了调试时的困难度。

当然有时也不需要选用这个安装附件。例如，当在垂直 90°的两面夹角墙体上安装报警探测器时，就可不使用这个安装部件，只需在安装墙体部位上用电锤钻出几个孔洞，然后将膨胀胶塞装好，用木螺钉带住探测器背部托板攻进胶塞中即可。

③ 接驳电缆长度的冗余　当一个探头被安装固定好以后，接下来需要做的是剥线连接探头。应精确计算好应该预留的电缆长度。过短的接驳电缆会造成探头调试上的困难，而过长的接驳电缆将会造成探测器的面盖难以合上，此时也就只能将多余的电缆拉扯出探测器盒外，多余电缆将暴露在探测器外造成安全隐患。出现以上情况时，可在探测器安装固定以后，根据目标探测以及调整好的方位角度，再按照据实际需要长度来确定大概所需要的长度，将多余的电缆去掉，以方便剥线接驳探头电路板的接线底座。

④ 防拆开关的接驳　在接驳探测器时，应尽量将探测器的防拆开关接驳上整个系统，这样做的好处在于增强了整个系统的防破坏性。就目前已实施或正在实施的工程来看，往往使用一根 RVV 4×0.5 的四芯电缆来接驳探测器，其中两芯用于接驳探测器电源，另外两芯接驳报警开关量信号，而不是使用六芯电缆来接驳开关量以及工作电源，同时使用剩余两芯来接驳防拆开关量信号。这时还要将接驳防拆开关的电缆连接到主机 24h 不间断防区接线端子上去，保证整个系统前端探头设备 24h 处于防拆警戒时间内。

⑤ 安装位置的先期确定　入侵报警探测器安装位置的选定过程不同于摄像机的安装位置确定，处理不好将导致误报率以及漏报率不断攀升，进而影响到整个系统的使用效能。如发现该位置不是非常理想时，需挪动探测器安装位置。首先管线需要挪动，如需增加延长管线时，必定需要面对电缆对接延长的问题。为使日后维护方便，必定是要在该处设计一个接线盒，这个接线盒将产生一个隐患点。除以上的问题外，还有一个问题是轻易地更改安装位置还将破坏建筑物装饰。

(2) 地址码模块和报警探测器的连接

下面以某型号主动红外探测器为例，讲述报警探测器和地址码模块的连接方法。

主动红外探测器工作原理如图 3-21 所示。

红外发射机通常采用互补型自激多谐振荡电路作调制电源，它可以产生很高占空比的脉冲波形。用大电流窄脉冲信号调制红外发光二极管，发射出脉冲调制的红外光。红外接收机通常采用光电二极管作为光电传感器，它将接收到的红外光信号转变为电信号，经信号处理电路放大、整形后驱动继电器接点，产生报警状态信号。

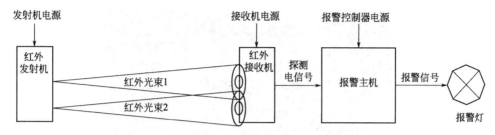

图 3-21　主动红外探测器工作原理

① 主动红外探测器常开接点输出原理　如图 3-22 所示。

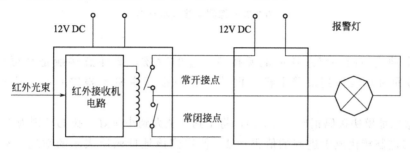

图 3-22　主动红外探测器常开接点输出原理

② 主动红外探测器常闭接点输出原理　如图 3-23 所示。

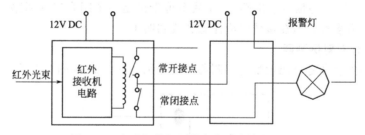

图 3-23　主动红外探测器常闭接点输出原理

③ 主动红外探测器常闭/防拆接点串联输出原理　如图 3-24 所示。

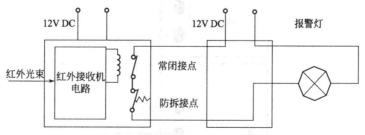

图 3-24　主动红外探测器常闭/防拆接点串联输出原理

该探测器的投光器与受光器的 3、4 和 6、7 两个端子均为常闭型（未接线之前可通过测两个端子之间的电阻来确定，若电阻无穷大，则 3、4 和 6、7 均为常开型；若为零，则为常闭型），4、7 只要有断路（无论 3、4 之间或 6、7 之间断开），都会使投光器和受光器内部产生信号并通过传 4、7 输线路传送到地址码模块内，地址码模块对信号进行加工，加上自已当前地址信息，再通过信号线（总线：绿、黄）传输到信号控制设备（如报警主机），如图 3-25 所示。

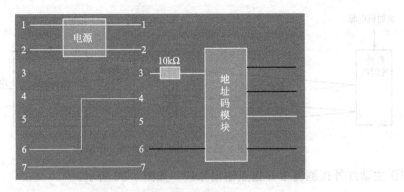

图 3-25 探测器接线示意图

注意

① 当多种线与同一个总线或电源接口相连的时候，要注意接触是否可靠。尤其是无法将信号通过总线传到报警主机（报警灯亮但报警主机不报警）时，应首先检查此问题。

② 注意地址模块拨码正确（N+1），将 1 到 8 从大到小排好，拨 ON 则为 1，OFF 则为 0，然后按二进制转化成十进制的值再加 1，便得到该地址码所表示的地址（8＝1，7＝2，6＝4，…，1＝128）。

③ 注意光轴的对准。

④ 防拆开关 6、7 与信号输出端 3、4 从图可看出是一个闭合串联回路，只要保证闭合回路便可。接法有多种，但在接线时应注意省线和明了。

（3）周界红外对射探测器

防拆开关的安装和地址码模块与探测器连接分别如图 3-26 和图 3-27 所示。

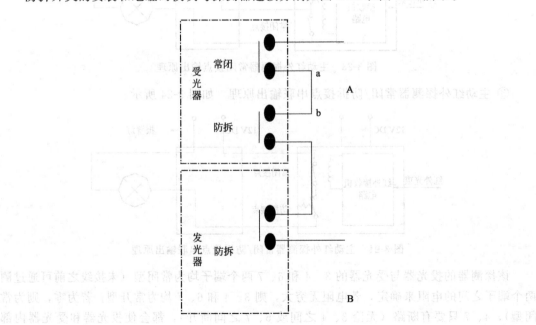

图 3-26 防拆开关的安装

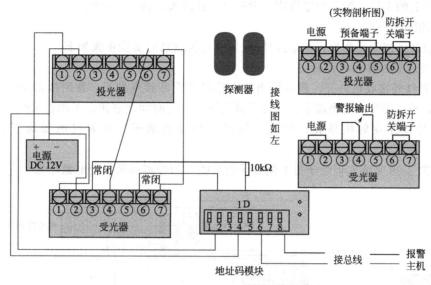

图 3-27　地址码模块与探测器连接图

[任务材料]

（1）工具

① 小号一字螺丝刀 1 把

② 小号十字螺丝刀 1 把

③ 电笔 1 把

④ 尖嘴钳 1 把

⑤ 剪刀 1 把

⑥ 绝缘胶布 1 把

⑦ 万用表 1 只

（2）设备

① ALEPH 主动红外探测器 1 套

② 闪光报警灯 1 个

③ 导线　RVV 2×0.5、RVV 3×0.5 以及 1mm 红、绿、黄、黑单芯线各少许

④ 直流 12V 电源 1 个

⑤ 端子排 1 只

[任务步骤]

（1）安装工作

① 安装前应仔细阅读产品说明书。

② 安装入侵报警探测器，确保所有探头的布线、接线正确无误。

③ 探头的安装符合说明书的要求。

④ 充分了解红外对射探头的基本工作原理。

⑤ 供电后，首先测量发射器及接收器电源接线端的供电电压，该电压必须在说明书中规定的电压范围之内。

做好上述准备工作后，按下述步骤，便可顺利地调整好 ALEPH 红外对射探头。以下调试需两个以上的人员。为了便于说明，设定 A、B 两人并备有对讲机。

（2）调试步骤

以主动红外探测器为例，被动红外/微波双鉴探测器的实验步骤如下。

① 断开实训操作台电源开关。

② 拆开红外接收机外壳，辨认输出状态信号的常开接点端子、常闭接点端子、接收机防拆接点端子、接收机电源端子、光轴测试端子、遮挡时间调节钮、工作指示灯。

③ 拆开红外发射机外壳，辨认发射机防拆接点端子、发射机电源端子、工作指示灯。

④ 按图 3-28 完成实训端子排上侧端子的接线，闭合实训操作台电源开关。

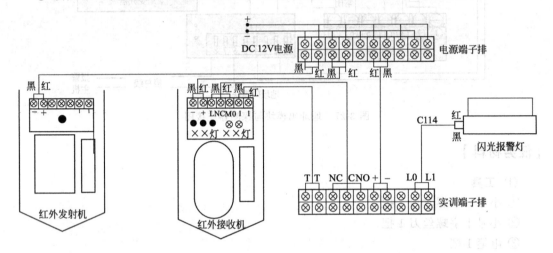

图 3-28　主动红外探测器基本连接图

⑤ 主动红外的调试

a. 首先目测发射、接收器是否位于同一水平线上，否则进行调整（可利用发射及接收器的瞄准器）。

b. 用一吊线锤测试发射、接收器是否同时垂直，否则进行调整。

c. 打开发射、接收器的外壳，确认红色滤光片是否盖在接收器光学组件上。

d. 将万用表设定在直流 10V 或 20V 挡位上，将测量棒插入接收器测试孔内（注意±极性）。

e. A 观察万用表读数，B 去发射端调整。

f. B 首先调整左右方向，注意要慢慢地从一个方向开始，A 观察读数，达到最大值时用对讲机通知 B，反复几次，使 B 将发射器调整到最佳位置（即 A 读出的电压值最大）。

g. 完成 f. 后，A 再调发射器上下仰角，B 方式同 f.。

如果上述的全部步骤准确无误，此时的输出电压应该完全与说明书中相符合，HA-20W 5.5V 以上，HA-40W 4V 以上。此时的供电电压是 14V 左右，若供电电压高，则输出电压会更高。

ABT-30/60/80/100 调整方法同 HA-20/40W 的方法基本一致，所不同的是，ABT 系列的探头没有纸质滤光片。同时在 24V 电源电压的情况下，输出电压应该在 3.5V 左右，盖上外壳电压在 2.8V 以上，即可完全正常工作。

⑥ 通过实训端子排下侧的端子，利用短接线分别按图 3-29 依次完成各项实训内容。每项实训内容的接线和拆线前必须断开电源。

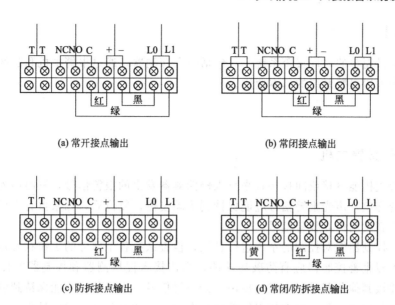

图 3-29　端子接线图

⑦ 完成接线，检查无误，闭合探测器外壳，闭合电源开关，然后人为阻断红外线，观察闪光报警灯的变化。在最后一项内容中，改变遮光时间调节钮，观察闪光报警灯的响应速度。

[问题讨论]

① 如何取得可靠的大地？对报警主机的接地线有何要求？

② 红外对射探测器安装有什么要求？

③ 导线的选择和敷设有哪些要求？不同的探测器安装位置有哪些要求？举实例讨论。

[课后习题]

① 简单讲述如何选择入侵报警探测器？

② 简述红外对射探头的工作原理。

③ 简单讲述门磁探测器的安装要求。

④ 红外接收机和红外发射机的接线内容有什么区别？

⑤ 简述安装红外探测器校准光轴的过程。

⑥ 红外探测器为什么要进行遮挡时间调整？

任务四　报警主机和防区模块的安装和应用

[任务目标]

通过具体某一型号报警主机和防区模块的安装和调试，了解报警主机和防区模块的功能，学会报警主机和防区模块的安装接线，学会编程使报警防区号码和实际的探测器对应起来，学会报警主机和防区模块的简单使用。

[任务内容]

连接一个最简单的入侵报警系统，只包括一个探测器，通过报警主机和防区模块的安装和调试，学会入侵报警系统的基本使用。

[知识点]

一、入侵报警主机

入侵报警主机能直接或间接接收来自入侵探测器发出的报警信号，发出声光报警并能指示入侵发生的部位。声光报警信号应能保持到手动复位，复位后，如果再有入侵报警信号输入时，应能重新发出声光报警信号。

入侵报警控制器能对控制的系统进行自检，检查系统各个部分的工作状态是否处于正常工作状态。入侵报警控制器应有防破坏功能，当连接入侵探测器和控制器的传输线发生断路、短路或并接其他负载时，应能发出声、光报警信号。报警信号应能保持到引起报警的原因排除后，才能实现复位；而在该报警信号存在期间，如有其他入侵信号输入，仍能发生相应的报警信号。

入侵报警控制器应有较宽的电源适应范围，当主电源电压变化±15％时，不需调整仍能正常工作。入侵报警控制器应有备用电源。当主电源断电时能自动转换到备用电源上，而当主电源恢复后又能自动转换到主电源上。转换时控制器仍能正常工作，不产生误报。入侵报警控制器可做成盒式、挂壁式或柜式。入侵报警控制器的机壳应有门锁或锁控装置，机壳上除密码按键及灯光指示外，所有影响功能的操作机构均应放在箱体之内。

由于入侵探测器有时会产生误报，通常控制器对某些重要部位的监控，采用声控和电视复核。根据用户的管理机制及对报警的要求，警戒可组成独立的小系统、区域互连互防的区域报警系统和大规模的集中报警系统。

(1) 安防系统中的防区概念

所谓防区，是指报警主机的探测信号输入点（一对）。一般情况下，安防系统的防区类型可归纳为以下三类。

① 不可撤防防区（24h 防区） 任何时候触发都有效。如紧急按钮、消防的烟雾传感器和有害气体传感器等。

② 可撤防不延时防区（立即防区） 家庭成员回家后可撤防，离家时布防，一旦触发立即有效。如防入侵的红外线传感器、窗磁传感器等。

③ 可撤防延时防区（延时防区） 家庭成员回家后可撤防，离家时布防。当触发后延时一段时间才有效，在这段时间内可撤防，如防入侵的门磁传感器。

所谓布防，是指启动报警系统。布防通常有常规布防、外出布防、留守布防、紧急布防等几种形式。常规布防是将所有防区立即处于布防状态；外出布防是人员欲外出时设置，报警系统经过一段事先设定的时间后所有防区进入布防状态；留守布防允许人员留在部分防区活动而不报警（留守防区需事先设定），而其余防区进入布防状态；紧急布防是在紧急状态下不管系统是否开启，即直接进入布防状态的布防。旁路指把某防区暂时停止使用（不布防）。

撤防是指消除刚才的警示信号，使之恢复正常的准备状态。其中比较特殊的撤防为胁迫撤防，它主要用于被人挟持，强迫关闭报警系统时，系统在无声状态下自动电话报警。安防系统要检测每一防区情况，防止人为破坏安防系统。因此，防区有三种状态：

① 有阻值（如 10kΩ）　正常情况，就是在传感器的输出端口并接或串接一个电阻来实现；

② 短路　触发报警，传感器动作后在防区端口对地短路；

③ 开路　被剪断报警，当剪断传感器端口和防区端口的连线，防区端口就形成开路。

（2）报警主机的基本功能

① 布防与撤防功能　报警主机可手动布防或撤防，也可以定时对系统进行自动布防、撤防。在正常状态下，监视区的探测设备处于撤防状态，不会发出报警；而在布防状态下，如果探测器有报警信号向报警主机传来，则立即报警。

② 布防延时功能　如果布防时操作人员尚未退出探测区域，那么就要求报警主机能够自动延时一段时间，等操作人员离开后布防才生效，这是报警主机的布防延时功能。

③ 防破坏功能　当有人对报警线路和设备进行破坏，发生线路短路或断路，设备被非法撬开等情况时，报警主机会发出报警，并能显示线路故障信息。

二、小型入侵报警系统简介

小型报警控制器任务二已有介绍。

入侵报警系统在硬件安装完成以后，系统的使用必须经过软件的设置。一般要通过操作键盘或计算机软件进行设置、布防等工作，小型入侵报警系统的设置以操作键盘进行。图 3-30 所示是某小型入侵报警系统主机操作键盘。

入侵报警系统主要是对各个防区进行布防和异常情况报警。

（1）小型入侵报警系统的使用

一般防护区域小的用户，如企事业单位中的财务室、档案室、较小的仓库、家庭等，可采用小型的报警系统。现以图 3-30 所示报警主机为主的某小型报警系统为例，简单进行说明。一般小型报警系统可有以下功能。

① 预备状态　检查被警戒区域的门窗是否完全关好，然后等到防区指示灯熄灭，绿色预备灯亮起，整个系统即处于预备工作状态。

② 系统布防　[密码]＋[布防]。

③ 系统撤防　[密码]＋[撤防]。

④ 速布防　按[布防]键 3s。

⑤ 留守布防　[密码]＋按[旁路]键 3s。

⑥ 周界布防　[密码]＋[旁路]＋[布防]。

⑦ 解除报警　[密码]＋[撤防]。

⑧ 清除历史报警　按[♯]键 3s。

总而言之，小型入侵报警系统的功能简单，使用方便。

图 3-30　某小型入侵报警系统主机操作键盘

（2）小型入侵报警系统的连接

报警系统的连接主要包括与电源、后备电池、电话线、报警探测器、警铃、键盘等的连接。以图 3-31 所示报警系统线路图为例加以说明。

① 报警探测器通常设有"NC""NO""C""＋""－"等端子　"NC"表示常闭端，"NO"表示常开端，"C"为公共端，"＋"和"－"为探测器的电源接入端。有的探测器还

有防拆开关。将防拆开关接入报警主机并处于布防状态，则当有人欲强行拆开探测器时，报警主机将产生报警。各报警探测器的 NC 或 NO 端根据需要（常开型或常闭型）分别接入报警主机端子排上各防区的端子上，C 端接入各防区公共端 COM 上。

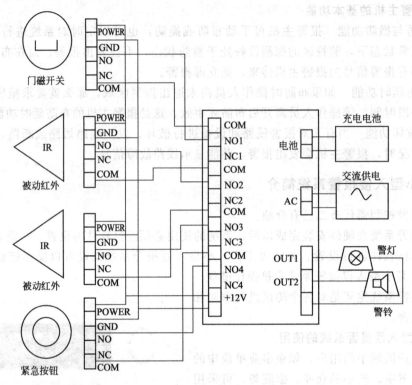

图 3-31　某小型报警系统接线图

② 与电源的连接　将交流电源线直接接入报警主机端子排中的 AC 端。

③ 与后备电池的连接　为防报警系统停电时失去报警功能，建议接上后备电池。可使用 DC12V 可充电式电池。

④ 警示输出设备的连接　警灯或其他需电压驱动的报警设备，可以接入报警主机上的输出报警信号接线端子。此警铃输出可推动 DC12V 警铃、警灯。接线时应注意正、负极。

⑤ 接地　防区接地端必须独立接往主机箱再接至地线，以保证具有防雷和安全功能。一些稍大的报警系统还有一些附加的接线端子，例如：

a. 电话线的连接　把电信公司的电话引入线接到报警主机端子排上的"TIP"及"RING"端子，而端子排上的"T-1"及"R-1"端子则接入电话机；

b. 辅助电源输出 AUX＋/AUX－　探测器或其他需电压驱动的设备可以接到 AUX＋/AUX－辅助电源接线端子上，此端子输出 DC12V 电压；

c. 键盘、钥匙的连接　控制键盘有两条电源线（RED，BLK）和两条数据线（GRN，YEL），可参考说明书与报警主机相应端子（RED，BLK，GRN，YEL）相接。

另外，键盘一般都设有一防区输入端（BLU），可以接键盘的防拆开关，也可以接报警探测器或门磁等，当报警设备遭破坏时能及时发出报警信号。

三、典型区域入侵报警系统介绍

主要特点：采用总线通信、模块化设计，有防区扩展模块、联动模块、显示模块、指示灯模块等，所以接线方便，扩展容易，维护简单。

① AL200 报警主机最多带有 64 个防区，1 个报警开关输出；支持 9 组密码，包括 1 组主密码，8 组用户码；支持多键盘同步报警和显示；最多可连接 32 个报警模块；最多支持 64 路联动继电器输出；最多支持 64 路指示灯输出；打印机输出。主机键盘如图 3-32 所示。

图 3-32　报警主机键盘

② 规格

工作电压　直流 9～15V。

工作电流　30mA（待机状态）。

报警继电器　3A，28V 直流/120V 交流。

工作温度　-20～+50℃。

防区响应时间　500ms。

线尾电阻　10kΩ。

防拆装置　自带外壳/背板防拆开关。

防拆键　上电 10s 之内如果没有按下防拆键，则该功能失效。

③ 安装

• AL200 报警主机应安装在适当的高度，以方便所有操作人员进行操作。

• 在机壳下方的槽口位置插入一小的扁口螺丝刀，将前壳同后面底壳分开。

墙面安装：利用底壳对安装孔和进线孔位置定位。

电气盒上安装：AL200 可直接安装在电气开关盒上。

④ 接线

• 确定在布线和对 AL200 接线前不接通电源。

• 通过 AL200 底壳的进线孔对电源、警号输入和通信总线进行布线。

• 挂接报警模块和显示键盘可参考相关连接。

⑤ 遥控器的使用

• "B" 键：布防，对报警主机进行布防。

• "C" 键：撤防，对报警主机进行撤防。

• "D" 键：留守布防，旁路报警，主机所允许旁路的防区，同时对报警主机进行布防。

• "A" 键：周界布防，对为周界类型特性的防区设防。

⑥ 编程步骤

a. 输入主码 [×][×][×][×]，只有主码才具有编程功能。其他两个用户密码不能用于编程。

b. 按住 [＊] 键 3s，然后进行编程输入，主机蜂鸣器鸣音 1s，液晶显示 "编程" 两字，表示已经进入了编程模式。

c. 输入编程功能码 [×][×][×][×]，功能码 0～9，输入 4 位数字，输入正确后，会提示当前的编程状态。

d. 输入编程值：[×] 或 [×][×] 或 [×][×][×] 或 [×][×][×][×]，根据不同的功能码，输入的数字位数不一样。若设置正确，主机将鸣音 1s 进行确认，提示正确；若设置错误，主机将有错误提示，必须重新输入编程值。

e. 重复步骤 c.、d. 对其他功能进行设置。

f. 按［＊］键 3s 后退出编程模式，主机蜂鸣器将鸣音 1s，液晶无显示，表示已经退出了编程模式。功能码和编程值对应表见表 3-7。

表 3-7　功能码和编程值对应表

功能主码	功能从码	功能说明	编程位数	出厂缺省值	允许的编程范围
00	00	主密码	4	1234	范围：0000～9999
01	01	用户密码 1	4	1000	范围：0000～9999
	02	用户密码 2	4	2000	
	03	用户密码 3	4	3000	
	04	用户密码 4	4	4000	
	05	用户密码 5	4	5000	
	06	用户密码 6	4	6000	
	07	用户密码 7	4	7000	
	08	用户密码 8	4	8000	
02	00	报警时间	3	180 秒	范围：000～999s
03	00	布防退出延时	3	090 秒	范围：000～999s
04	00	延时防区进入延时	3	090 秒	范围：000～999s
05	00	快速布防	1	0	0＝关闭快速布防　1＝打开快速布防
06	00	报警时蜂鸣器响	1	1	0＝报警关　1＝报警开
10	00	系统带报警模块个数	2	01	范围：01～32
11	01	报警模块 1 挂探头个数	2	01	范围：01～16
	02	报警模块 2 挂探头个数	2	01	
	…	…	2	01	
	32	报警模块 32 挂探头个数	2	01	
20	01	防区 1 的类型	1	1	0＝屏蔽，1＝立即，2＝延时，3＝24 小时，4＝跟随，5＝火警，6＝周界，7＝求助
	02	防区 2 的类型	1	1	
	…	…	1	1	
	64	防区 64 的类型	1	1	
30	01	防区 1 允许旁路	1	0	0＝不能旁路　1＝可旁路
	02	防区 2 允许旁路	1	0	
	…	…	1	0	
	64	防区 64 允许旁路	1	0	
40	00	系统带联动模块个数	1	0	范围：0～8
41	01	联动继电器 1 联动属性	1	6	0＝禁止事件联动 1＝布防联动 2＝留守布防联动 3＝周界布防联动 4＝防区异常联动 5＝报警模块异常联动 6＝防区报警联动 7＝报警模块异常和防区报警都联动
	02	联动继电器 2 联动属性	1	6	
	…	…	1	6	
	64	联动继电器 64 联动属性	1	6	

功能主码	功能从码	功 能 说 明	编程位数	出厂缺省值	允许的编程范围
42	01	联动继电器1联动防区号	2	01-01	前两位表示该继电器联动的防区号的低端,后两位表示该继电器联动的防区号的高端。高端不能小于低端。例:01-05,只要01到05防区中有一个防区变化或报警,该继电器合上
	02	联动继电器2联动防区号	2	02-02	
	…	…	2	…	
	64	联动继电器64联动防区号	2	64-64	
43	01	联动继电器1联动报警模块号	2	01-01	前两位表示该继电器联动的报警模块号的低端,后两位表示该继电器联动的报警模块号的高端。高端不能小于低端。例:06-06,只要第6个报警模块故障,该继电器合上
	02	联动继电器2联动报警模块号	2	02-02	
	…	…	2	…	
	64	联动继电器2联动报警模块号	2	64-64	
44	01	联动继电器1撤防断开联动	1	1	0=禁止,表示撤防时,该继电器不会从闭合状态转为断开状态 1=允许,表示撤防时,该继电器会从闭合状态转为断开状态
	02	联动继电器2撤防断开联动	1	1	
	…	…	1	…	
	64	联动继电器64撤防断开联动	1	1	
50	00	系统带指示灯模块个数	1	0	范围:0～1
51	01	指示灯1联动属性	1	6	0=禁止事件联动 1=布防联动 2=留守布防联动 3=周界布防联动 4=防区异常联动 5=报警模块异常联动 6=防区报警联动 7=报警模块异常和防区报警都联动
	02	指示灯2联动属性	1	6	
	…	…	1	6	
	64	指示灯64联动属性	1	6	
52	01	指示灯1灯亮的防区号	2	01-01	前两位表示该指示灯灯亮的防区号的低端,后两位表示该指示灯灯亮的防区号的高端。高端不能小于低端。例:01-05,只要01到05防区中有一个防区变化或报警,该灯点亮
	02	指示灯2灯亮的防区号	2	02-02	
	…	…	2	…	
	64	指示灯64灯亮的防区号	2	64-64	
53	01	指示灯1灯亮的报警模块号	2	01-01	前两位表示该指示灯灯亮的报警模块号的低端,后两位表示该指示灯灯亮的报警模块号的高端。高端不能小于低端。例:06-06,只要第6个报警模块故障,该指示灯灯亮
	02	指示灯2灯亮的报警模块号	2	02-02	
	…	…	2	…	
	64	指示灯64灯亮的报警模块号	2	64-64	
54	01	指示灯1撤防灯灭	1	1	0=禁止,表示撤防时,该指示灯不会从亮状态转为灭状态 1=允许,表示撤防时,该指示灯会从亮状态转为灭状态
	02	指示灯2撤防灯灭	1	1	
	…	…	1	…	
	64	指示灯64撤防灯灭	1	1	
55	01	指示灯1灭防区号	2	00-00	前两位表示该指示灯灯灭的防区号的低端,后两位表示该指示灯灯灭的防区号的高端。高端不能小于低端。例:01-05,只要01到05防区中有一个防区变化或报警,该灯点灭
	02	指示灯2灭防区号	2	00-00	
	…	…	2	…	
	64	指示灯64灭防区号	2	00-00	
60	01	报警模块1继电器联动防区号	2	01-01	前两位表示该报警继电器联动的防区号的低端,后两位表示该报警继电器联动的防区号的高端。高端不能小于低端。例:01-05,只要01到05防区中有一个防区变化或报警,该报警继电器合上
	02	报警模块2继电器联动防区号	2	02-02	
	…	…	2	…	
	64	报警模块32继电器联动防区号	2	32-32	

⑦ 防区类型　AL200 支持下列防区类型及功能。

• 屏蔽防区　此防区无效，无论在什么情况下触发该防区，都不会报警。

• 立即防区　布防后，触发了立即防区，都会立即报警。

• 延时防区　布防后，若触发了延时防区，只在所设定的进入/退出延时时间结束之后才会报警；在延时过程中进行撤防，会自动取消报警。

• 跟随防区　布防后，此防区被触发，如果没有延时防区被触发，则立即报警；若有延时防区被触发，必须等到延时防区报警后方可报警。

• 24h 防区　一直处于激活状态，不论撤布防与否，只要一触发就立即报警。

• 火警防区　一直处于激活状态，不论撤布防与否，只要一触发就立即报警。

• 周界防区　布防或周界布防后，只要一触发就立即报警。

• 旁路防区　若某防区允许旁路，则在撤防时，输入 [用户密码]＋[旁路]＋[防区编号（两位数）]＋[＊] 将旁路该防区。撤防时所设旁路的防区将被清除（24h 防区、火警防区不可旁路）。

⑧ 联动功能说明

a. 联动模块的接线说明及其地址分配　AL200 报警主机通过扩展总线与 8 继电器的联动模块 JDQ-8 相连，最多可以接 8 块 JDQ-8，接线方式与报警模块的接线方式相同（参考下一页的"⑩ AL200 的相关连接"）。联动模块 JDQ-8 的设备地址从 144 到 151，每一块有一个唯一地址，将联动模块的地址拨码开关拨到相应位置。

b. 联动的继电器数量及其号码分配　最多可接 8 块 8 继电器联动模块，共计 64 个继电器输出。地址为 144 的联动模块上的继电器号从 1 到 8，地址为 145 的联动模块上的继电器号从 9 到 16，依次类推。

c. 继电器的联动属性说明

• 禁止事件联动　不跟随任何系统事件输出，只跟随人工手动输出。

• 布防联动　报警主机布防后，该继电器合上。

• 留守布防联动　报警主机留守布防后，该继电器合上。

• 周界布防联动　报警主机周界布防后，该继电器合上。

• 防区异常联动　如果和该继电器联动的防区被触发或故障，该继电器合上。

• 报警模块异常联动　如果和该继电器联动报警模块出现故障，该继电器合上。

• 防区报警联动　如果和该继电器联动的防区报警，该继电器合上。

• 报警模块异常和防区报警都联动　如果和该继电器联动报警模块出现故障或者和该继电器联动的防区报警，该继电器合上。

d. 手工联动操作

第一步　进入联动操作：[密码]＋[复位]。

第二步　输入联动开关号（1 到 64），1 位或 2 位数字。

第三步　按 [布防] 键，该联动开关合上；按 [撤防] 键，该联动开关断开。

注意：重复第二、第三步操作，可以对多个联动开关进行操作；如果没有输入开关号（没有第二步），直接按 [布防] 或 [撤防] 键，此时会对所有的联动开关同时操作。

第四步　按 [＊] 键 3s，退出联动操作。

手工联动操作不受联动属性的限制。

e. 撤防联动　当某一联动继电器的"撤防断开联动"设置成"允许"（参考编程"功能主码"为"44"的编程）后，一旦报警主机进行撤防操作，该继电器断开。

f. 联动操作编程操作说明　要想联动模块上的某一继电器跟随报警、故障或相关布防输出，必须对该联动继电器进行编程。编程步骤及说明如下。

第一步　编程"功能主码"为"40"的"系统带联动模块个数"，确定系统所带联动模块的个数。没有，设置为"0"。

第二步　编程"功能主码"为"41"的"联动继电器 X 联动属性"，编写该联动继电器的属性。

第三步　如果需要该继电器联动防区的异常或报警，编程"功能主码"为"42"的"联动继电器 X 联动防区号"，设定该继电器联动的 1 个或多个防区；如果需要该继电器联动报警模块故障，编程"功能主码"为"43"的"联动继电器 X 联动报警模块号"，设定该继电器联动的 1 个或多个故障报警模块；如果需要该继电器联动报警模块故障和防区报警，前面的两步操作都需要。

第四步　如果该联动继电器合上后，希望通过撤防将其断开，编程"功能主码"为"44"的"联动继电器 X 撤防断开联动"，编写成"1＝允许"。反之，编写成"0＝禁止"。

⑨ 指示灯模块功能说明

a. 指示灯模块的接线说明及其地址分配　AL200 报警主机通过扩展总线与 64 路指示灯模块 ZSD-64 相连，接线方式与报警模块的接线方相同（参考下面的"⑩ AL200 的相关连接"）。64 路指示灯模块 ZSD-64 的设备地址为 160，将 64 路指示灯模块的地址拨码开关拨到相应位置。

b. 指示灯的灯数量及其号码分配　1 块 64 路指示灯模块共计 64 个灯指示，指示灯的编号从 1 到 64。

c. 指示灯的点亮属性说明　同联动模块继电器的联动属性一样，此处不再重复。

d. 手工指示灯操作

第一步　进入指示灯操作：[密码]＋[＊]

第二步　输入指示灯编号（1 到 64），1 位或 2 位数字。

第三步　按[布防]键，该指示灯亮；按[撤防]键，该指示灯灭。

注意：重复第二、第三步操作，可以对多个指示灯进行操作；如果没有输入指示灯编号（没有第二步），直接按[布防]或[撤防]键，此时会对所有的指示灯同时操作。

第四步　按[＊]键 3s，退出联动操作。

手工指示灯操作不受指示灯点亮属性的限制

e. 撤防灯灭　当某一指示灯的"撤防灯灭"设置成"允许"（参考编程"功能主码"为"54"的编程）后，一旦报警主机进行撤防操作，该指示灯熄灭。

f. 指示灯操作编程操作说明　参考联动操作的编程操作说明，只是功能码加 10，其他一样，此处不再重复。

⑩ AL200 的相关连接

a. 基本连接和配置　AL200 报警主机通过扩展总线与报警模块、从属液晶键盘、联动模块连接，所有的报警模块和液晶键盘及探测器都可通过 AL200 的外接 DC12V 电源统一供电。以外接电源 DC12V/4A 为例，AL200 及附属设备的最大总耗电不得超过 3A，否则得将各防区设备另加电源供电。见图 3-33。

AL200 的电源接在红、黑端，其中红为正，黑为负，黑端为两个通信接口的"黑"接线端子中的任意一个端子；扩展总线从 AL200 两个通信接口的三芯端口（绿、黄、黑）引出，这两个通信接口的绿、黄线不能并接在一起。端口定义如下：红—电源＋12V，绿—扩展总线，A 黄—扩展总线，B 黑—电源地。

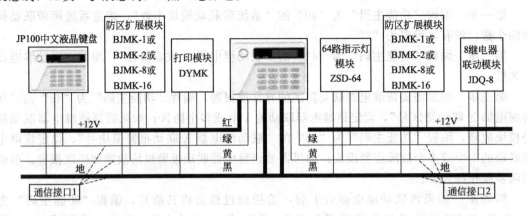

图 3-33　AL200 报警主机的相关接线

说明

• AL200 报警主机最多可挂接 6 个从属显示键盘。从属键盘只具有同步显示功能，而不具有操作功能；但其可配遥控器，进行布防、撤防、留守布防、周界布防操作。

• AL200 报警主机最多可挂接 32 个报警模块、8 个继电器联动模块、1 个 64 路指示灯模块。

• 应利用拨码开关对各从属键盘、报警模块、联动模块、指示灯模块设置不同的地址。

从属键盘的地址范围：0～5；

报警模块的地址范围：0～31；

联动模块的地址范围：144～151；

指示灯模块的地址：160；

打印模块的地址：176。

参照地址设置中的《拨码开关设置列表》进行地址设置。

• 四芯线建议采用屏蔽双绞线（其中红黑两线、绿黄两线分别对绞），线径为 $0.5mm^2$ 以上。总线长度小于 200m 时，可以不用屏蔽，并可集中供电。当距离超过 200m 时，最好用屏蔽线。如果接在总线上的设备过多或总线过长，在总线的中间适当增加电源，原则上是保证在总线的所有设备，尤其最末端设备能够达到它的正常工作电压。两个通信接口的总线分别可以达到 1200m，如果其中的一条总线长度超过 1200m，要在该总线上增加一个总线中继器，该条总线长度又可以增加 1200m。

b. 防区接入端口与探测器连接方法　普通的探测器具有常开或常闭触点输出，即 C、NO 和 C、NC，图 3-34 中是以 AL200 所接的 16 防区报警模块为例，触发方式为开路或短路报警两种接线方式图。线尾电阻在购买主机时都作为附件配套提供，AJB-Al××系列报警主机及报警模块的线尾电阻都为 $10k\Omega$。

c. AL200 与警号的连接　作为就地报警的主要设备——警号，AL200 也为其留有接口，因为采用继电器控制，可接大功率的警号。警号的（＋）极与＋12V 电源的（＋）极连接，（一）极与 AL200 的"报警输出"端口的公共端连接，同时将 AL200 的（常开）端与电源地（一）连接。见图 3-35。

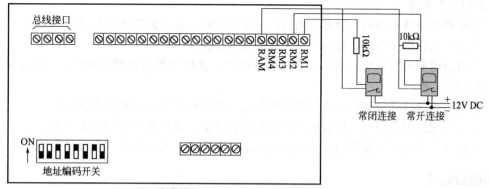

图 3-34　16 防区报警模块的接线

⑪ AL200 的设备状态及报警显示　AL200 报警主机和从属键盘会显示掉线的报警模块和有问题的防区，在液晶显示器的第一行的右边显示"××-××"，表示"模块数-防区数"。例如"01-03"：表示 01 模块掉线，03 防区异常。显示两位数字后加"-"，前面两位数字表示掉线的模块，例如："02-"，表示第 2 号模块掉线；如果没有"-"，两位数字表示异常的防区，例如："10-"，表示第 10 防区异常。如果多个模块或防区有问题，轮流显示。

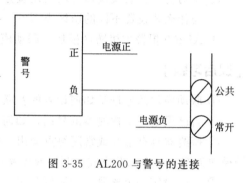

图 3-35　AL200 与警号的连接

AL200 报警主机可检测并显示各从属键盘、报警模块和联动模块的被撬、掉线信息，同时报警；发生以上报警时，再恢复正常状态时，可按［撤防］取消报警。防区报警时，从属键盘的报警继电器合上和蜂鸣器响，主机和从属键盘均显示当前所有的报警防区。

防区报警时，如果报警模块上的继电器合上，主机一旦撤防，或者当前主机的报警结束，报警模块上的继电器断开。

[任务材料]

(1) 工具

小号一字螺钉旋具 1 把，小号十字螺钉旋具 1 把，电笔 1 把，尖嘴钳 1 把，剪刀 1 把，绝缘胶布 1 个，万用表 1 只。

(2) 设备

① AJB-AL200B 报警主机

② BJMK-1B1 防区扩展模块

③ 红外对射探测器

④ 导线等辅助材料

[任务步骤]

① 领取实验器材（包括实验工具和电子元件）。

② 将各实验部件按照 BJMK-1B1 防区扩展模块安装指南控制线路接线，构建成一个简

单的入侵报警系统。

③ 经检查接线正确后，通电（注意：一定要检查，防止损坏实验器材）。

④ 调试入侵报警系统，使整个系统能够正常工作。

⑤ 对总线制报警系统控制主机进行软件设置，使探测器的报警信号能够正确地从报警主机上反映出来。

⑥ 对各个部件进一步调整，使整个系统能够处于正常监控和报警准备状态。

⑦ 人为设置报警信号，试验整个系统的报警功能，确保系统能够正常工作。

⑧ 改变报警主机的软件设置，进行不同的报警设置，直到熟练掌握报警系统。

［问题讨论］

① 通过总线扩展接探测设备与传统的报警主机接探测设备有什么好处？

② 说明防区扩展模块地址码的设置方法。

③ 为什么要设置不同的防区类型？

④ AL200 报警主机防区模块、联动模块、指示灯模块的地址是如何分布的？

［课后习题］

① 联动模块的地址是如何设置的？联动继电器的各个地址是多少？

② 自己设定一个探测器的号码，如何设定探测器编码开关？

③ 探测器具有常开或常闭触点输出，即 C、NO 和 C、NC。以 AL200 所接的 16 防区报警模块为例，画出触发方式为开路或短路报警的两种接线方式图。

④ 自己设定一个探测器的防区号码，如何编程使防区报警和联动对应起来？

任务五　输出继电器和联动装置的安装和应用

［任务目标］

通过输出继电器和联动装置的安装和调试，了解输出继电器和联动装置的功能；学会输出继电器和联动装置的安装接线，能够对系统进行简单编程和调试。

［任务内容］

在入侵报警系统中，安装报警主机和输出继电器、联动装置 DVR 设备，调试后，使得本系统能够纳入到整个入侵报警系统中。

［知识点］

（1）输出继电器与报警主机接口

当信号通过总线传输到报警主机后，一方面自己做出一定的动作，如报警（公共接线端接警灯），一方面报警主机通过已编好的程序将信号送到相应的联动模块上，再由联动模块将信号送到相应的输出端口上再送出去。一个报警主机可识别 64 个防区传过来的信号。一个报警开关输出，支持多键盘同步报警和显示，可根据报警模块的地址信息控制 32 个报警模块。同时可将信号对应的送到地址为 144～151 路联动模块（8 个联动模块，第一个地址为 144，最后一个地址为 151，拨码见说明书），联动模块再根据地址将信号送到相应的输出端口上。报警主机还可将信号同时送一个地址为 160 的指示灯模块，指示灯根据信号的地址信息将信号送到相应的 1～64 路指示灯断口输出（同时报警主机也有自己的地址 1～255）。，见图 3-36。

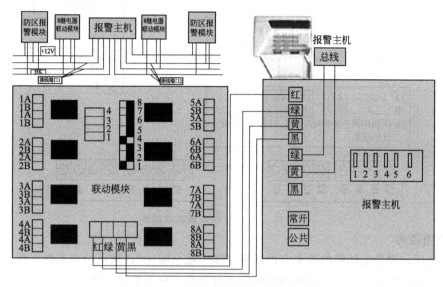

图 3-36　报警主机和联动模块接线

(2) 报警主机连接注意事项

① 此部分最重要的是编码和联动继电器的拨码，编程要按说明书一步一步设置。设置 10 号功能，即系统带报警模块实际个数时，若设置大了则大于实际值的模块，会在主机上显示××防区线掉线，若小了则无法控制没有大于该值到实际值之间的防区。设置 40 号功能时应选择 1（4000＝1），设置 41 号功能时应选择 06（410×＝6），每个联动继电器属性都要设置，设置 42 号功能时最好是与防区号一一对应。

② 注意编码各部分的位数。

③ 地址为 144 的联动继电器输出端口为 1～8，地址为 145 的联动继电器输出端口为 9～16，以此类推，注意对应的软件设置即拨码是否正确。

(3) JDQ-88 继电器联动模块使用说明

JDQ-88 继电器联动模块（图 3-37）是具有总线通信功能的联动设备，报警主机通过它可以在指定的情况下（报警等）断开或闭合开关，从而联动相关设备（视频监控等）。

① 性能特点　8 组，每组 2 个开关同时闭合或断开。

② 规格及参数　见表 3-8。

表 3-8　规格和参数

描述	JDQ-88 继电器联动模块
尺寸	16.7cm×16.7cm×6.5cm(长×宽×厚)
重量	200g
工作温度	−10～+50℃；0～85％湿度
工作电压	直流 10～15V
工作电流	静态电流：50mA，每合上一个继电器增加 50mA
继电器容量	250V AC/5A 或 30V DC/5A
联网功能	可与 AJB-AL100 或 AJB-AL200 等系列报警主机连接，进行联动

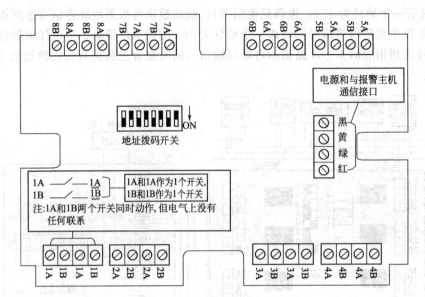

图 3-37　JDQ-88 继电器联动模块

③ 使用说明

• 上电后，设备上的蜂鸣器会有提示音"嘀…嘀…嘀…"，表示设备工作正常。

• 一旦某一路开关合上，相关的该路指示灯会亮，断开指示灯灭。

④ 与报警主机连接使用说明

• 接线说明：如果和报警主机共用电源，"红、黄、绿、黑"4 芯线分别与主机的"红、绿、黄、黑"4 端子相连；如果和报警主机不共用电源，将"绿、黄、黑"3 芯线分别与主机的"绿、黄、黑"3 端子相连，将"红、黑"2 芯线与自己的电源正、负极相连。

• 在同一台报警主机上使用时，每一个联动模块有自己的唯一地址，不能与其他联动模块的地址相同。

(4) 联动模块的应用

一般情况下，DVR 都带有 I/O 卡，用于采集开关信号的输入和控制联动输出。其开关量输入（或者传感器接口），一旦开关合上（或者传感器报警），通过对 DVR 的软件设置，可以将控制摄像头的云台（或者高速球）跟随某一个开关输入进行联动，一旦发生报警，云台（或者高速球）旋转到软件指定的位置，进行摄像。

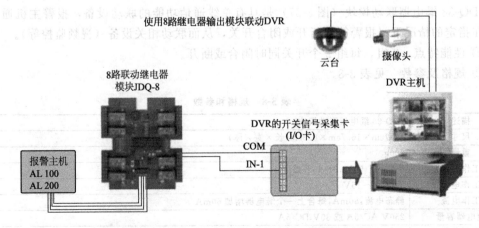

图 3-38　8 路继电器输出模块联动 DVR 接线示意图

8路继电器输出模块提供了与DVR接口的开关输出（属于无源的继电器输出接口），通过对报警主机（AL200或AL100C）编程，其某路继电器的输出可与设定的某些探测设备联动，报警主机一旦发现这些探测器有报警，该路继电器合上，给DVR提供一个开关闭合信号（相当于传感器报警），此时DVR会根据预先设置好的位置转动云台，对准发生报警的区域进行摄像。见图3-38。

在接线时，只要将继电器的输出直接接到DVR的开关量输入板上，此时，该继电器相对于DVR来说就是一个传感器。

[任务材料]

（1）工具

序号	名称	数量	序号	名称	数量
1	小号一字螺丝刀	1把	2	小号十字螺丝刀	1把
3	电笔	1把	4	尖嘴钳	1把
5	剪刀	1把	6	绝缘胶布	1把
7	万用表	1只			

（2）设备

① AJB-AL200B报警主机；

② BJMK-1B1防区扩展模块（包括已经连接好的探测器，调试好报警信号，便于实现联动）；

③ JDQ-88继电器联动模块；

④ DVR1套；

⑤ 其他辅助材料。

[任务步骤]

① 领取实验器材（包括实验工具和电子元件、已经连接好的报警系统）。

② 输出继电器和DVR报警控制器连接示意图如图3-39所示。

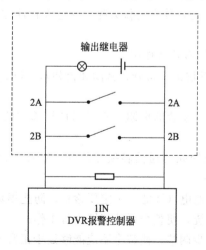

图 3-39　输出继电器和 DVR 报警控制器连接示意图

③ 联动模块和DVR报警控制器的连接（图3-40）　将报警联动模块上各路的一路输出

对应接到 DVR 报警控制器上，DVR 报警控制器拨码设置好地址（此实训拨 1）后，报警控制器便会对信息加工时加上自己的地址信息，再将信号通过 485 总线发送到码转器，码转器再将信号转化成 232 信号送入硬盘录像机，通过软件设置指定报警，模块或防区报警引起相应的联动，这些都通过软件对信息地址的识别。

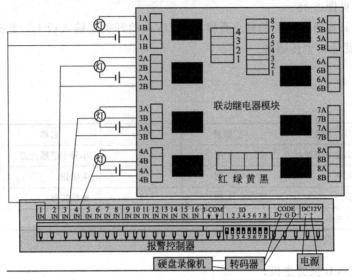

图 3-40　联动模块和 DVR 报警控制器的连接

a. 准备好操作。

b. ID 拨码到 1。

c. 485 接口→协议转换器→硬盘录像机。

d. 报警接入　把通断报警信号，并联 2kΩ 电阻，接入报警输入 INPUT1 端；依次 2 到 8 路→有并联电阻的输入端 LED 灭。

e. 在多媒体视频软件中设置报警控制器信息：

• 地址 1，串口 3；

• 每路输入可以设置联动视频，当有输入报警的时候，联动视频起作用，并且对应的输入 LED 亮→LED 好像一直在亮，什么时候灭呢？→进入软件的布防窗体，可以把报警信息取消→LED 灭。

f. 那么报警主机的输出端有什么作用呢？

每一对输入都对应有 3 点输出（常开、常闭和公共），可以连接报警器。

注意：

① 每个端口都要接上一个配套的电阻，不要出现相邻的两个电阻有接触点，注意接线的位置；

② 通过 CODE 端口和报警联动通信转换器的 T-/A 和 T-/B 端口连接，报警控制器的 DC12V 端口接 220V 交流电；

③ 经检查接线正确后，通电（注意：一定要检查，防止损坏实验器材）；

④ 调试整个周界报警系统，使整个系统能够正常工作；

⑤ 对各个部件进行进一步调整，使整个系统能够处于正常监控和报警准备状态；

⑥ 人为设置报警信号，试验整个系统的报警功能，DVR 联动功能，确保系统能够正常工作；

⑦ 改变报警主机的软件设置，进行不同的报警设置，直到熟练掌握继电器联动模块和联动装置的使用。

［问题讨论］

① 报警主机可根据报警模块的地址信息控制多少个报警模块？联动模块的地址如何设置？联动模块中的继电器的各个地址如何确定？

② 联动模块是如何与 DVR 连接的？

③ 编程实现 DVR 和某一报警信号的联动。

［课后习题］

① 如果要连接一个比较大功率的联动设备，如何解决？

② 在入侵探测器各报警主机的传输系统中，总线标准是什么？DVR 驱动中，总线标准是什么？怎么沟通？

③ 怎样使某一防区和 DVR 对应起来？在报警主机的编程中怎样实现？

任务六 入侵报警系统检查和评价

［任务目标］

通过对一典型入侵报警系统设计方案的学习，学会根据用户要求、环境背景，进行入侵报警系统设备选型、配置。并能根据讲课案例进行入侵报警系统的安装与调试，直至入侵报警系统能够正常工作。通过对完成任务的评价，使学生了解入侵报警系统验收注意事项。

［任务内容］

安装入侵报警系统对目标范围实施入侵报警，实现建筑的入侵报警智能化管理，通过实例学会编制入侵报警系统的安装调试计划；对一个实际的入侵报警系统进行安装调试、整改，通过入侵报警系统安装后的检查，写出入侵报警系统设备安装调试报告，对入侵报警系统工程进行工程验收。

［知识点］

（1）入侵报警系统集成主要工作流程

① 根据用户需要和现场勘查结果，得到受控点表，包括受控点特定要求，比如安装位置、环境情况、供电情况。

② 根据受控点表和系统功能要求，确定入侵探测器数量、技术性能、使用型号、传输距离等。

③ 初步设计包含：入侵探测器布局图；系统构成框图，标明各种设备的配置数量、分布情况、传输方式等；系统功能说明包括整个系统的功能，设备、器材配置明细表，包括设备的型号、主要技术性能指标、数量。

④ 详细设计：施工图是能指导具体施工的图纸，包括设备的安装位置、线路的走向、线间距离、所使用导线的型号规格、护套管的型号规格、安装要求等。

⑤ **工程实施流程** 分为 4 个阶段，即施工准备、施工阶段、调试开通和竣工验收阶段。

⑥ **调试开通阶段** 扫清少量的收尾工作，按编制的系统调试方案，各专业对各系统进行单机试运行、系统综合测试及调整、资料的整理。

⑦ **竣工验收阶段** 按编制的验收计划进行验收工作。对发现的问题迅速整改，申请复检，逐步验收移交。工程验收分为隐蔽工程、分项工程和竣工工程三步骤进行。

首先，入侵报警系统设计要确立设计依据、设计原则，之后要明确技术要求相应的系统功能，最后根据用户要求进行设备选型、安装。

(2) 报警系统设备表（表 3-9）

表 3-9　报警系统设备表

序号	设备名称	规格型号	单位	数量	备注
1	周界用报警主机	AL200B			
2	遥控器	YKQ			
3	1 防区扩展模块	BJMK-1B			
4	红外对射探测器				
5	警号				
6	中继器				
7	备用电源	AJB-1205			
8	电源电缆				
9	通信电缆				
10					

(3) 入侵报警系统分项工程质量验收记录表（表 3-10）

表 3-10　入侵报警系统分项工程质量验收记录表

单位(子单位)工程名称				子分部工程	安全防范系统
分项工程名称		入侵报警系统		验收部位	
施工单位				项目经理	
施工执行标准名称及编号					
分包单位				分包项目经理	
检测项目(主控项目)			检查评定记录		备注
1	探测器设置	探测器盲区			探测器抽检数量不低于 20%，且不少于 3 台，抽检设备合格率 100% 时为合格；各项系统功能和联动功能全部检测，符合设计要求为合格，合格率为 100% 时系统检测合格
		防动物功能			
2	探测器防破坏功能	防拆报警			
		信号线开路、短路报警			
		电源线被剪报警			
3	探测器灵敏度	是否符合设计要求			
4	系统控制功能	系统撤防			
		系统布防			
		关机报警			
		后备电源自动切换			

	检测项目(主控项目)		检查评定记录	备注
5	系统通信功能	报警信息传输		探测器抽检数量不低于20%,且不少于3台,抽检设备合格率100%时为合格;各项系统功能和联动功能全部检测,符合设计要求为合格,合格率为100%时系统检测合格
		报警响应		
6	现场设备	接入率		
		完好率		
7	系统联动功能			
8	报警系统管理软件			
9	报警事件数据存储			
10	报警信号联网			

检测意见:

监理工程师签字:　　　　　　　　　　　　检测机构负责人签字:
(建设单位项目专业技术负责人)
日期:　　　　　　　　　　　　　　　　　日期:

(4) 任务实施评价表（表 3-11）

表 3-11　任务实施评价表

编　号	项　目	评　定	说　明
1	入侵报警系统安装情况		
2	实训报告		
3	小组分工协作		
4	其他方面		

[任务步骤]

① 详细讲解系统设计过程、步骤及注意事项。

② 学生分组,以组为单位进行课程练习。

③ 参考课程典型案例,学生结合所给情境进行方案设计。

④ 方案可行性讨论。

⑤ 领取实验器材（包括实验工具和电子元器件）。

⑥ 将各实验部件按照控制线路接线。

⑦ 经检查接线正确后,通电（注意:一定要检查,防止损坏实验器材）。

⑧ 在确保没有电气短路等严重情况后,可以对系统进行综合调试:

a. 确保主机工作正常;

b. 单项设备（探测器、防区扩展模块、联动模块、联动设备等）调试;

c. 调试整个周界报警系统,使整个系统能够正常工作。

⑨ 对报警系统控制主机进行软件设置。

⑩ 对各个部件进行进一步调整,使整个系统能够处于正常监控和报警准备状态。

⑪ 人为设置报警信号,试验整个系统的报警功能,确保系统能够正常工作。

⑫ 学生结合综合实训项目进行工程评估、验收。

⑬ 通过对综合实训系统的单项设备调试、分系统调试、系统的故障诊断和处理，填写工程质量验收记录表。

[问题讨论]

① 入侵报警系统的设计依据、设计原则是什么？
② 根据用户要求、环境背景，进行入侵报警系统设备选型、配置。
③ 了解通信总线、电源线的布线规范。

[课后习题]

① 系统通信采用 RS-485 总线，线材如何选用？如何敷设？
② 周界报警系统采用的供电方式是怎样的？
③ 在系统应用中，其每路输出都可编程为跟随某一防区（模块）或某一段多个防区（模块）的报警输出，结合实际进行编程操作。

学习情境四 门禁管理系统设备安装与调试

任务一 参观门禁管理系统应用场所

[任务目标]

通过参观参观门禁管理系统应用场所，理解门禁管理系统功能、基本组成原理和系统的类型；理解各组成设备功能、分类等。

[任务内容]

① 介绍实训室门禁管理系统的功能和组成设备。

② 参观智能化楼宇弱电系统综合实训室。

③ 参观智能化楼宇弱电系统分项实训室，近距离观察各种门禁设备。

[知识点]

一、门禁管理系统概述

(1) 门禁管理系统介绍

门禁管理系统，又称出入口管理控制系统，是一种管理人员进出的数字化管理系统。它属于智能弱电系统中的一种安防系统，作为一种新型现代化安全管理系统，集微机自动识别技术和现代安全管理措施为一体，涉及电子、机械、光学、计算机技术、通信技术、生物技术等诸多新技术，应用于需进行自动化管理的出入口、通道，例如，宾馆客房、智能化大楼通道、自助银行入口等。

一般来讲门禁管理系统应具有以下功能。

① 刷卡记录功能　当人员进/出通道时需持卡在读卡器前进行读卡，读卡器读取信息后，将信息传送到主机，主机首先判断该信息是否合法，如合法则发出开通道指令，使通道打开；不合法则不发送指令并可发出警报。同时主机会将刷卡信息、日期、时间等数据保存，以供查询或直接传输到电脑进行处理，且这些数据具不可更改性。

② 集中控制管理功能　控制中心通过电脑可分通道建立人员及车辆资料库，如动力中心、维护中心、管理中心等，定期或实时采集每个通道的进出资料，同时按通道进行汇总、查询、分类及打印等。主机的各种参数均可由电脑进行设置，也可在各主机直接设定。控制中心不仅可以监视门的开/关状态，同时可控制监视门的开/关，此外还可以通过时间程序进行控制。此功能杜绝了外盗及内部作案的发生。

③ 多级管理功能　系统要能很方便地实现多级管理功能。控制中心通过电脑设置每张

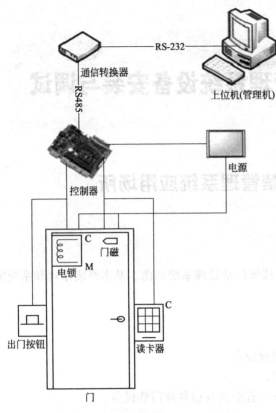

卡（即每个人）的进出权限、时间范围、节假日限制，并可设置各通道门锁的开/关时间等，如高级管理者可随时进出任何一个通道，单位管理者可进出本区域所有通道，而一般职员只能在上班时间内进出个别通道口，超出上班时间将无法进出；还可以结合密码输入来确认持卡者的合法性，然后决定是否允许进出该通道，各种权限可由用户自由设置。

④ 扩充、扩张功能　系统要能当用户需要扩充功能时，可按照所需功能增加相应的扩充模块来达到目的。如每台主机可只连一个读卡器（单通道），也可增加到 8 个（四通道）；通过加装报警扩展板模块可接收外界各种输入信号（如火警、煤气漏、非法进入等），然后进行相应的处理（接通报警、打开消防通道等），加装打印模块可直接接通打印机，将各种信息打印出来而无需电脑。

图 4-1　单门门禁管理系统结构图

（2）门禁管理系统分类

　　门禁管理系统在实际应用中，根据联网与否分为独立型门禁和联网型门禁；按系统构成分则包括硬件和软件两部分，其硬件由门禁控制器、门禁读卡器、卡片、电控锁、传输线路、通信转换器、电源和其他相关设备组成，如图 4-1 所示，而软件则用来实现系统管理员与系统的交互，实现发卡、信息查询、报表等功能。

（3）门禁管理系统组成

　　为了实现上述功能，门禁管理系统实现时主要由识别部分、传输部分、控制执行部分/系统软件及电源组成，其框架图如图 4-1 所示，一个典型的单门门禁管理系统原理如图 4-2 所示。

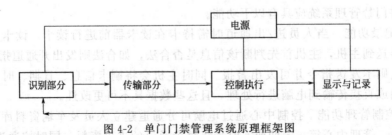

图 4-2　单门门禁管理系统原理框架图

（4）门禁管理系统的发展

　　为了适应高安全度的要求，门禁管理系统经历了 RFID 卡门禁、指纹门禁、面部识别门禁管理系统的变革。为了适应小区、智能大厦的防范系统，门禁管理系统由单一的门禁功能发展到门禁、考勤、消费、巡更、三表抄送等综合性一卡通系统。为适应远距离感应的要求，国内出现了有源卡、微波卡远距离感应系统。

二、识别部分

该部分可由密码键盘、记忆芯片钥匙或读卡器及配套卡片出门按钮等设备构成，实现对进出控制口人员进行身份识别。密码键盘、记忆芯片通常使用于安全等级较高的门禁管理系统中，而普通的智能楼宇门禁则通常使用读卡器、卡片、出门按钮作为识别设备。

（1）读卡器

门禁读卡器是门禁管理系统信号输入的关键设备，用于读取卡片中的数据或相关的生物特征信息。读卡器根据读取信息方式不同，其产品分为两大类，一类为接触式读卡器，一类为非接触式读卡器，后者应用较广泛。

① 接触式读卡器　接触式 IC 卡读写器要能读写符合 ISO7816 标准的 IC 卡。通常情况下，接触式读卡器分为普通串口和 USB 接口，1～3 个卡头，主要由以下几部分组成（图 4-3）。

中央控制器单元（MCU）：此部分主要实现信号的输入输出及信息存储控制，通常带 USB 和 UART（并串行转换）通信功能，具有多个输入输出接口。

IC 卡接口电路：此部分主要提供 IC 卡与 MCU 通信通道，保证通信和数据交换的安全与可靠。

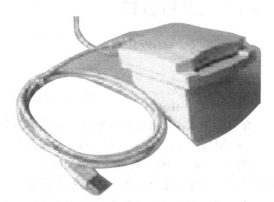

图 4-3　接触式读卡器

通信接口电路：此部分主要实现信息的接收、发送及信号格式的转换。如果是 USB 接口电路则比较简单，普通串口则需要使用 RS-232 信号转换芯片，如 MAX232，把 TTL/CMOS 信号，转换成 RS-232 的信号。

除以上部分，可根据需要配置其他必要的电路，如指示灯、蜂鸣器等。

② 非接触式读卡器　射频卡又称非接触 IC 卡（RF 卡，Radio Frequency），它不向外引出触点而是将具有微处理器的集成电路芯片和天线封装与塑料基片之中，因此具有免接触、使用寿命长、使用方便，防水、防尘，适应各种恶劣环境等优点。读卡器采用磁感应技术，通过无线方式对卡片中的信息进行读写。随着射频技术的发展，射频 IC 卡以其价廉、方便、快速、准确等特点，作为公共安全中的身份识别得到越来越广泛的应用。见图 4-4。

图 4-4　非接触式读卡器

现在市场上广泛使用的 EM 系列 ID 卡、Mifare 卡、EAR-100、PAR-10、PAR-100 等系列感应读卡器，采用先进的射频接收线路及嵌入式微控制器设计，具有接收灵敏度高、工作电流小、性能稳定等特点。内置的 LED 指示灯和蜂鸣器可分辨读卡器状态；操作电压范围宽，能在 9～15V 的直流电压下操作；具有电源的防接错、防雷击等保护功能；操作环境可在温度 −20～55℃ 和湿度 10%～90% 内工作，适用于门禁、考勤、在线巡更等各种射频识别应用领域。非接触式门禁的操作原理如图 4-5 所示。

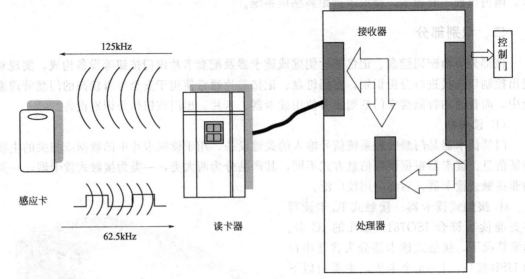

图 4-5　非接触式门禁操作原理图

　　在射频领域，把电磁波按频率划分成 6 大部分。而 RFID 主要工作在 3 个频带上：低频（30～300kHz）、高频（3～30MHz）和超高频（300MHz～3GHz）。常见的工作频率有低频 125kHz 与 134.2kHz、高频 13.56MHz、超高频 433MHz、860～930MHz、2.45GHz 等。低频 RFID 主要用在短距离、低成本的应用中，如门禁控制、校园卡、煤气表、水表等。高频系统则用于需传送大量数据的应用系统中，超高频则应用在需要较长的读写距离和高读写速度的场合，如火车监控、高速公路收费等系统中，但是其天线波束方向较窄且价格较高。另外，超高频 RFID 产品常常被使用在供应链管理上，沃尔玛、麦德龙、吉列、宝洁等企业都用其作为改进管理体系的革新性手段。

　　作为一项商业化的技术，RFID 也有着自己的标准。ISO（国际标准化组织）就为其制定了一系列标准。另外，众多开发厂商也组成联盟，制定了自己的技术标准，这就是 EPC 标准，它也是目前应用最为广泛的一个标准。EPC 将 RFID 系统分成了 4 个层次，包括物理层、中间层、网络层和应用层。物理层是整个系统的物理环境构造，包括标签、天线、读写器、传感器、仪器仪表等硬件设备。中间层是信息采集的中间件和应用程序接口，负责对读卡器所采集到的标签中的信息进行简单的预处理，然后将信息传送到网络层或应用层的数据接口。网络层是系统内部以及系统间的数据联系纽带，各种信息在其上交互传递。应用层则是 EPC 后端软件及企业应用系统。在明晰的系统层次上，EPC 标准还统一了数据的报文格式，并规范了输出传输流程。这样，RFID 系统的部署就会变得严谨有序。

　　被测物的信息基本载体是电子标签，它有两种类型：一种是有源型的，即自带电源；另一种则是无源型的，自身不带电源，由外部供电。它的供电就靠 RFID 系统中的读卡器。它是一个射频收发器，一旦进入工作状态，会发射调幅信号来激活电子标签。如果遇上了无源型电子标签，还要给它传输电能。当然，电能的传输是受到多种外部条件限制的。比如在美国，超过 1W 的能量就是不允许经无线传输的。对读卡器的性能要求是很严格的，因为它必须从所收到的各种反射信号中甄别出标签所反射的微弱信号。

　　（2）卡片

　　卡片相当于钥匙的角色，同时也是进出人员的证明。从工作方式来分可分为接触卡和感应式非接触卡。接触卡是早期门禁产品采用的产品；非接触 ID 卡和非接触 IC 卡由于使用寿命长、保密性强而得到广泛应用，用得最多的卡片类型和格式分别有 EM（ID 只读）卡、Mifareone（简称 M1 可读可写）卡、Legic 卡（图 4-6）、TM 卡等。其中 M1 卡和 EM 卡通用性和兼容性都较优秀，但它们又有所区别：EM 卡性能较强，市场占有率最高，读卡距离长，缺点是只读，适合门禁、考勤、停车场等系统，不适合非定额消费系统，并且安全性较差；M1 卡可读可写，但价格稍贵，感应距离短，适合非定额消费系统、停车场系统、门禁考勤系统、一卡通等。

图 4-6 CSS Legic 感应卡

如果重要的是卡的安全性和唯一性，INDALA（Motorola）卡是首选，因为 INDALA 卡和读卡器的 Flexpass 加密技术是世界最先进的，还可根据用户的特殊要求定制独特的加密格式，并且确保每张卡的全球唯一性，确保门禁管理系统的安全性。

（3）出门按钮

门禁管理系统进出门方式有双向刷卡和单向刷卡两种。双向刷卡门禁是指进出门时都须刷卡，通常称为"双向门禁"或者"双向读卡"，这种方式的优点是安全性级别较高，一般也不准人随便出，出去的人都有记录可以查询，知道谁何时出了哪道门。单向刷卡门禁是指进入时需刷卡，出门时不用刷卡，按一下开门按钮就可以打开电锁出门，通常称为"单向门禁"或者"单向读卡"，这种方式的优点在于便捷，出门方便。这种方式比第一种方式使用更方便，安全性略低，成本低，出于性价比考虑，大多数办公门禁的内部门都采用这种模式，相对应用广泛。"出门按钮"或"开门按钮"主要应用于单向刷卡门禁管理系统中，属门禁设备的一个组成部分。

出门按钮的原理与门铃按钮的原理相同，按下按钮时，内部两个触点导通，松手时按钮弹回，触点断开。所以在有的门禁管理系统中直接采用门铃按钮来做出门按钮，此时门铃按钮通常会印刷一个"铃铛"的图案在上面。

开门按钮按材质来分有塑料按钮和金属按钮两种。塑料按钮便宜，耐用，外观无金属按钮高档；金属按钮外观高档，但使用寿命相对较短。按大小来分有 86 底盒按钮（图 4-7）和小型按钮两种。

对于出门按钮应根据用户具体情况进行选择，例如楼宇内部装修华丽、高档建议选用金属按钮，如相对内部简洁，系统预算少则选用塑料按钮；标准化大厦弱电施工，空间较大建议使用 86 底盒按钮，如空间较小则选用小型按钮，如图 4-8 所示。

图 4-7 86 底盒的金属按钮

图 4-8 小型金属按钮

三、传输部分

在联网式门禁管理系统中，通常要实现实时现场通信。由于门禁控制器本身存储容量和数据处理能力都比较低，所以一般情况下要通过通信手段使它与上位机（图 4-1 单门门禁管理系统结构图中的 PC）相连，把采集到的数据传输到上位机进行数据处理。同样，上位机也要向控制器下传控制信息，以实现实时显示和监视事件的发生。传输部分就是实现上位机与控制器之间的信息交换。现在的信息传输方式种类繁多，在计算机控制系统中使用较多的有并行通信、串行通信、无线通信等，在门禁管理系统中主要使用的传输形式：串行 RS-232、RS-485、CAN 总线及 TCP/IP 等。

(1) RS-232 总线

串行通信是在一根传输线上一位一位的传输信息，所用的传输线少，并且可以借助现成的电话线进行信息传输，因此，特别适合于远距离的传输。不管是与计算机相近的硬盘、扫描仪、投影仪，还是在多台微机组成的多级分布控制系统，串行通信方式都比较常见。在串行通信方式中通信设备双方的接口称为串行接口，为了实现信息的传输共同遵守的约定称为串行接口标准。串行接口标准的出现同样的方便了计算机与终端、外设的信息传输，方便设备制造厂商的规模化生产。目前我们使用的串行接口标准有以下几种：RS-232、RS-422、RS-485。

图 4-9　针串口（左边）

RS-232 标准最初是为远程通信连接数据终端设备 DTE 与数据通信设备 DCE 制定的，其传输距离最大约为 15m，最高速率为 20Kb/s，在 RS-232 标准中数据的接收或发送都是基于数据终端设备 DTE 而言。目前在一般 PC 上的 COM1、COM2 接口，就是 RS-232C 接口。由于 RS-232C 并未定义连接器（即图 4-1 中通信转换器）的物理特性，因此，出现了 DB-25、DB-15、DB-9 各种类型的连接器，其引脚的定义也各不相同，下面分别介绍两种较为常用的连接器：9 针串口（DB-9）（图 4-9）和 25 针串口（DB-25），表 4-1 是 DB-9 和 DB-25 常用引脚说明。在实践应用中串口传输数据只要有接收数据针脚和发送数据针脚就能实现，实现方法是：接收脚和发送脚直接用线相连，地线相连即可。如两个 DB-9 口相连，由表 4-1 可知只要两 2、3 引脚交叉相连，5 号引脚相连就可现实数据的传输。

由于 RS-232 接口标准抗干扰能力差、传输速率低（≤20Kb/s）、传输距离短（＜20m），为了实现更高效、更远距离的传输，EIA 在 RS-232C 的基础上于 1978 年推出了 RS-422A 标准。RS-422A 标准采用了双线传输，大大增强了抗干扰能力，因此最大数据传输速率可达 10Mb/s（传输距离为 15m）；若传输速率降到 90Kb/s 时，则最大距离可达 1200m。RS-422A 标准保持与 RS-232C 兼容。

表 4-1　DB-9 和 DB-25 常用引脚说明

9 针串口(DB-9)			25 针串口(DB-25)		
针号	功能说明	缩写	针号	功能说明	缩写
1	数据载波检测	DCD	8	数据载波检测	DCD
2	接收数据	RXD	3	接收数据	RXD

续表

9针串口(DB-9)			25针串口(DB-25)		
针号	功能说明	缩写	针号	功能说明	缩写
3	发送数据	TXD	2	发送数据	TXD
4	数据终端准备	DTR	20	数据终端准备	DTR
5	信号地	GND	7	信号地	GND
6	数据设备准备好	DSR	6	数据设备准备好	DSR
7	请求发送	RTS	4	请求发送	RTS
8	清除发送	CTS	5	清除发送	CTS
9	振铃指示	DELL	22	振铃指示	DELL

（2）RS-485 总线

RS-485 标准与 RS-422A 标准类似，是一种平衡传输方式的串行接口标准，与 RS-422A 兼容，其特点是抗干扰能力强、传输速率高、传输距离远。在采用双绞线、不用调制解调器（MODEM）的情况下，在 100Kb/s 的传输速率时，可传输 1200m，若传输速率为 9600Kb/s，则传输距离可达 1500m，其允许的最大传输速率为 10Mb/s，距离为 15m。目前 RS-485 标准已在许多方面得到应用，尤其是在多点通信系统中，如工业集散分布系统、商业 POS 收款机和门禁管理系统中应用很多，是一个很有发展前景的串行通信接口标准。

表 4-2 是以上三种串行接口标准和下面将介绍的 CAN 总线的对比表。

表 4-2 RS-232、RS-422、RS-485、CAN 总线电气参数对比

规定	RS-232	RS-422	RS-485	CAN 总线
成本	较低	较低	较低	较低
节点数	1 收、1 发	1 收、10 发	1 收、32 发	1 收、多发
最大传输电缆长度	50ft	400ft	400ft	49212ft
最大传输速率	20Kb/s	10Mb/s	10Mb/s	1Mb/s
总线利用率	低	低	低	高
通讯失败率	高	高	高	低
节点错误的影响	影响整个网络	影响整个网络	影响整个网络	无任务影响
网络调试	较难	较难	较难	容易
开发难度	大	大	大	小
后期维护成本	高	高	高	低

注：1ft＝12in＝0.3048m。

在这四种串行传输方式中，通过列表对比可以清楚地看到，RS-485 标准不管是从传输有效距离的长短（400ft），还是网络节点收发数（1 收、32 发），性能都优于其余两种串行传输方式，所以在门禁管理系统工程中多采用 RS-485 标准作为信息传输的形式。485 标准的单门门禁如图 4-1 所示，如要实现多门或联网门禁，可在此基础进行相应组件的安装即可。例如要现实 4 门控制，只需要在此基础上增加一 4 门控制器与 485 总线相连即可。

（3）CAN 总线

CAN-bus（Controller Area Network）即控制器局域网，是国际上应用最广泛的现场总线之一，现广泛应用到各个自动化控制系统中，例如，在汽车电子、自动控制、智能大厦、

电力系统、安防监控等各领域。

CAN-bus 是一种多主方式的串行通信总线，具有高的位速率、高抗电磁干扰性，而且能够检测出产生的任何错误。当信号传输距离达到 10km 时，CAN-bus 仍可提供高达 5Kbps 的数据传输速率。CNA 总线通信距离和波特率关系见表 4-3。

表 4-3 CAN 总线通信距离与波特率关系表

通信波特率/Kbps	1000	500	250	125	100	50	20	10
最大距离/m	40	130	270	530	620	1300	3300	6700

CAN-bus 具有高抗干扰能力、多主结构、可靠的出错处理机制、节点在严重错误的情况下自动退出总线等特点，使 CAN-bus 总线在门禁系统中具有很强的优势。在 CAN-bus 门禁系统中采用双绞线作为传输介质，网络连接采用总线连接方式。

(4) TCP/IP 形式

以太网因其巨大的网络基础、完善的通信线路，门禁管理系统工程在控制门数多、范围较广的情况下，多采用以太网传输线路来实现门禁控制信息的传输。一般把以太网为基础，并采用 TCP/IP 通信方式的联网型门禁管理系统简称为 TCP/IP 网络型门禁。图 4-10 为典型的 TCP/IP 网络型门禁管理系统拓扑结构，用于单门控制，在此基础上进行扩展比较简单、方便，只需增加交换机、门禁控制器及相应的组件，并与传输线路相连即可。

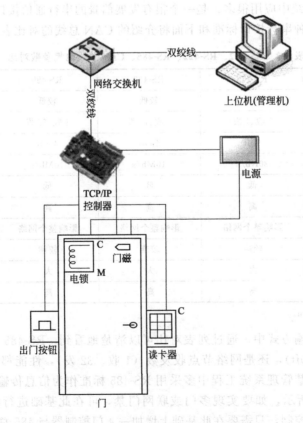

图 4-10　TCP/IP 网络型门禁管理系统拓扑结构

图 4-10 中和交换机相连部分表示以太网传输线路，可由电缆、双绞线或光纤等传输介质实现，不同的传输介质会导致以太网传输性能的不同。以太网的几个主要标准见表 4-4。

在具体的工程实施中，对于门禁采用何种以太网标准，往往要从实际出发，一般要遵循以下原则：满足客户需求、性价比高、扩展性强、安全性高。

表 4-4　主要以太网标准

时　　间	俗　　称	国际标准名称	传输介质
1982 年	10Base5	802.3	粗同轴电缆
1985 年	10Base2	802.3a	细同轴电缆
1990 年	10Base-T	802.3i	双绞线
1993 年	10Base-F	802.3j	光纤
1995 年	100Base-T	802.3u	双绞线
1997 年	全双工以太网	802.3x	双绞线、光纤
1998 年	1000Base-X	802.3z	双绞线、光纤
2000 年	1000Base-T	802.3ab	双绞线
2002 年	10000Base	802.3ae	光纤
2003 年	以太网供电（PoE）	802.3af	双绞线
2003 年	EPON	802.3ah	光纤

(5) 通信转换器

通信转换器一般主要应用于工业控制、智能仪器仪表、食堂售饭系统、门禁管理系统、电力、交通、银行等应用 RS-232、RS-485、RS-422 现场总线通信的场合，用于实现三种不同串行传输方式之间的转换，如图4-11的通信转换器实现 RS-232、RS-485 之间的转换。

通信转换器在使用时一般具有以下特点：

① 半双工全双工通用，可通过跳线设置通信转换器两端接口的半双工或全双工的工作方式；

图 4-11　RS-232、RS-485 通信转换器

② 只用到 RS-232 串口 RXD（接收）、TXD（发送）、GND（地）3 根信号线，无需其他信号线。

四、控制执行部分

此部分主要由门禁控制器和电锁构成，实现读卡信号的接收处理和开/关锁信号的发送执行。

(1) 门禁控制器

门禁控制器是门禁管理系统的核心部分，相当于计算机的 CPU，接收读卡器传来的卡片数据判断是否执行开门操作。为防止外界干扰信号对控制器的破坏，一般需要对接口部分采取保护措施。目前较常见的方式是采用电源隔离和信号隔离两种方式，分别对输出到读卡器的供电线路和读卡器输入的维根信号线进行隔离。电源隔离可以采用主电源多路输出的方式给读卡器和控制器分别供电的方式，而信号隔离主要是采用光，对输入的维根信号进行转换。

门禁控制器的质量和性能优劣，直接影响着门禁管理系统的稳定性及功能，它负责整个系统的输入、输出信息的处理和储存、控制等。它验证门禁读卡器输入信息的可靠性，并根据出入规则判断其有效性，如若有效则对执行部件发出动作信号。目前中国市场上门禁控制器产品众多，根据集成与否可分为一体式和分体式，根据可控门数可分为单门、2门、4门等不同类型的门禁控制器，但功能相差无几，基本上都支持多种通信协议，如485类和TCP/IP类，且质量参差不齐，因此对用户来说产品的选型尤为重要，可遵循以下几点原则：性能稳定可靠、功能实用、有价格优势、本土化的可持续性服务能力。

图 4-12　CSS ACM2110 门禁控制器

目前国内外有很多研发、生产、制造此类设备的厂商，如西门子（Siemens）的 SiPass 系列门禁控制器、深圳松科（CSS）电子的 ACM 系列、博世（Bosch）的 AMC 系列等。图 4-12 为深圳松科电子的 ACM2110 门禁控制器。

门禁控制器产品选择时，应注意以下几点。

① 防死机设计　门禁控制器是门禁管理系统的核心部分。死机就像汽车发动机熄火一样，不管控制器设计的功能再强大，如果出现死机，控制器不能工作，任何功能都无法体现出来。如果在应用中出现死机，就意味该控制器控制的区域无法正常出入，甚至可能造成严重安全隐患和不可估量的损失。

② 继电器的容量　门禁控制器的输出是由继电器控制的。控制器工作时，继电器要频繁地开合，而每次开合时都有一个瞬时电流通过。如果继电器容量太小，瞬时电流有可能超过继电器的容量，很快会损坏继电器。一般情况继电器容量应大于电锁峰值电流 3 倍以上。

③ 控制器的保护　门禁控制器的元器件的工作电压一般为 5V，如果电压超过 5V 就会损坏元器件，而使控制器不能工作。这就要求控制器的所有输入、输出口都有动态电压保护，以免外界可能的大电压加载到控制器上而损坏元器件。

④ 前端输入设备的自适应功能　因为不同的用户、不同的应用对门禁管理系统的输入设备要求不同，这就要求门禁控制器能兼容多种前端输入设备，比如支持 Wiegand26Bit、Wiegand32Bit、Wiegand27Bit、ABA（第二轨道）、物识别技术、指纹识别技术、感应式 IC 卡、密码键盘、水印磁卡等，并能自动检测输入前端。

⑤ 管理软件的可靠性　一个高质量的门禁管理系统不仅需要高质量的控制器，还需要高可靠具有容错能力的管理软件支持。

⑥ 售后服务应包括两方面　一是完整的技术支持体系，包括能够提供本土化的售前支持和售后的技术支持；二是强大的后续研发能力，以保证产品具有可延续性和先进性。

⑦ 质量认证　门禁控制器及系统产品在中国销售，一定要通过中国公安部安全与警用电子产品检测中心的"型式检验"（不是委托检验），软件应通过中国软件评测中心的检测。生产应由具有 ISO9000 认证的专业电子生产厂家生产，尤其以军工企业为最佳。

（2）电锁

门禁控制器控制门开、闭的主要执行机构是各类电锁，包括电插锁、磁力锁、电锁口和电控锁等，是门禁管理系统中锁门的执行部件。门磁一般配合电锁使用，用来探测门、窗、抽屉等是否被非法打开或移动。它由无线发射器和磁块两部分组成。

① 电插锁　电插锁属常开型，断电开门符合消防要求，是门禁管理系统中主要采用的锁体，适用于办公室木门、玻璃门，属于"阳极锁"的一种。见图 4-13。

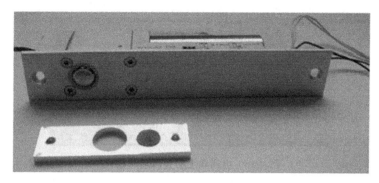

图 4-13　电插锁

电插锁根据锁内电线数目分为两线电插锁、四线电插锁、五线电插锁、八线电插锁。两线电插锁有两条电线，红色接电源＋12VDC，黑色接 GND。断开任何一根线，锁头缩回，门打开。两线电插锁设计比较简单，没有单片机控制电路，锁体容易发热烫手，冲击电流比较大，属于价格比较低的低档电插锁。

四线电插锁有两条电线，红色接电源 12V DC，黑色接 GND，还有两条白色的线是门磁信号线，反映门的开和关状态。它通过门磁，根据当前门的开还是关状态，输出不同的开关信号给门禁控制器做判断。例如门禁的非法闯入报警、门长时间未关闭等功能，都依赖这些信号做判断，如果不需要这些功能，门磁信号线可以不接。四线电插锁采用单片机控制器，发热良性，带延时控制，带门磁信号输出，属于性价比好的常用型电锁。

图 4-14　电插锁带无框玻璃门
附件安装后样图

五线电插锁和四线电插锁的原理一样，只是多了一对门磁的相反信号线，用于一些特殊场合。其中红、黑两条线是电源，NO 和 NC 分别和 COM 组成两对相反信号（一组闭合信号，一组开路信号）。门被打开后，闭合信号变成开路信号，开路信号的一组变成闭合信号。电插锁安装在玻璃门上的样图，如图 4-14 所示。

八线电插锁原理和五线电插锁一样。只是除了门磁状态输出外，还增加了锁头状态输出。

电插锁上可作关门延时设置。所谓带延时控制，就是通过锁体上拨码开关设置关门的延时时间。通常可以设置为 0s、2.5s、5s、9s。每个厂家的锁分几挡延时略有不同。门禁控制器和门禁软件设置的是"开门延时"，或者叫"门延时"，是指电锁开门多少秒后自动合上。

电锁自带的延时，是关门延时，是指门到位多久后，锁头下来，锁住门。一般门禁管理系统都是要求门一关到位锁头就下来，把门关好，所以电锁延时缺省设置成 0s。而有些门，地弹簧不好，门在关门位置前后晃荡几下，门才定下来，这个时候如果设置成 0s，锁头还没有来得及打中锁孔，门就晃荡过去了，门再晃荡回来会把已经伸出来的锁头撞歪，这种情况就可以设置一个关门延时，使门晃荡几下后稳定下来，锁头再下来关闭门。见图4-15。

②磁力锁　磁力锁（图 4-16）与电插锁比较类似属常开型，是一种依靠电磁铁和铁块之间产生吸力来闭合门的电锁。一般情况下断电开门，适用于通道性质的玻璃门或铁门，单

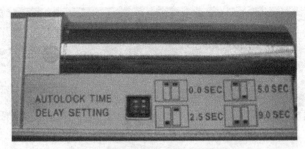

图 4-15　电插锁上的关门延时设置

元门、办公区通道门等大多采用磁力锁，完全符合通道门体消防规范，即一旦发生火灾，门锁断电打开，避免发生人员无法及时离开的情况。

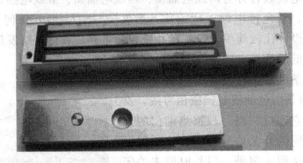

图 4-16　磁力锁

有些磁力锁是带门状态（门磁状态）输出的，所以一般情况下除电源接线端子外，还有COM、NO、NC 三个接线端子（图 4-17），这些接线端子的作用可以根据当前门是开着还是关着，输出不同的开关信号给门禁控制器做判断。例如门禁的非法闯入报警、门长时间未关闭等功能都依赖这些信号做判断，如果不需要这些功能，门状态信号端子可以不接。

图 4-17　磁力锁内的接线端子

普通型号磁力锁抗拉力是 280kgf 左右，这种力度有可能被多人同时或者力气很大的人用力拉开，安全性不高，所以磁力锁通常用于办公室内部等非高安全级别的场合。如安全场合须使用此类电锁，一般要求抗拉力至少 500kgf 以上。磁力锁通常用于木门，防火门。

优点：性能比较稳定，返修率会低于其他电锁。安装方便，不用挖锁孔，只用走线槽，用螺钉固定锁体即可。

缺点：一般装在门外的门槛顶部，而且由于外露，美观性和安全性都不如隐藏式安装的电插锁。价格和电插锁差不多，有的会略高一些。

③ 电锁口　电锁口属于阴极锁的一种，适用于办公室木门、家用防盗铁门，特别适用于带阳极机械锁且又不希望拆除的门体，当然电锁口也可以选配相匹配的阳极机械锁，一般安装在门的侧面，必须配合机械锁使用。见图4-18。

优点：价格便宜。有停电开和停电关两种。

缺点：冲击电流比较大，对系统稳定性影响大。由于是安装在门的侧面，布线很不方便，因为侧门框中间有隔断，线不能方便地从门的顶部通过门框放下来，同时锁体要挖空埋入，安装较吃力。使用该类型电锁的门禁管理系统用户不刷卡，也可通过球形机械锁开门，降低了电子门禁管理系统的安全性和可查询性，且能承受的破坏力有限，可借助外力强行开启，安全性较差。

④ 电控锁　电控锁适用于家用防盗铁门、单元通道铁门，也可用于金库、档案库铁门。可选配机械钥匙，通过门内锁上的旋钮或者钥匙打开，大多属于常闭型。见图4-19。

图4-18　电锁口

图4-19　电控锁

缺点：冲击电流较大，对系统稳定性冲击大，开门时噪声较大且安装不方便，经常需要专业的焊接设备，点焊到铁门上。

针对电控锁噪声大的缺点，现已有新型的"静音电控锁"，它不再是利用电磁铁原理，而是驱动一个小电机来伸缩锁头，减少噪声。

五、系统软件

门禁软件是门禁管理系统的集中管理平台，并为管理人员提供直观的、图形化的界面，方面操作，安装于图4-1所示PC机（监控机）上，实现门禁管理系统的监控、管理、查询等功能。

为合理管理联网门禁控制器的日常运行，各硬件生产厂家一般都为其控制器开发专用的管理软件，方便管理者对门禁管理系统进行有效管理。门禁管理软件一般包括服务器、客户端和数据库三部分。门禁控制器的管理软件主要有以下功能：

① 系统器管理功能　包括设置电脑通信参数，用户使用资料输入，数据库的建立、备份、清除，权限设置等部分，主要用来管理软件系统；

② 片管理功能　包括发卡、退卡、挂失、解挂等功能，用于对卡片进行在线操作；

③ 记录管理功能　用于给管理者查询操作记录，并包括各种记录的检索、查找、打印、排序、删除等功能。

④ 门禁管理功能　用于操作者下载门禁的运行参数、用户数据、检测门禁状态操作；

⑤ 一般来讲门禁管理软件都是和相应的门禁控制器配套使用的，因为各门禁控制器生

产商控制信号格式、通信协议都是私有的，没有统一的标准，所以只有相应的硬件产商才能开发出与其相配套的管软件。现在也出现一种通用的门禁管理软件，其主要是通过硬件接口和一个中间层，实现对不同门禁硬件的管理，此类管理软件价格较高。

为实现上述功能，门禁管理系统一般包含以下几个功能模块：系统管理、权限管理、持卡人信息管理、开门记录信息管理、实时监控管理（安防联动需求）、系统日志管理、数据库备份与恢复等。

[任务材料]

门禁控制器、读卡器、电插锁、通信转换器、线材、电源、门磁、卡片等。

[任务步骤]

① 详细讲解门禁管理系统概念、组成、应用。

② 学生分组，以组为单位进行门禁信息归纳总结。

③ 写出参观调研报告。

④ 选型方案比较，确定方案。

[课后习题]

① 门禁管理系统类型有哪些？

② 门禁管理系统应用于哪些场所？由几个部分组成？其相应功能是什么？可由哪些设备实现其功能？

③ 通信转换器的功能在门禁管理系统承担什么角色？

④ 何谓权限？为什么在门禁管理系统不同入口须设置不同的权限？

任务二　门禁管理系统设备选型及配置

[任务目标]

某学院工业中心 2、3 楼，有 4 个实训室需安装门禁管理系统进行自动化管理，根据对系统应用环境的了解、分析，并依据相应门禁设备选型技术规范、标准，为系统选择设备产品并给出设备配置清单。通过本任务的学习，使学生了解门禁管理系统方案设备选型过程，掌握简单门禁管理系统的设备构成。

[任务内容]

某学院工业中心 2、3 楼，有 4 个实训室需安装门禁管理系统进行自动化管理，为其进行设备选型并给出设备配置清单。

[知识点]

一、门禁设备选型流程

门禁管理系统设备选型首先要确立选型依据、选型原则，之后要明确技术要求响应及系统功能，根据用户要求进行设备选型、安装，最后进行系统调试及验收。

二、设备选择依据

门禁管理系统设备选择时，产品要能达到建设部、信息产业部、公安部对安全防范系统的产品的要求和规范，相关规范、标准如下。

① 《商用建筑线缆标准》（EIA/TIA-569）

② 《安全防范工程程序与要求》（GA/G 79—94）

③ 《中国电器安装工程施工及验收规范》（GBJZ 32-90—92）

④ 《防盗报警控制器通用技术条件》（GB 12663—2001）

⑤ 《建筑及建筑群综合布线系统工程施工和验收规范》（CECS89：97）

⑥ 《安全防范系统通用图形符号》（GA/T 74—2000）

⑦ 《安全防范工程费用概预算编制办法》（GA/T 70—1994）

⑧ 用户需求的相关资料等。

三、技术要求

系统设计过程中进行设备技术选择时，须注意以下三点技术要求。

（1）可靠性要求

系统要求安全可靠，系统具备数据缓存转发，缓存门禁记录数不低于 5000 条，终端死机自启和数据备份能力；运行稳定，系统可用率要求在 95% 以上，服务器、网络以及外供电源等问题除外。

（2）可维护性要求

门禁产品尽量采用模块化设计，方便安装、维修、替换。

门禁管理系统在工作时，有自诊断功能，并且诊断状态能够直观进行提示。

系统的重要故障、报警有多种提示方式可供选择，可单独或同时选用多个提示，有声光及其他方式的报警提示。

门禁设备之间有良好的故障隔离，一个设备出故障时，并不会影响另一设备的工作，并且设备都可进行在线更新和维修，不会对系统的正常动作产生任何影响。

集中维护管理功能，在控制中心可对子系统集中维护管理。

（3）可扩展性要求

门禁管理系统可快速与上位系统集成，并与其他系统交换数据。

门禁设备要采用模块设计，可完全满足系统的升级及功能扩展，并且门禁管理系统可管理几百到几万个甚至更多控制点，可随时满足系统扩容的需要。

四、用户需求分析

门禁管理系统用于工业中心 2、3 楼物流实训室、工商管理实训室、形体实训室、智能化楼宇实训室共 4 个出入口的控制，建筑平面结构图如图 4-20 所示。

该系统的构建是基于以上建筑结构，建成后主要为教学服务，可方便学生在预定时间进行实训室学习，实验时各组件设备可快速、方便地进行安装和拆卸，另该系统建成后须与其他安防子系统，例如视频监控系统、对讲系统进行连接，组成完整的安防系统实现对工业中心的安全防卫管理。基于以上考虑，为该智能化楼宇实训室的门禁子系统制定了以下设计原则：

① 系统路线信息传输采用统一标准；

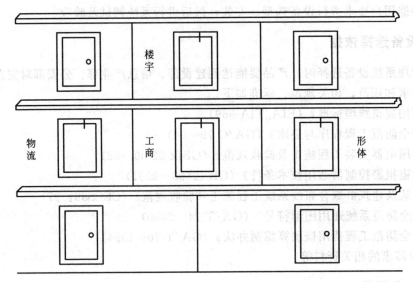

图 4-20　工业中心建筑平面图

② 系统设计方案要具有扩展性，以满足潜在的要求；

③ 系统中尽量采用模块化产品以方便学校实验的需求；

④ 产品性价比要高，有完善的销售服务。

五、系统功能

(1) 读卡记录

当要进门时，门禁管理系统能够识别进入人员身份是否合法，合法则自动开锁，同时系统将进入人员身份信息、进入时间、地点记录下来，以方便计算机进行信息处理或系统管理人员的再查询。

(2) 分类设置

系统根据管理的需要，可自由设置出入的区域，以限制人员出入的范围；自由设置出入时间，以限制人员出入时间；同时出于整个智能化楼宇实训室系统的设计，可自由设置门状态报警，以加强安防。

(3) 管理中心

管理中心可按院系建立进出人员资料库，定期或实时采集每个门的进出资料，同时按院系进行汇总、查询、分类、及打印等，主机的各种参数均可在管理中心设置。

(4) 脱机运行

脱机运行是将专用 PC 的功能做在产品的控制枢纽中，并写入与 PC 相对应的软件，使系统不依赖 PC 就可以正常工作，能自动识别、判断、读写、记录进出人员的资料（可容3000 条以上），PC 可以随时采集读写数据，终端也随时接受执行由 PC 发出的指令。正常工作时，PC 可以关机或做其他工作。

(5) 打印报表

可自行选择条件范围，打印分类报表、统计表，可分单或连续打印。报表的数据、格式及范围一经选定，系统便自动生成，可根据要求随时打印。

(6) 安防联动

考虑门禁子系统与楼宇其他实训室的连接及安防要求，该系统建立完毕后，可通过给控制器加装信号输入/出模块，设置联动流程。

门磁信号：输入结合刷卡来判别是否开门超时或强行进入。如当控制器没有接收到卡证信息，而检测到门磁动作，就可判断有人强行进入。当控制器接收到卡证信息及门磁动作信息，但经过一段时间门磁动作还没完成，则视为超时。

烟雾火警探测器信息：与防盗器类似，当控制器接收到来自烟雾探测器的信号后，自动将消防通道喷头开关全部打开，同时将信息上传控制中心。

红外探测器信息：在非工作时间区及重要区域安置红外探测设备，并且设置为与报警器联动，这样当有人或动物进入防区时，就会立即被红外设备探测到，引发报警信号并上传至控制中心。

六、系统设备选型

基于以上的需求分析和系统功能要求，并考虑到近年来国内门禁产商产品、技术、售后越来越完善，且产品具有国外产品无以比拟的性价比优势，所以选择了北京海威北方自控技术有限公司 DDS 门禁、深圳市捷顺科技实业有限公司 JS 网络门禁、深圳市科松电子有限公司 LinkWorks 门禁管理系统进行了对比，表 4-5 为对比表。

表 4-5　门禁管理系统选型对比表

门禁名称	门禁控制器	系统软件	扩展	模块设计	性能	价格
DDS 门禁	TPL4	Amadeus	不能	是	较强	较高
JS 网络门禁	JS6432	无	可	是	较强	适中
LinkWorks 门禁	ACM2110	LinkWorks	可	是	强	适中

从对比表可发现，LinkWorks 门禁不论从性价比还是与用户需求吻合度，都比其他方案高，所以采用了深圳科松公司的 LinkWorks 门禁管理系统。该系统性价比相对较高、售后服务完善，适用于中、小型门禁管理系统管理，可支持 128 个 ACM 控制器和 128 个 AEB 扩展板，多达 512 个门禁点，2048 个模拟或数字输入点，2048 个 C 型继电器输出。可记录 500 条报警事件，10000 条普通事件，10000 条异常事件，1000000 条正常读卡事件（脱机存储 4096 条）。最多可管理 255 个组成部门，20000 个用户/持卡人，增加 RAM 存储器，可扩展至 80000 持卡人，足以满足学校现在及将来的教学要求。

七、系统配置清单

科松 LinkWorks 门禁管理系统由 ACM2110 门禁控制器、读卡器、感应卡、供电电源及系统管理软件构成，具体如表 4-6 所示。

表 4-6　LinkWorks 门禁管理系统设备清单

序号	名称	型号
1	门禁控制器	ACM2110
2	扩展控制板	AEB160
3	读卡器	MIFARE
4	电锁(含门磁)	SDC 电插锁
5	RS-232/RS-485 转换器	CVX-232
6	出门按钮	MK
7	电锁电源	
8	门禁管理软件	LINKWORKS4.6
9	其他设备:闭门器、地弹簧	

系统基于 RS-485 工业组网方式组成专用网络，在专用网络出口端以 TCP/IP 方式直接接入上位机所在网络，也可通过转换器与上位机串口相连。

系统工作于客户端/服务器端方式，LinkWorks 系统服务器及数据库服务器，提供所有功能设置及事件监控、报警联动。

① 门禁、报警综合管理系统服务器　提供集中管理及监控，输出，联动功能。

② 门禁工作站　门禁工作站提供功能设置及事件监控，可以接上发卡设备作为发卡工作站。

③ 报警输入　每个控制箱具有独立的报警输入接口，接报警输入设备，如红外报警器等。

④ 报警输出　每个控制箱具有独立的报警输出接口，接报警输出设备，如声光报警器等。

⑤ 门禁控制器　是门禁管理系统的核心部分，对系统的卡直接管理及控制相关设备，具有存储功能，可存放持卡人资料及各种事件记录。

⑥ 读卡器　工作于射频方式，采集感应卡的数据传输到门禁控制器，以便控制器进行各种管理及相应的控制。

⑦ 电锁　电子方式开关，实现开门及锁门，由门禁控制器直接控制。

⑧ 开门按钮　提供方便的开门方式。

⑨ 门磁　检测门的状态信息，然后传输到控制器。

⑩ 报警输入输出设备　为加强系统的保安，可以将输入输出设备接入门禁控制器的输入输出接口，实现系统的报警及联动。

本方案系统结构图如图 4-21 所示。

八、系统功能实现

科松 LinkWorks 门禁产品采用模块化设计，安装、维护简单方便，适合于实训教学。LinkWorks 门禁管理系统通过设定不同的级别来实现对持卡者权限的管理，每个不同的通行级别分别定义了什么时间通过哪些门，以何种开门方式，通行级别可以针对持卡者组或持卡者个人分配相应的级别。LinkWorks 门禁管理系统可以根据用户的实际管制情况定义相应的通行级别，通行级别的数量无限制，可按实际需要定义任意一个通行级别。此管理可实现对学生进行实训室的自动化管理。

LinkWorks 软件既是一个门禁控制软件，同时还是一个功能强大的报警监视软件，兼容报警系统的全部功能和接口，如各种报警探头的接入。系统中可以设定每个报警探头的工作时间表，定时布防和撤防。当报警点发生报警时系统可以产生不同的报警声音，并有显示报警位置的电子地图弹出。

在 LinkWorks 系统中可以设定多台 DVR 数字录像机和设定每台 DVR 中的摄像机。在 LinkWorks 软件中可以看到在系统中的每个摄像机的实时图像和操控工具。在每个读卡器和报警输入点都可以关联一个摄像机，当被关联的读卡器和输入点有动作或发生报警时，可以触发相应的摄像机录像或在 LinkWorks 软件中弹出现场的图像，让相应的摄像机转到指定的位置。

LinkWorks 系统可以和任何有 ASCII 通信协议的矩阵系统连接，LinkWorks 系统中当在有报警事件或用户关心的事情发生时，如果要联动 CCTV 系统，可以在 LinkWorks 系统中加入联动编程，通过 LinkWorks 系统的主控计算机的 COM 口向矩阵系统的 COM 口发出

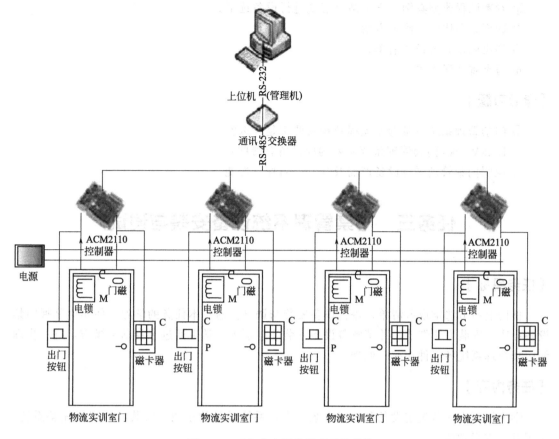

图 4-21 工业中心门禁管理系统结构

需要矩阵动作的指令，让 CCTV 系统的摄像机转到相应的预设位置，让相关的图像显示在监控屏幕上。

可对所有出入事件、报警事件、故障事件等保存完整的记录，也对操作者的所有操作日志文件保持完整的记录。所有这些事件记录是否需要显示或保存可以由用户按需要选择。

门禁管理系统的报警监视窗中，报警信息按照优先级顺序列表，未处理报警与已处理报警分列两个表，各类不同报警也可分开列表。任何一个报警项目都能显示详细报警类型、地点、时间，添加操作员的处理记录，以及打开关联的电子地图，并对报警执行在线控制和恢复操作。系统可实现黑名单、挂失、离岗等管理。

门禁管理系统可与监控、报警、楼宇自控、消防等系统实现联动，在软件功能中支持图形接口，具有开放性。如有人员进出时，可在监控电脑看到持卡人的照片及刷卡人的图像，实现在线监控和报警功能。

［任务材料］

门禁控制器、读卡器、电插锁、通信转换器、线材、电源、门磁、卡片等。

［任务步骤］

① 详细讲解设备选型步骤及注意事项。

② 学生分组，以组为单位进行课程练习。

③ 参考课程典型案例，学生结合情境进行设备选型。

④ 选型方案比较，确定方案。

⑤ 列出确定方案设备清单。

⑥ 写参观调研报告。

[课后习题]

① 门禁管理系统设备选型流程及相关要求是什么？

② LinkWorks 门禁管理系统主要构成设备有哪些？

③ 说明门禁管理系统设备产商及其产品名称、性能。

任务三　门禁管理系统设备安装与调试

[任务目标]

根据上一节选定设备清单，进行设备安装与调试。通过本任务的学习，使学生掌握门禁设备接线、安装方法细节，并了解各设备安装注意事项；学生通过亲身动手操作，进一步理解门禁管理系统各组件功能、原理。

[任务内容]

学生根据上一节选定设备和制定方案，进行系统设备的接线、安装，并组成完整系统，实现既定方案功能。

[知识点]

一、系统设备安装流程

在进行设备安装时，应仔细阅读相应产品说明书，结合实际情况进行安装，系统施工要标准化、规范化。门禁管理系统方案标准施工流程，包括有管路预埋、控制器安装、线缆敷设、终端设备安装、设备接线调试等五个部分，如图 4-22 所示。

图 4-22　系统施工流程

结合方案施工环境，工业中心为已有建筑，方案主干管路、线缆可在原有路线基础上进行系统构建，所以在本施工方案管线预埋、线缆敷设部分不做详细阐述。

二、系统布线及注意事项

(1) 综合布线系统

综合布线系统属于任何智能系统的物理层。

在门禁管理系统中有两种传输线路：电源线和信号线。电源主要用于给控制器和电锁供电，一般来讲门禁管理系统都配有 UPS（不间断电源），以免在现场突发性断电时造成开门的误动作。电源线通常会处于 220V 交流传递的方式，目的是减少电源线上的压降。在控制器旁配备有稳压电源，将交流 220V 电源变换成直流 12V 电源，分别供给控制器和电锁。门禁管理系统用的电锁绝大多数属于 12V 直流供电方式。在电锁开断的瞬间，由于电锁中线包（电磁铁线圈）的作用，会在电源线上产生很强的电流，它容易引起电源波动，而这一电源波动对控制器的稳定工作极其不利，所以在可靠性要求比较高的门禁管理系统中，控制器与电锁分别使用不同的电源模块。220V 交流供电到控制器时，使用两个 12V 直流的电源模块各自整流/稳压后，分别供给电锁和控制器，并配选标准的电源线。

信号线主要用于门禁管理系统中各设备之间的信号传输，如门禁控制器与读卡器、电锁、出门按钮之间的信号传输，门禁控制器与上位机之间的信号传输。一般而言，控制器中有三组信号线，分别连接到读卡器（4～9 芯）、电锁中的锁状态传感器（2 芯）和出门按钮（2 芯）。这三路信号线可以使用综合布线中的双绞线替代。为了避免空间的电磁干扰，读卡器信号线应采用屏蔽线，另两种信号线则可以采用屏蔽线，也可以采用非屏蔽线。控制器与上位机间大多为 RS-485 传输协议，在近距离时则可直接采用 RS-232，在要求传输速率快的时候，则采用 TCP/IP 协议，使用以太网传输。这三种传输方式在综合布线中都可以使用双绞线，只是在 RS-485 或 RS-232 传输时，为了避免电磁干扰，应采用屏蔽双绞线，往往在智能大楼工程综合布线中会产生短于 20m 的双绞线工程废线，这些废线可正好用于出门按钮信号线、读卡器信号线和锁状态信号线。

（2）布线注意事项

门禁管理系统中应用综合布线系统时应该注意以下因素。

① 接线方法应完全按照各种门禁设备上的接线规则，并保留详细的接线图，以便以后的维护。

② 屏蔽双绞线的屏蔽层应根据读卡器、控制器的安装手册完成接地。

③ 当使用 TCP/IP 协议时，最好不要与其他智能系统（包括办公自动化系统等软件系统）共用网络交换机，即为门禁管理系统单独配备网络交换机，以免因协议冲突发生传输上的意外。

三、终端设备安装

终端设备指系统中各功能设备，主要包括管理机、控制器、通信转换器、电锁、门磁、读卡器、出门按钮等，其具体型号、性能如表 4-7 所示。

表 4-7　终端设备清单

名称	规格及型号	备注
管理机（PC）	Lenovo 启天 M3400	工作电压：AC 220V
控制器	科松 ACM2110	工作电压：DC 24V 通信接口：RS-232/RS-485 抗静电干扰：+15kV
通信转换器	科松 CVX-232	外形尺寸：127mm×101mm×29mm 工作电压：DC 9V RS-485 线缆最长：1200m
电锁、门磁	SDC AE2511 电插锁	工作电压：DC 12V 断电开

续表

名称	规格及型号	备注
读卡器	MRX510（非接触式）	外形尺寸：85mm×85mm×20mm 工作电压：DC9～15V 工作电流：80～90mA
出门按钮	科松MK	外形尺寸：86mm×86mm×32mm 工作电压：DC 12～36V 工作电流：10A

此部分各设备为整机设备，无论组装、安装都相对比较简单，安装过程中只需注意以下几点。

① 所有设备安装都必须在断电状态下进行。

② 控制器安装时，为保证其安全性，通常都把控制器放置于一牢固控制柜上上锁，保证非管理人员的接触或破坏。

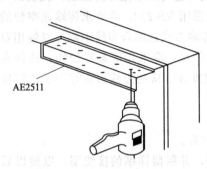

AE2511

图4-23　电锁安装示意图

③ 电插锁是门禁管理系统的执行部分，安装时须保证其牢固性、稳定性。另电插锁在工作过程中会产生热量，须注意散热，否则会缩短其使用寿命。

④ 本案中所有被控门都为无边框玻璃门，所以安装过程中须必须选用上、下门夹。

⑤ 读卡器可被安装在底盒内。当安装读卡器到底盒时，要确保底盒安装孔与读卡器的安装孔对准，用2颗或者4颗螺钉固定好。

⑥ 出门按钮安装与读卡器安装类似，可安装于盒内或盒底。

图4-23为电锁的安装示意图，其他各设备安装同此类型。

四、设备接线

在门禁管理系统施工工程中，相对来讲设备接线部分线路复杂，一定要规范化，先画接线图，按照接线图步骤施工，确保工程的质量。在此部分主要包括读卡器、出门按钮、电插锁与门禁控制器的连接。

（1）门禁控制器接口及接线

在接线前，确保把电源关断，在通电状态下接线可能会对设备造成严重的损坏。图4-24为ACM2110接口示意图。

ACM2110控制器电源线连接时对电源的要求，额定电压AC/DC24V±30%，额定电流最大800mA。ACM2110控制器与电源的连接引脚集中于TB1模块，图4-25为控制器与电源的连接示意图。系统的主电源可以仅使用电池或交流市电供电，也可以使用交流电源转换为低电压直流供电。可以使用二次电池及充电器、UPS电源、发电机作为备用电源。系统仅使用电池供电时，电池容量应保证系统正常开启10000次以上。系统使用备用电池时，电池容量应保证系统连续工作不少于48h，并在其间正常开启50次以上。

ACM2110采用半双工RS-485通信总线，网络上第一个和最后一个控制器之间的距离不能超过1200m，ACM2110控制器与电源的连接引脚集中于TB2模块。图4-26为控制器与RS-485的连接示意图。

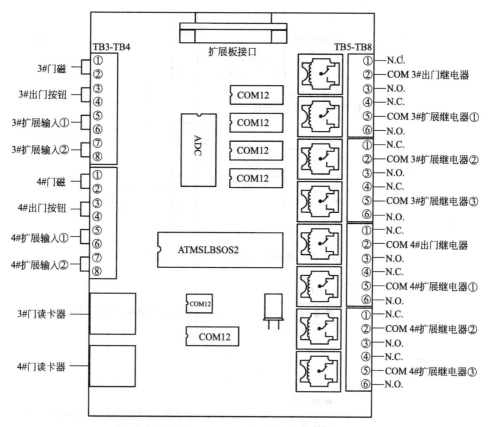

图 4-24　ACM2110 控制器接口示意图

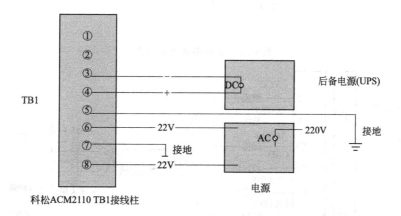

图 4-25　控制器与电源连接示意图

　　本方案中共用到 4 块 2110 控制器，其中只能有一块为主控制器，用于连接上位机安装门禁管理软件，实现对系统的综合管理，其余为终端控制器。具体设置可通过对各控制器 J1、J2 模块的跳线实现，如图 4-27 所示。

　　(2) 读卡器接线

　　读卡器的接线要求读卡器与控制器间的通信线必须是完整的，不能有断点，门禁控制器是终端，ACM2110 控制器读卡器控制线位于 TB3、TB4 模块下面。图 4-28 为 MRX510 读卡器接线示意图。

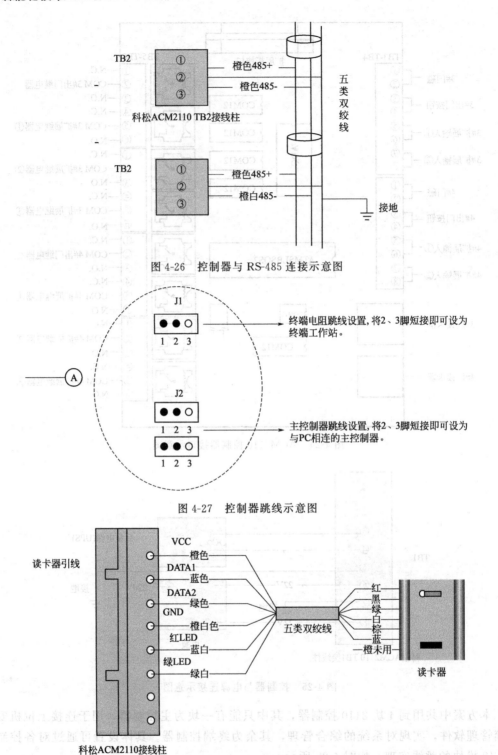

图 4-26　控制器与 RS-485 连接示意图

图 4-27　控制器跳线示意图

图 4-28　MRX510 读卡器接线示意图

（3）出门按钮、门磁接线

　　科松 ACM2110 门磁、出门按钮控制引脚都集中于 TB3 模块，门磁为 1、2 引脚，出门按钮为 3、4 引脚。图 4-29 为接线示意图。

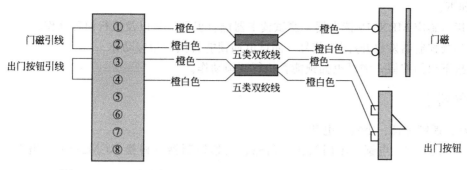

图 4-29　门磁、出门按钮接线示意图

(4) 电插锁接线

本方案选用的电插锁为 AE2511 电插锁。该电插锁为 8 线式，尾部伸出有红、黑、蓝、白、黄、绿、灰、橙 8 种颜色引线，红线为电锁电源（＋）线，接 DC12V 的电源或受控的 12V 电源线，黑色为电锁的电源负极，接电锁源（－），蓝、白、黄为锁芯状态侦测线，蓝色为常开（NO），白色为公共点（COM），黄色为常闭（NC）（图 4-30）。当锁芯弹出时常闭就断开，常开点接通。绿、灰、橙线为门侦测线，侦测线是处于关还是开状态，绿色为常开（NO），灰色为公共点（COM），橙色为常闭点（NC）（图 4-31），门关到位后常开和常闭的接通状态相互转换。

电插锁接线示意图如图 4-32，在安装时接到电锁电源线的一定要为 DC12V。

电插锁延时可调。所谓延时指从锁打开，人进入将门闭合后，电插锁再次上锁的时间长度。设在电插锁的中部调整跳针可改变上锁延时时间，设置方法共有 3 挡：0s、2.5s、5s。

图 4-30　锁芯状态侦测线

图 4-31　门侦测线

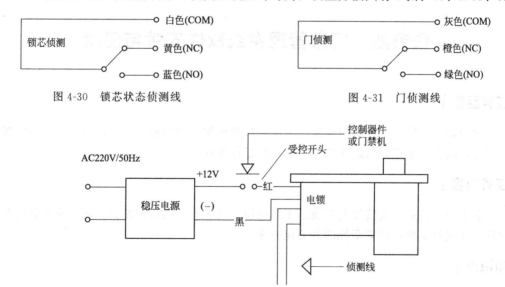

图 4-32　电插锁接线示意图

五、系统初调

系统各设备安装、接线完毕后，对设备进行初调，测试各设备是否能正确工作，测试步骤如下。

① 用卡感应 MRX510 读卡器，测试读卡器能否识别信号以及执行何种动作。

② 门禁控制器发出开/闭锁信号，测试电插锁能否执行相应动作。

③ 按下出门按钮，测试电插锁能否执行开锁动作。

[任务材料]

工具：螺钉旋具、小锤、电钻。

材料：读卡器、电锁、出门按钮、门磁、门禁控制器（科松 ACM2110）、电源、线材若干。

[任务步骤]

① 阅读各设备说明书，明确设备功能原理及安装接线。

② 写出系统设备安装、接线计划。

③ 画出门禁控制与各设备接线图。

④ 按照接线图进行设备接线。

⑤ 系统初调。

[课后习题]

① 说明门禁控制器在整个监控系统中的地位和作用。

② 门禁管理系统设备安装流程及注意事项是什么？

③ 简述门禁控制器安装过程。

④ 简述电锁安装过程。

任务四　门禁管理系统软件安装与使用

[任务目标]

通过门禁管理软件的安装和调试，了解门禁管理软件的功能、工作流程，学会门禁控制器的安装、配置，能够应用此软件对门禁系统进行管理。

[任务内容]

工业中心实验室已安装好电控锁、出门按钮、读卡器、门禁控制器，现要求安装门禁管理软件，实现对实验室门禁系统的自动化管理。

[知识点]

一、门禁管理系统软件介绍

门禁管理软件通常配合分体式门禁系统使用，是其集中管理平台，并为管理人员提供直观的、图形化的界面，方便操作。为合理管理联网门禁控制器的日常运行，生产厂家一般都为控制器开发了专用的管理软件，方便管理者对门禁系统进行有效管理。

门禁管理软件一般包括服务器、客户端和数据库三部分。门禁管理系统软件主要有以下功能：

① 系统器管理功能　包括设置电脑通信参数，用户使用资料输入，数据库的建立、备份、清除，权限设置等部分，主要用来管理软件系统；

② 片管理功能　包括发卡、退卡、挂失、解挂等功能，用于对卡片进行在线操作；

③ 记录管理功能　用于给管理者查询操作记录，并包括各种记录的检索、查找、打印、排序、删除等功能；

④ 门禁管理功能　用于操作者下载门禁的运行参数、用户数据、检测门禁状态操作。

一般来讲门禁管理软件都是和相应的门禁控制器配套使用的。

二、门禁管理系统软件结构

门禁管理软件的开发一般都是根据用户的需求进行设计的，其设计开发过程遵循模块化和结构化的原则，采用模块化的自顶向下的设计方法，既讲究系统的一体化和数据的集成管理，又注意保持各模块的独立性，模块间接口简单，同时预留接口以适用将来的变化和升级，满足用户对系统功能的扩展。

门禁系统是通过对设置出入人员的权限来控制通道的系统，它在控制人员出入的同时可以对出入人员的情况进行记录和保存，在需要用的时候可以查询出这些记录，所以门禁一般包含以下几个功能模块：系统管理、权限管理、持卡人信息管理、门禁开门时段定义、开门记录信息管理、实时监控管理（安防联动需求）、系统日志管理、数据库备份与恢复，如图4-33所示。

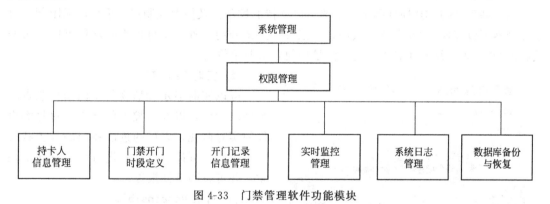

图 4-33　门禁管理软件功能模块

三、LinkWorks 门禁管理系统介绍

LinkWorks 门禁管理系统是基于 Win2K、WindowsXP 上运行的多用户多任务系统，用于管理由科松 ACM2110 构建的门禁系统。该操作管理软件具有图形控制界面，操作简单、方便，可以导出标准文本文件或 Microsoft Excel 电子表格文档，支持 TCP/IP 协议，实现局域网和互联网之间的数据服务。它有以下特点。

（1）有效 Effective

通信采用 TCP/IP 协议，与网络数据交换方式采用的是内存数据交换，速度可以真正地达到 10M，只要管理系统开始运行，整个系统就自行地进入实时运行状态，高速安全地通信程序，可以持续不停地实时收集每个控制器产生的事件，将所有收集的事件进行分类，定时保存至硬盘。对于报警信息，则立即产生报警信号在管理微机体现出来。

基于 TCP/IP 协议通信的优点：系统每一控制器都挂接在本地局域网络中，不仅避免了整个系统重复布线的麻烦，同时系统利用局域网络的优势，增强系统管理的灵活性以加快数据的传递速度。系统管理不必局限于某一处，可以在整个局域网络系统中的任意一台电脑上进行。

(2) 安全 Secure

① 硬件系统　每个门禁控制点采用分体式结构进行管理，即读卡部分与控制部分分离，读卡部分安装于室外，控制部分安装于室内，即使室外读卡部分遭受严重破坏或受到某些专业人士的有意破解，也不会将门打开，避免了以往因读卡与控制集于一体而存在的安全隐患，大大提高整个门禁系统的安全性。

② 软件系统　安全的嵌入式数据库，可以防止专业人员的恶意修改，完善的使用授权许可管理，完全保障了用户合法的使用权力。20 多种操作权限，给用户对系统进行层次管理，提供更安全可靠的方法。对系统重要的数据进行加密存储，保证重要的数据文件的高度安全性。

(3) 方便 Convenient

用户可以通过界面上的图标，清晰地掌握菜单中的功能，这样可以非常容易地对用户进行个人资料登记，授权，增加，删除，修改和查询操作。同时也可以分组分部门进行登记。时间 Time 系统可以任意指定卡片的启用时间和截止使用时间，每天可以任意设置 4 个时间段，以及周使用标志，控制器内嵌实时时钟，保证实时事件的准确记录。

(4) 容量 Capacity

系统基于 TCP/IP 局域网络，系统可以支持的控制器及门禁控制点几乎可以无限制。每个控制器可以存储 7920 个持卡人信息，记录 1 万条开门事件，也可以查阅软件可以记录的最新的 2000 条系统操作日志，足以满足任何企事业单位的需要。

图 4-34　LINKWORKS 启动界面

(5) 实时 Real-Time

可以实时显示和监视每个门禁控制点的事件的发生，以及门控点的状态。对每类事件的实时监视，人员的进出和门的开关状态一目了然；可按事件类别进行任意排序及检索，并可打印事件报告。

(6) 可靠 Responsible

系统特别为高度安全领域，如国家部门、军事重地、高科技研究、银行、博物馆、监狱等重要机构设计了卡和密码共同使用进入或几张卡片同时刷卡组合才可以进入；当持卡人刷有效卡片后还需输入有效的个人开门密码方可开门，所以，即使持卡人出现卡片遗失的现象也不必担心。同时系统软件还支持通过电脑实现远程开门，当持卡人忘记带卡或卡片遗失，可以通过打电话给管理中心，实现远程开门的操作。

四、LinkWorks 安装使用

LinkWorks 门禁管理系统安装十分简单，根据提示即可完成安装过程，安装好后启动界面如图 4-34 所示，在此界面输入正确的注册码，即可正常使用 LinkWorks。

注册完毕后，选择操作员，键入该操作员密码"＊＊＊＊＊＊＊"（缺省时为 system）；然后单击登录按钮，系统自动检测控制器硬件。LinkWorks 主界面由菜单栏、工具栏、LinkWorks 图标组成。LinkWorks 软件强大的菜单功能让用户能进行各种操作，各项操作亦可以通过工具栏上的快捷功能图标来完成。

（1）系统

在主界面的菜单栏上单击系统（S），将出现如图 4-35 所示的下拉式菜单，即系统子菜单。在系统子菜单里可以选择退出登录（F）、操作员管理（O）、更改密码（P）、备份资料（B）、恢复资料（R）、系统操作日志（L）和退出系统（X）七项功能。

图 4-35　LinkWorks 功能菜单

管理员用户登录可进行用户添加、权限更改、备份资料等工作。见图 4-36。

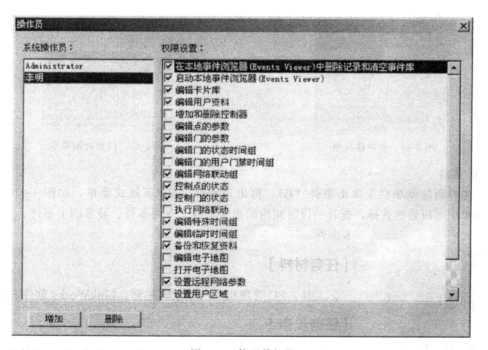

图 4-36　管理员权限

157

(2) 用户

在主界面的菜单栏上单击用户（Z），将出现如图 4-37 所示的下拉式菜单，即用户子菜单。在用户子菜单里可以进行用户资料（U）、部门设置（G）、门禁配置组（A）和卡片库（Z）的设置。

在此菜单中可进行用户资料、部分设置、门禁配置组、卡片库管理。

(3) 时间

在主界面的菜单栏上单击时间组（T），将出现时间组（T）下拉式菜单，如图 4-38 所示。在此菜单中可以设置临时时间组、特殊时间组和更改网络时间。

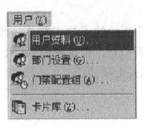

图 4-37　用户菜单

图 4-38　时间菜单

(4) 控制器

在主界面的菜单栏上单击控制器（A），将出现控制器（A）下拉式菜单，如图 4-39 所示。在此菜单中可以设置控制器参数、远程网络参数、输入输出点、联动配置表和校验控制器资料。

(5) 门禁控制

在主界面的菜单栏上单击门禁控制（C），将出现门禁控制（C）下拉式菜单，如图 4-40 所示。在此菜单中可以设置点的状态控制（S）、联动组的控制（L）、门的状态控制（D）和用户区域设置（Z）。

图 4-39　控制器菜单

图 4-40　门禁控制菜单

(6) 事件

在主界面的菜单栏上单击事件（E），将出现事件（E）下拉式菜单，如图 4-41 所示。在此菜单中可以通过选择，查看一段时间内的报警事件、普通事件、异常刷卡事件、正常刷卡事件。

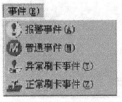

图 4-41　事件菜单

[任务材料]

工具：PC 管理机、门禁系统一套、LinkWorks 软件一套。

[任务步骤]

① 在管理 PC 机上安装 LinkWorks 软件及相应的数据库

系统。

② 参考 LinkWorks 门禁系统说明书，了解设备相关参数。

a. 控制器初始化；

b. 设置通信端口和波特率；

c. 在通信服务器里设置通信端口和波特率；

d. 增加控制器；

e. 编辑门的参数。

③ 门禁系统测试，进行注册新卡、注销卡片、查询等实验。

a. 设置门的用户时间组；

b. 增加卡的批次；

c. 发卡。

[课后习题]

① 门禁管理系统软件的工作流程及可实现功能有哪些？

② 门禁管理系统的设计是如何进行的？

③ 门禁管理系统一般采用几层结构？分别是什么？

④ 简述 LinkWorks 软件调试流程。

任务五　门禁管理系统功能检查与评价

[任务目标]

通过对门禁工程实例的功能检测与评价的介绍，使学生了解门禁管理系统工程验收、检测流程，并掌握相应规范及相应的文档、报告的书写。

[任务内容]

对工业中心二、三层共 4 个实验室的门禁管理系统工程进行功能检测、评价。

[知识点]

一、工程验收内容与流程

(1) 工程验收内容

工程验收内容包括合格性指标、检测方法、检测设备、检测报告、不合格项处理，其中检测报告应包括检测依据、检测设备、检测结果列表，不合格项处理包括系统基本合格，应明确整改内容和措施。将整改结果作为系统检测报告附件，在系统验收时一并提交。系统不合格，必须限期整改。根据不合格的具体情况，确定整改期限，在整改后重新进行检测。

(2) 检测机构

检测须由获得国家认可的相关检测机构承担，检测完成后由检测机构按规定格式出具检测报告。

(3) 验收

建设方宜委托第三方机构进行；也可交由建设方组织的有关专家、检测机构代表和有关人员参加的验收组进行。

① 验收大纲

验收前，应编制验收大纲；验收大纲由测评机构或验收组提出。

② 验收条件

系统检测报告，系统运行报告。

(4) 文档

在对系统验收时应出具以下技术文档：招标文件；投标文件；合同书；系统工程设计文件；施工组织设计文件；材料设备接收单、合格证及关键产品质量检测报告；工程变更说明文件；隐蔽工程记录（需监理签字）；竣工图纸（蓝图）；阶段验收报告；测试报告；随机资料（文种不变）；系统操作手册；用户使用报告；需有关主管部门审批的系统许可证；需有关主管部门验收的验收合格证明。

(5) 验收程序

由承建方向建设方提交验收申请；若具备验收条件，建设方组织验收组或委托第三方机构进行验收。

验收组或第三方机构进行验收测试。

验收组或第三方机构向建设方提交测试报告和验收报告。

(6) 验收结论

由测评机构或验收组根据验收情况做出验收结论，在各项均合格的情况下验收合格，如有不合格项，则应限期做出整改，直至验收合格。

二、门禁管理系统验收规范

在对门禁工程验收时参考的标准和规范有全国安全防范报警系统标准化技术委员会出台的《出入口控制系统技术要求》（GA/T 394—2002）和上海市出台《住宅小区智能化系统工程验收标准》等，下面重点介绍出入口控制系统技术要求。

(1) 范围

该标准规定了出入口控制系统的技术要求，是设计、验收出入口控制系统的基本依据。该标准适用于以安全防范为目的，对规定目标信息进行登录、识别和控制的出入口控制系统或设备。其他出入口控制系统或设备（如楼宇对讲（可视）系统、防盗安全门等）由相应的技术标准做出规定。

(2) 规范性引用文件

GB 4208—1993 外壳防护等级

GB 8702 电磁辐射防护规定

GB 12663 防盗系统环境试验

GB/T 15211 报警系统环境试验

GB 16796—1997 安全防范报警设备安全要求和试验方法

GB/T 17626.2—1998 电磁兼容试验和测量技术静电放电抗扰度试验

GB/T 17626.3—1998 电磁兼容试验和测量技术射频电磁场辐射抗扰度试验

GB/T 17626.4—1998 电磁兼容试验和测量技术电快速瞬变脉冲群抗扰度试验

GB/T 17626.5—1999 电磁兼容试验和测量技术浪涌（冲击）抗扰度试验

GB/T 17626.11—1999 电磁兼容试验和测量技术电压暂降、短时中断及电压变化的抗
扰度试验

GA/T 73—1994 机械防盗锁

GA/T 74—2000 安全防范系统通用图形符号

三、设备功能检测

在系统各设备接线、安装完毕后，对各设备进行功能检测，其目的主要查看各设备是否
能正常工作，实现设备预期功能。功能检测主要包括以下几个部分。

① 查看各设备供电电源是否稳定，接线是否正确。

② 控制器功能检测，查看控制器与各设备间是否能正常通信。

③ 读卡器功能检测，当卡靠近读卡器时，看读卡器是否有响声，指示灯是否闪烁。

④ 电插锁功能检测，查看电锁是否能进行正常执行的开/闭锁动作。

⑤ 出门按钮功能检测，查看出门按钮是否有效。

⑥ 系统管理软件功能检测，查看系统软件是否能与各设备进行通信。

四、系统功能检测

系统功能检测主要是查看工程施工完毕后是否能实现用户预期功能，检测包含有模拟用
户测试、压力测试等，在测试过程需进行记录作为工程验收的依据。

验收应包括以下内容：单位（子单位）工程名称；验收部位；施工单位；项目经理；检
测项目（主控项目）；检查评定记录；检测意见；签字。

验收合格后填写检测质量验收记录表如表 4-8 所示。

表 4-8 门禁管理系统设备功能检测质量验收记录表

单位(子单位)工程名称		子分部工程	安全防范系统
分项工程名称	门禁管理系统	验收部位	
施工单位		项目经理	
施工执行标准名称及编号			
分包单位		分包项目经理	
检测项目(主控项目)		检查评定记录	备注
设备功能检测	电源		
	ACM2110 控制器		
	读卡器		
	电锁		
	出门按钮		
	管理软件		
系统功能检测	发卡功能		
	分类设置功能		
	脱机运行功能		
	查询、报表打印功能		
	日志功能		
	联动功能		

检测意见：

监理工程师签字：   检测机构负责人签字：

（建设单位项目专业技术负责人）

日期：   日期：

五、门禁管理系统常见故障及诊断方法

(1) 管理软件失效

RS-485 门禁管理系统设备连接好以后，各设备无法与上位机通信，且管理软件不能对各设备进行控制。出现此问题时可采用以下方法进行诊断。

① 检测控制器与网络扩展器之间的接线是否正确。

② 控制器至网络扩展器的距离是否超过了有效长度（1200m）。

③ 计算机的串口是否正常，有无正常连接或者被其他程序占用，排除这些原因再测试。

④ 软件设置中，序列号分布正确。

⑤ 线路干扰，不能正常通信。

(2) 读卡器失效

读卡器通信正常，但当卡片靠近时蜂鸣器不响，指示灯也没有反应。出现此情况时可采用以下方法进行诊断。

① 检测读卡器与控制器之间的连线是否正确。

② 读卡器至控制器线路是否超过了有效长度（120m）。

(3) 卡失效

门禁器使用一直正常，但突然发现所有的有效卡均不能开门。出现上述情况时可采用以下方法进行诊断。

① 检测系统是否设置了休息日。

② 查看门禁器控制器是否进行了初始化操作。

(4) 门锁失效

当有效卡靠近读卡器，蜂鸣器响一声，但门锁未打开。出现此情况时可采用以下方法进行诊断。

① 查看控制器与电控锁之间的连线是否正确。

② 查看电锁供电电源是否正常。

③ 检测电控锁是否有故障。

④ 查看锁舌与锁扣是否发生机械性卡死。

⑤ 查看线路是否存在干扰，线路严重干扰时，会导致读卡器数据无法传至控制器。

(5) 读卡器指示灯失效

将有效卡靠近读卡器，蜂鸣器响一声，门锁打开，但读卡器指示灯无反应。出现此情况时可采用以下方法进行诊断。

① 因控制器与电控锁共用一个电源，电锁工作时存在反向电势干扰，并导致控制器复位，所以首先查看控制器是否复位。

② 其次电源功率不够，会致使控制器、读卡器不能正常工作，所以检测电源功率是否正常，也是诊断问题方法之一。

[任务材料]

智能楼宇实训室实验台

器材：连接好的门禁控制器和读卡器、电插锁、通信转接器、线材、电源、PC、LINKWORKS4.6。

[任务步骤]

(1) 系统检查表（表4-9）

表4-9　系统检查表

编号	项目	检查细节	检查评定	说明
1	控制器	(1)安装质量		
		(2)有无保护		
		(3)主、从控制器		
		(4)有无后备电源		
		(5)通电检查		
2	读卡器	(1)安装质量		
		(2)安装位置		
		(3)通电检查		
3	出门按钮	(1)安装质量		
		(2)安装位置		
		(3)通电检查		
4	电锁	(1)安装质量		
		(2)安装位置		
		(3)通电检查		
5	电源	(1)稳定性检查		
		(2)功能检查		

(2) 任务实施评价表（表4-10）

表4-10　任务实施评价表

编号	项目	评定	说明
1	门禁管理系统情况		
2	实训报告		
3	小组分工协作		
4	其他方面		

[课后习题]

① 门禁管理系统工程技术规范包含哪些内容？

② 门禁管理系统设备功能检测包含哪些内容？

③ 门禁管理系统工程检测时须包含文档有哪些？

④ 门禁管理系统工程质量验收表须包含哪些内容？

学习情境五　楼宇对讲系统设备安装与调试

任务一　参观楼宇对讲系统应用场所

[任务目标]

　　通过参观楼宇对讲系统应用场所，理解楼宇对讲系统功能、基本组成原理和系统的类型，理解各组成设备功能、分类和选用原则。

[任务内容]

　　① 介绍实训室楼宇对讲系统的功能和组成设备。
　　② 参观智能化楼宇弱电系统综合实训室。
　　③ 参观智能化楼宇弱电系统分项实训室，近距离观察各种设备。

[知识点]

一、楼宇对讲系统

楼宇对讲系统，在现在的智能化小区应用的越来越多，图 5-1 所示是一个示意图。小楼

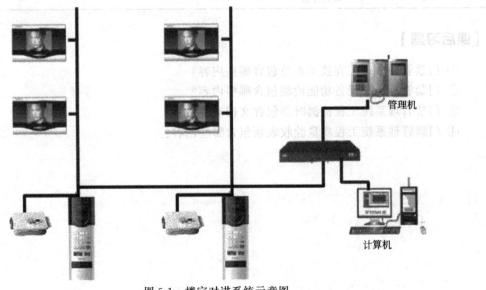

图 5-1　楼宇对讲系统示意图

宇对讲系统的主要设备有对讲管理主机、门口主机、用户分机、电控门锁、多路保护器、电源等相关设备。对讲管理主机设置在住宅小区物理管理部门的安全保卫值班室内，门口主机设置安装在各住户大门内附近的墙上或台上。

二、楼宇对讲系统发展

为了保障住宅安全，道德和基本的要求是控制好住宅出入门，基本的使用要求是阻止无关人员进入，既方便居住者的出入，又要方便来访客人的进入，根据这种需求而出现的早期安全防范设备有（图 5-2）：

- 安装在门上的窥视镜；
- 对讲门铃；
- 楼客对讲电控防盗门；
- 楼宇对讲。

图 5-2　楼宇对讲系统发展

三、楼宇对讲系统的功能

根据不同的楼宇建筑和不同的使用要求，出现了多种型号的设备，逐渐形成了在住宅楼宇内的安全防范系统产品。

对讲系统有可视与非可视型。系统把楼宇的入口、住户及小区物业管理部门（或保安人员）三方面的通信包含在同一网络中，成为防止住宅受非法侵入的重要防区，有效地保护了住户的人身和财产安全。

下面简单分析工作过程。

（1）**单元门口机呼叫室内分机**

这种是最常用的形式，当访客在门口主机的按键上按下住户房号，门口机即把该房号编码送入信号线，同时门口机把通话设备与声信线相连接，被选中的住户室内分机把机内的通话设备与声信线接通，同时产生呼叫信号，分机接到门口呼叫信号振铃声，门口主机接到分机反馈信号产生回铃声结束，室内机和门口机之间即可进行双向通话。同时，室内机上的显示屏开启，显示出门口机处的访客影像。见图 5-3。

（2）**室内机呼叫小区管理机**（图 5-4）

（3）**管理员机呼叫室内分机**（图 5-5）

（4）**门口机呼叫小区管理员机**（图 5-6）

四、楼宇对讲系统的工作过程

楼宇对讲系统是采用单片机编程技术、双工对讲技术、CCD 摄像及视频显像技术而设

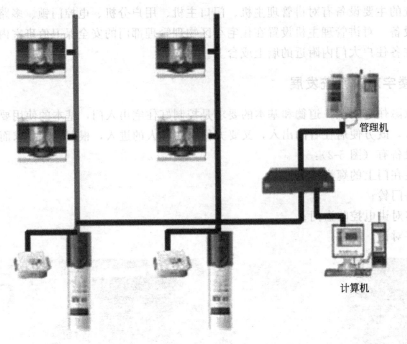

管理机

计算机

图 5-3　单元门口机呼叫室内分机

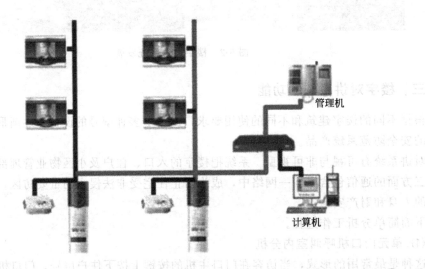

管理机

计算机

图 5-4　室内机呼叫小区管理机

计的一种访客识别电控信息管理的智能系统。楼门平时总处于闭锁状态，避免非本楼人员在未经允许的情况下进入楼内。本楼内的住户可以用钥匙或密码开门自由出入。当有客人来访时，客人需在楼门外的对讲主机键盘上按出被访住户的房间号，呼叫被访住户的对讲分机，接通后与被访住户的主人进行双向通话或可视通话。通过对话或图像确认来访者的身份后，住户主人允许来访者进入，就用对讲分机上的开锁按键打开控制大楼入口门上的电控门锁，来访客人便可进入楼内。来访客人进入后，楼门自动锁好。

　　住宅小区物业管理部门通过小区对讲管理主机，可以对小区内各住宅楼宇对讲系统的工作情况进行监视。如有住宅楼入口门被非法打开、对讲系统出现故障，小区对讲管理主机会发出报警信号和显示出报警的内容及地点。

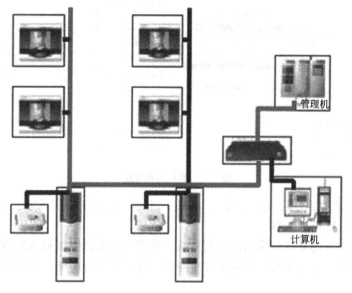

图 5-5　管理员机呼叫室内分机

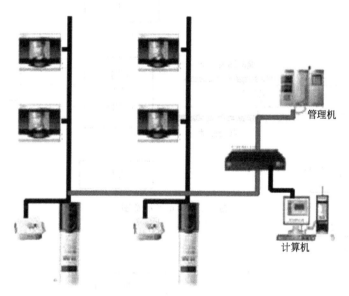

图 5-6　门口机呼叫小区管理员机

五、楼宇对讲系统的组成和类型

(1) 单户型

单户使用的访客系统也称为别墅型系统，其特点是每户一个室外主机可连带一个或多可室内分机。图 5-7 为别墅使用的系统。

(2) 单元型

独立楼宇使用的系统（也称单元楼对讲系统），其特点是单元楼有一个门口控制主机，可根据单元楼层的多少、每层多少单元住户来决定。可选用直按式、数码拨号式两种操作方式。

① 直按式的容量较小，普通有 2~16 户等，适用于一梯二户七层高的住宅，也可根据实际户型特别设计。特点是一按就应，操作简单。

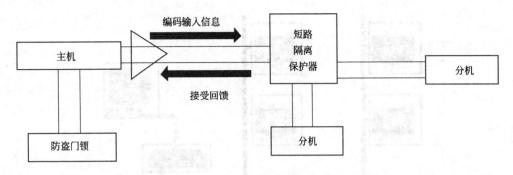

图 5-7　单户型示意图

② 数码拨号式的容量较大，可从 2～8999 户不等，适用于高层住宅。特点是界面豪华，键盘操作方式如同拨电话一样。

这两种操作方式的系统均采用总线制布线，解码方式通过楼层隔离短路保护器解码或是室内分机解码两种，均可实现可视或非楼宇对讲、遥控开锁等功能，并可挂接管理中心。

见图 5-8。

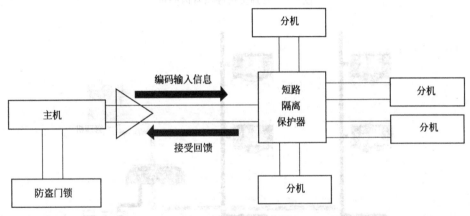

图 5-8　单元型示意图

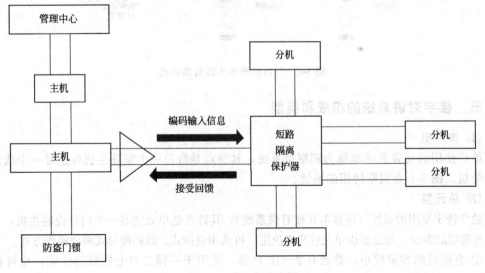

图 5-9　联网型示意图

（3）联网型

在封闭小区中，对每个单元楼宇使用单元系统通过小区内专用（联网）总线与管理中心连接，形成小区各单元楼宇对讲网络，图5-1就是一个联网型，其实联网型是一个最大的类型（图5-9），分解后就可以得到其他的类型。

三种方式是从简单到复杂、从分散到整体逐步发展的。小区联网型系统是现代化住宅小区管理的一种标志，是可视或非可视楼宇对讲系统的高级形式。

［问题讨论］

① 简述楼宇对讲系统的工作过程。

② 简述楼宇对讲系统的组成和类型，以及各自的应用范围。

［扩展讨论］

基本术语

① 主机　安装在单元楼宇通道出入口处防盗门上的对讲控制装置。

② 分机　安装在各住户的通话对讲及控制单元楼防盗门开锁的装置。

③ 管理员机　安装在小区管理中心室的通话对讲设备，控制各单元单元防盗门电控（磁）锁的开启。

④ 隔离短路保护器　安装在楼层主干线与分机间短路隔离保护的设备。

⑤ 电源　保证设备及网络运行的12V电源供给。

⑥ 连线　弱电系统网络设备与设备间的连接、供电、传输等双绞屏蔽的线材。

［课后习题］

① 简述对讲系统的发展及生活中的应用。

② 简述楼宇对讲系统的工作过程。

③ 简述楼宇对讲系统的组成和类型，以及各自的应用范围。

任务二　楼宇对讲系统设备选型及配置

［任务目标］

了解系统类型；了解典型设备名称、功能、分类、选型依据；学会设备选型并能够画出系统组成原理图。

［任务内容］

某小区共计公寓楼2栋。公寓楼2个梯位，每梯12户，计48户。系统设计采用黑白楼宇对讲联网系统，如图5-10所示。

具体任务：

① 根据小区结构，确定系统类型，画出系统拓扑图；

② 对小区进行现场勘查，列出信息点统计表，确定典型设备名称、功能、分类、选型依据；

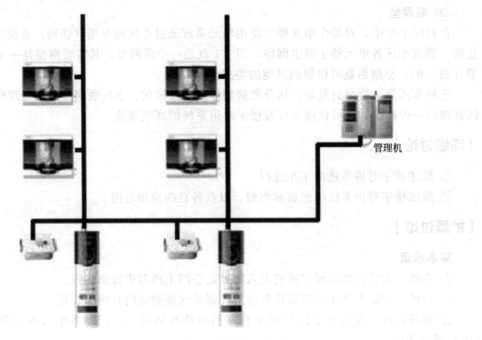

管理机

图 5-10　楼宇对讲系统示意图

③ 根据实训条件用表格形式列出所需要的设备材料清单（名称、型号、规格数量），画出系统结构原理图。

[知识点]

一、系统选型

(1) 系统功能要求

① 黑白可视对讲功能　来访者与住户通话：来访者通过门口机拨通住户分机，住户分机振铃，住户摘机可与来访者实现双向对讲。

② 来访者与管理员通话：来访者通过门口机可呼叫管理中心，与管理员实现双向对讲；管理员与住户通话：管理中心有事通知住户，也可通过管理机拨通住户分机，与住户实现双向对讲。

③ 遥控开锁功能　住户确认来访者后，按开锁可实现遥控开锁；管理员可通过管理机遥控开启各楼栋门锁。

④ 紧急报警功能　在住宅客厅，卧室设置紧急呼救按钮，当家中有紧急事件发生如生重病、有盗贼闯入，需要求助时，只要按下紧急呼救按钮，室内分机即将信号传至管理中心。

(2) 系统基本配置分析

① 每个公寓楼梯口安装 1 台黑白可视门口主机，4 个梯位，计 4 台，并配置不锈钢防盗门、静音电磁锁、闭门器、不间断电源等。

② 小区的设备管理房安装 1 台黑白可视中心管理机。

③ 每个住户室内安装黑白可视分机 1 台，48 户，共计 48 台。

④ 梯口安装主机电源（UPS-DP）1 台，4 梯，共计 4 台。

⑤ 单元梯位每 6 户安装分机电源（UPS-P）1 台，共计 8 台。

(3) 系统模型

选取联网型。

① 单元内部对讲，宜选用可视分机、单元门口主机、电控锁等。

② 小区管理中心与楼宇通信，宜选用管理主机、可视分机、单元门口主机、电控锁等。

二、设备分类、选型

(1) 单元门口主机

① 功能　可呼叫本单元的各户分机，同时将图像传往住户，与之双向通话；门口主机可接受分机指令，打开本单元电控锁。可呼叫管理中心，同时将图像送往管理中心，并可与之双向通话。可要求管理中心机代开电锁等服务。密码开锁，可选择公共密码/私有密码模式，可设置两个公共密码，可设置错误报警。小区门口主机可呼叫小区内部任一分机，同时将图像传往住户，实现双向通话；并具备呼叫管理中心，密码开锁等功能。

② 种类

直按式：一户一键，直接按相应房号键呼叫住户并进行送受话对讲，同时把图像上传到住户。一般用于单元型内部，比如只有一幢楼时，不需要联网，每家有固定的号码在主机键盘上，如图 5-11 所示。比如呼叫"701"分机时就按键盘上的"701"键。

数码联网式：分机编号，主机通过分机地址呼叫。键盘上只有 0～9 十个数字，如图 5-12 所示。比如呼叫 201 分机时，在主机键盘上按分机的地址号码如"0-2-0-1"。

(2) 室内机

① 非可视分机　一般只带有数字键盘（图 5-13）。可实时接收单元主机的呼叫，可听见来访者的声音、开锁。在联网系统中，可按键呼叫管理中心，也可接受管理中心的呼叫。

图 5-11　直按式可视主机

图 5-12　联网式可视主机

图 5-13　非可视分机

② 可视分机　除了带有数字键盘外，还带有显示屏，黑白的或彩色的。不同厂家产品不一样，有电话方式的，有免提的。如图 5-14 所示。可实时接收单元主机的呼叫，接收单元主机来的影音，开锁。在联网系统中，可按键呼叫管理中心，也可接受管理中心的呼叫。

(3) 电源

功能：输出直流电压，输出短路、过载保护及自恢复功能，蓄电池组欠压、过流保护，实现对电控锁的开关控制。

图 5-14　室内可视分机

① 主机电源　如图 5-15 所示，可供主机及分机使用，电压输出 DC，停电后系统静态时可供电数小时工作能力。电源带后备电池，并具有短路保护、停电自动切换功能。由于采用开关电源供电，因此具有电压适应范围宽、波动小、稳定性高等优点。

技术参数：输入电压、输出电压、额定功率。

② 分机电源　如图 5-16 所示，供分机使用，电压直流输出，停电后系统静态时可供电力。基本上和主机电流不多，个别地方可以通用，注意技术参数。

（4）闭门设备

① 电控锁　在主机或者分机的控制下进行开关，如图 5-17 所示。

图 5-15　主机电源　　　　　图 5-16　分机电源　　　　图 5-17　电控锁

② 闭门器　有定位型在 90°±5° 以上可动定位，满足环境特别需要。无定位型可在任意角度自动闭合，适用于左右平开门。如图 5-18 所示。闭门力度连续可调节，闭门速度可调而且稳定性能好。

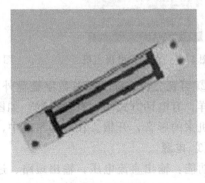

图 5-18　闭门器　　　　　　　　　　　图 5-19　磁力锁

③ 磁力锁　主要适用于拉门，通电上锁、断电开锁，如图 5-19 所示。

(5) 管理中心机（图 5-20）

功能：遥控开锁，可开启任一门口电控锁，开锁确认功能。可呼叫任一用户分机并进行双向对讲。识别门口主机/用户分机呼叫。常用在小区管理中心。

(6) 信号编码隔离器（图 5-21）

功能：线路保护、视频分配的作用，即使某住户的分机发生故障，也不会影响其他用户使用，也不影响系统正常使用。其信号为一路输入二～八路输出，即每个隔离器可供 2～8 户使用，提供电压为 DC 18V，为室内分机供电，视频信号输出为 IV-75Q。

 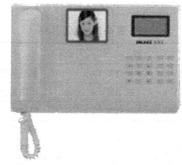　　　　　

图 5-20　管理中心机　　　　　　　　　图 5-21　信号隔离器

[任务步骤]

① 根据图纸确定系统类型，画出系统结构原理图。

② 根据所提供的图纸进行现场勘查，确定设备。填写设备统计表如表 5-1 所示。

表 5-1　设备材料清单

设备名称	型号	品牌	数量	备　　注
黑白可视门口机				单元门口主机
黑白可视室内机				室内分机
主机电源				公寓楼每梯配置1台(含蓄电池)
分机电源				公寓楼每6户配置1台(含蓄电池)
信号编码隔离器				2分支,每层1个
信号编码隔离器				4分支,每层1个
黑白可视管理中心				管理中心可实现和住户、门口机三方通话,接收住户的报警信号
管理中心电源				配套管理中心,含蓄电池
闭门器				配套公寓单元门
电控锁				配套公寓单元门

③ **系统布线及线缆选择**　系统布线一般采用总线型与星形混合结构进行布线，楼栋之间和楼层之间采用总线型结构布线。同一个楼层到分机之间采用星形结构布线。根据其系统结构，系统布线划分三部分：水平子系统分支线（用户线）、建筑物主干线（垂直主干线）、建筑群水平主干线（联网主干线）。

a. 水平子系统分支线（用户线）　子系统分支线是从信号编码隔离器到室内分机之间的连接线缆。系统主要采用六芯线（RVV 6×0.5mm）和视频线（SYV-75-3），或合并使用国标电脑网络线 1 根（15m 内）。户内报警系统主要采用二芯线（RVV 2×0.3mm）或四芯线

（RVV 4×0.3mm）。

b. 建筑物主干线（垂直主干线） 到各信号编码隔离器之间的垂直连接线缆。系统主要采用三芯线（RVV 3×2220.5mm）、视频线（SYV-75-3）、电源线（RVV 2×0.75mm）及信息传输线（RVV 3×0.5mm）。

c. 建筑群水平主干线（联网主干线） 水平主干线是从管理中心机到围墙主机、门口主机之间的连接线缆。系统主要采用带屏蔽四芯电缆（RVVP 3×1.0mm）、视频线（SYV-75-5）、同轴电缆及信息传输线（RVVP 3×1.0mm）。

④ 电源线 主机电源线和电控锁线采用 BVV 2×0.75mm。

设备材料见表5-2。

表 5-2 设备材料

线材名称	型　　号	说　　明
用户信号控制线及视频线	RVV 6×0.3＋SYV-75-3	水平信号进户线,可用电脑网线代替
用户户内报警控制线	RVV 2×0.3 或 RVV 4×0.3	户内报警设备控制线
单元垂直信号控制线及视频线	RVV 3×0.5＋SYV-75-3	门口机到楼层信号隔离器
单元垂直信息传输线	RVV 3×0.5	单元门口到信息接收器
主干电源线	BVV 2×0.75	分机电源到楼层信号隔离器
联网信号控制线及视频线	RVVP 3×1.0＋SYV-75-5	对讲信号联网总线。单元门口机到对讲管理中心
联网信息传输线	RVVP 3×1.0	单元门口到管理中心
系统电源线	BVV 2×0.75	各系统设备电源连接线

[问题讨论]

非可视分机主要用在什么地方?

[课后习题]

① 请在课余时间参观附近小区,并根据自己的假设条件,把系统补充完整,写出调查报告。
② 系统安装调试任务如何分解?

任务三　楼宇对讲单元内部的安装和调试

[任务目标]

通过系统设备的安装调试,了解视频楼宇对讲系统功能、基本组成原理、简单故障的排除。

[任务内容]

① 介绍实训室楼宇对讲系统的功能和组成设备。
② 系统设备的安装调试。

[知识点]

在上一任务确定了系统类型的基础上针对单元内部（图 5-22）说明楼宇对讲系统的安装调试。

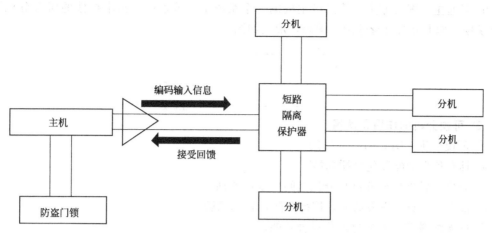

图 5-22　单元内部图

一、设备组成及其功能

楼宇对讲系统设备包括互通主机、分机、防盗门锁等，以某公司产品为例进行介绍。

（1）楼内互通主机（图 5-23）的作用和使用

① 楼内互通主机的作用

a. 能呼叫分机，与分机实现楼宇对讲。接受分机遥控开锁，能够直接呼叫管理机。一栋楼可并接多台主机，多栋楼所有主机亦可互连。能给主机进行编码。利用管理机可以把门口机视频信号切换到管理中心。

b. 密码开锁：分机用户进门时，可利用自己分机上设置的密码实施开锁和撤防。密码开锁的方法：在主机上按密码键进行密码输入状态，再按自己的房号，最后按 4 位密码即可。

② 楼内互通主机的使用

a. 主机编码规则　两位编码主机，其编码的特征是前两位不能为 00，中间两位为"00"，后两位仅在同一栋楼并接多台主机时使用。它的编码形式为：

图 5-23　互通主机

三位编码主机，其编码的形式：

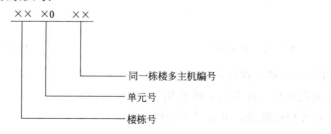

b. 互通主机编码方法　给门口主机编一个系统中的地址码。给本栋楼的所有分机冠以两位楼号，加上分机自身的两位编码，形式如图：

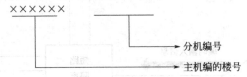

→ 分机编号

→ 主机编的楼号

(2) 可视分机的作用和使用

① 可视分机（图 5-24）的作用

a. 具有免提功能和免打搅功能。

b. 分机与管理机或分机与分机之间可双向通话。

c. 自带多个防区报警功能，按键布防，密码撤防。

d. 可无线遥控布撤防与紧急报警功能。

e. 具有占线提示和在线检测功能。

f. 能输入和修改密码。

g. 具有动听的铃声。在挂机状态下，顺序按下"C＋P＋5"键，接着按"4，6"键调节和弦铃声的大小。只可以调节和弦铃声的大小，自身的声音不可以调节。

h. 管理中心计算机可接收分机个防区报警信息。

② 可视分机的使用

a. 分机地址码设置：在挂机状态下，顺序按下"C，0＋命令码"，紧接着输入 4 位数字作为分机地址码，"嘀"的一声表示设置成功。

b. 报警延时设置：在挂机的状态下，顺序按下"C，1＋2 位数字"输入完成后，分机发出"嘀"的一声表示输入完成。报警延长时间为 10～40s。

c. 分机密码设置：在挂机的状态下，顺序按下"C，2"键，然后输入 4 位旧密码，分机自动检测密码是否正确。若错误，分机会发出"嘀，嘀"两声（此时允许重新输入密码）。若输入正确，则发出"嘀"的一声，表示密码设置成功（出厂密码为 0000）

d. 布防与全布防：选择布防命令，可以对 1～8 防区进行选择布防。方法是：在挂机状态下，顺序按下"C，3"键，再按 8 位数"0"或"1""0"。

图 5-24　可视分机

图 5-25　非可视分机

(3) 非可视分机的作用和使用

① 非可视分机（图 5-25）的作用

a. 可向管理机报警，可以呼叫分机。

b. 可以实现开锁功能。

c. 具有密码设置的功能。

d. 分机可接受来自管理机的呼叫。

② 非可视分机的使用

a. 分机地址码设置：在挂机状态下，顺序按下"C，0＋命令码"，紧接着输入 4 位数字作为分机地址码，"嘀"的一声表示设置成功。

b. 报警延时设置：在挂机的状态下，顺序按下"C，1＋2 位数字"输入完成后，分机发出"嘀"的一声表示输入完成。报警延长时间为 10～40s。

c. 分机密码设置：在挂机的状态下，顺序按下"C，2"键，然后输入 4 位旧密码，分机自动检测密码是否正确。若错误分机会发出"嘀，嘀"两声（此时允许重新输入密码）。若输入正确，则发出"嘀"的一声，表示密码设置成功（出厂密码为 0000）。

d. 布防与全布防：选择布防命令可以对 1～8 防区进行选择布防。方法是：在挂机状态下，顺序按下"C，3"键，再按 8 位数"0"或"1""0"。

二、电源

一方面后备电池断电后能自动切换；具有过放电保护装置，防止损坏后备电源；具有电源工作状态指示灯；具有短路保护作用；具有平时自动给后备电池充电功能；利用电池的储能将直流逆变为交流，向负载提供高质量的电源继续支持负载。

另一方面平时向负载提供高质量的电源，达到稳压、稳频、抑制浪涌、尖峰、电噪声，补偿电压下陷、长期低压等电源干扰。

三、分机接口示意（图 5-26）

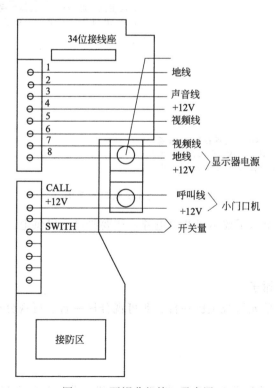

图 5-26　可视分机接口示意图

四、安居宝互通主机接口示意（图5-27）

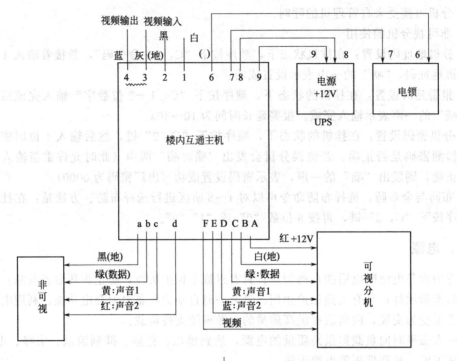

1：分机视频
2：接地
3：管理机视频入
4：管理机视频出
（3、4 与管理机相接不做介绍）
6：连接锁的正极
7：连接锁的负极
8：连接 UPS 负线
9：连接 UPS＋12V 接口

A：可视分机接 UPS 电源正极
B：接地
C：与可视分机上的绿线（数据，具体可视说明书而定）相接
D：与可视分机上的黄线（声音1，具体可视说明书而定）相接
E：与可视分机上的蓝线（声音2，具体可视说明书而定）相接
F：与1相接

a、接入 UPS 电源负极
b、与主机上的数据线（具体可视说明书而定）相连
c、与主机上的（声音1，具体可视说明书而定）相接
d、与主机上的（声音2，具体可视说明书而定）相接
a、b、c、d 与 B、C、D、E 一一对应，可用同一接线器连接起来

图 5-27 互通主机接口示意图

说明：注意可视分机除了要给机芯供电外，还要给显示屏供电。

[任务材料]

工具：螺钉旋具、钳子。

材料：导线若干、单元可视主机一台、非可视分机一台、可视分机一台、电源一台、电控锁一台。

[任务步骤]

① 根据现场环境，选用美观性价比高的互通主机、分机和防盗门锁等设备。

② 阅读解码器说明书，画出互通主机与可视分机、非可视分机以及防盗门锁接线图。

③ 互通主机与防盗门锁接线，接上电源进行调试。

④ 互通主机与非可视分机接线，接上电源进行调试。

⑤ 互通主机与可视分机接线，接上电源进行调试。

实训室内为保护设备，采用二次接线方式，以互通主机、分机和防盗门锁接线为例进行说明，如图 5-28 所示。

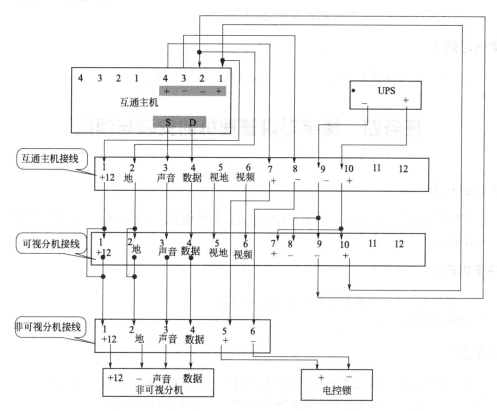

图 5-28　楼宇对讲系统接线图

[常见故障及解决方法]

（1）故障现象：操作可视分机无任何反应

故障分析　检查可视分机各引线端的电压是否正常。7、8 是供给机芯工作的电源，若无电源，机芯不工作，无光栅。4 是供 12V 电源给分机主控板工作的，若无电源，则分机不工作。2 号数据线，其上平时是无电压的，若有电压，则 CPU 误以为有数据接收，始终忙于读数据，表现出不正常的现象。若排除上述原因，则可更换分机试一试来判断分机的好坏。

（2）故障现象：能振铃但不能对讲

故障分析　拨号后能振铃，但提机后不能对讲，应检查声音线是否连接正确。分机端口的 3 号声音线上平时是 4.5V 左右的电压，通话时下降至 3V 左右的电压，检查有没有和其他线搭线。

（3）故障现象：分机无图像

故障分析　当分机能振铃、对讲，显示屏有光栅，但无图像时，首先应检查分机视频线是否连接好，有视频分配器的要检查其上工作电源（12V），该分机的接口连线是否插接可靠。

（4）故障现象：有图像但图像效果不好

故障分析　在可视分机的机座上有两个黑色旋钮，将其适当调整即可。

［问题讨论］

楼宇对讲系统中直按式与数码式的应用范围如何？

［课后习题］

互通主机连接两台可视分机、一台非可视分机，进行测试。

任务四　楼宇对讲管理机的安装与调试

［任务目标］

通过系统设备的安装调试，了解视频楼宇对讲系统中管理机的功能、基本组成原理、简单故障的排除。

［任务内容］

① 介绍实训室楼宇对讲系统的功能和组成设备。
② 系统设备的安装调试。

［知识点］

在上一任务完成了单元内部系统安装调试的基础上针对管理机进行安装调试。
管理机在楼宇对讲系统中的位置如图 5-29 所示，主要有以下功能：
① 管理中心呼叫用户分机；
② 管理机呼叫单元主机；

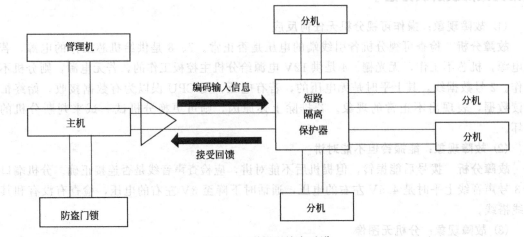

图 5-29　联网型楼宇对讲

③ 管理机开锁；

④ 接收用户分机和单元主机的呼叫。

一、设备介绍

主要使用狄耐克系列的对讲系统，所有实验在狄耐克实验室完成。管理机型为 AB-6A-602C，如图 5-30 所示，单元主机为了 AB-602D，可视分机为 AB-602MQ。单元设备见上节。

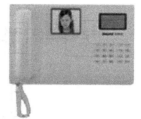

型号：AB-6A-602C

外形尺寸：430mm×260mm×55mm

（1）管理中心操作

① 管理中心呼叫用户分机　管理中心可通过键盘输入门口机号和分机号或"呼叫查询＋速拨"的方式呼叫任何一个用户分机。

图 5-30　狄耐克 AB-6A-602C

在待机状态下摘机，摘机指示灯亮，此时，可依次输入门号、户号后，再按"＃"键，发送呼叫号码（也可在挂机状态下输入门号、户号后提起手柄，自动发送呼叫号码）。若该号码正确，则被呼叫分机开始振铃，管理中心发出回铃声，等待分机摘机，分机在规定时间内（25s）摘机，即可进入通话状态。在输入数字过程中，按"＊"键或挂机将回到待机状态。

② 监视门口机　输入门口机编号（最大 4 位），按监视键。在监视过程中，再按一次监视键或"＊"键，即可取消监视。每次监视时间为 25s。监视过程中门口主机有任意键按下，都将结束监视。若要监视的门口机被占用，则显示"busy"。

（2）管理中心提示信息

电源指示灯：指示电源通/断状态。

报警/摘机指示灯：亮表示摘机，待机状态下表示报警信息。

显示"busy"：表示被监视或被呼叫之分机或门口机被占用。

显示"d＊＊＊＊"：表示 ＊＊＊＊ 号门口机呼叫管理中心。

显示"open"：表示已开启门口机的电控锁。

显示"Err"：输入号码错误或线路故障；操作被中断或被叫方无回应。

二、设备连接

（1）狄耐克系列的对讲系统总体（图 5-31）

（2）单元主机室内分机的连接（图 5-32）

（3）管理机与单元主机的连接（图 5-33）

（4）管理中心（602C）端口说明

602C 有两个视频端子，所有门口机的视频信号接入"视频输入"，而"视频输出"接往副管理中心。端子"接主机"为信号输出端子，可参照系统连接图与门口主机正确连接。端子"接电脑"为计算机通信接口，与计算机的串行口连接，配合系统管理软件，实现小区智能化管理。

（5）调试及维修时应注意事项

① 不得在加电的情况下更换系统中的设备及线路。

② 每次加电前都应先检查接线头，不得有短路、错接等现象。若系统有异常现象，应立即断电，查明原因。

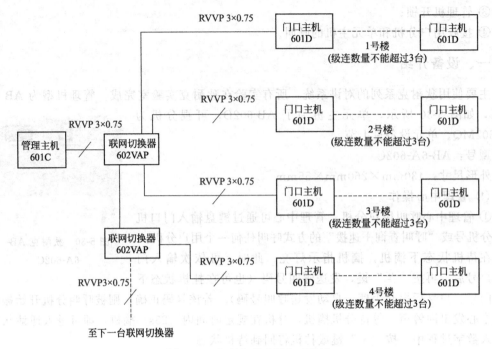

图 5-31　狄耐克系列楼宇对讲图

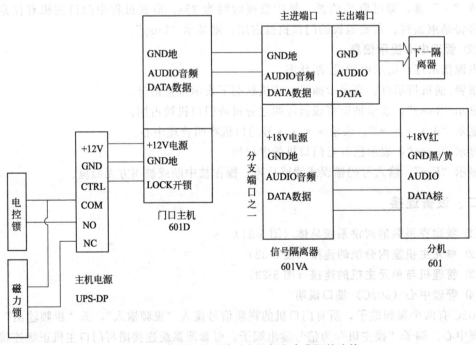

图 5-32　狄耐克系列单元主机与室内分机的连接

③ 数据、音频信号线采用屏蔽线时，屏蔽层应与信号地即"GND"可靠连接。主干联网线中的视频屏蔽地线不能与信号地即"GND"相连。

④ 电源 UPS-P、UPS-CP、UPS-DP 内部带有备用电池。当市电断电时，内部备用电池自动向分机、管理中心及门口主机提供电源。UPS-P、UPS-CP、UPS-DP 线路板上的保险丝控制直流输出，接线时可先将保险丝卸下，检查接线无误后，先接通交流 220V 外电源，

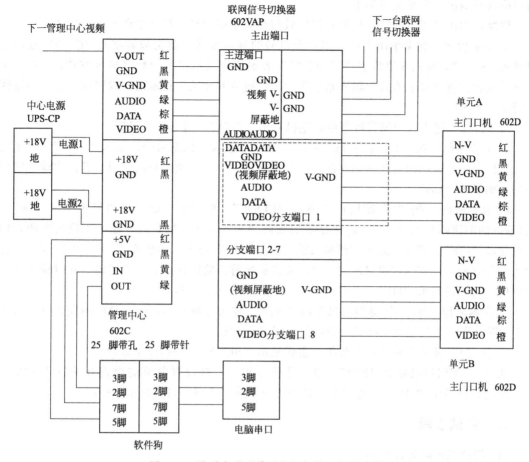

图 5-33　狄耐克系列单元主机与管理机的连接

然后将保险丝装上。

⑤ 电源 UPS-P、UPS-CP、UPS-DP 交流变压器的过流保险丝规格为 0.5A。UPS-P、UPS-CP 的线路板上的直流保险丝规格为 2A，UPS-DP 的线路板上的直流保险丝规格为 1A。不得随意更换其他规格的保险丝，否则将造成严重后果。

⑥ 当备用电池供电时，管理中心、分机都不会显示图像，但其余功能（例如通话、开锁等）都应正常工作。

三、门口机编程操作

按住 "0" 3s，键主机显示 "PW0"，输入 6 位超级密码或工程密码（初始密码为 000000），主机显示 "MenU"。在 "MenU" 状态下可进行以下分菜单的编程设置（一般情况下，"＊" 为退出键，"＃" 键为确认键）。

① 按 "1" 键进入系统配置菜单，主机显示 "SYST"，进行如下设置。

a. 本机号码　按 "1" 键门口机显示 "d＊＊＊＊"，输入 1～4 位门口机号，按 "＃" 键确认，门口机显示 "d＊＊＊＊"，"＊＊＊＊" 为新输入的门口机号。按 "＊" 键可退出此菜单，并进入系统配置菜单。

b. 显示长度　按 "2" 键门口机显示 "LEN-＊"，"＊" 表示目前门口机的显示长度（即用户分机号的长度）。根据系统要求输入 1～5（围墙机 1～6）数值，按 "＃" 键确认，门口机自动退出至系统配置菜单。

注意：本机号码（即门口机号）的位数与此菜单中的显示长度之和不得超过 6。

c. 显示模式　此菜单用于设置用户分机号的显示模式（英文或数字）。按"3"键门口机显示"——"，输入 6 位数字"0"或"1"表示相应显示位置为数字显示方式，1 表示相应显示位置为英文显示方式。输入错误按"＊"键或其他数字键取消，设置成功后自动返回系统配置菜单。

② 按"2"键进入密码管理菜单，主机显示"PSW"，进行以下设置。

a. 工程密码　按"1"键门口机显示"——"，输入 6 位新密码，显示"——"，再重复输入 6 位密码，若两次输入密码相同，门口机显示"OK"，密码修改完成。若两次输入密码不同，则显示"Err"。

b. 公共密码　按"2"键门口机显示"CODE"，按"＃"键门口机显示"＊＊＊＊"（已输入的旧密码）或"——"。若在显示旧密码"＊＊＊＊"的状态下输入 4 位新密码，门口机显示"OK"，则输入的新密码覆盖前面所显示的旧密码。连续按"＃"，可连续查询已存入的公共密码。若门口机显示"——"，则表示当前存储位置尚未存入密码，此时输入 4 位新密码，门口机显示"OK"，并且将此 4 位新密码存入当前位置。

c. 密码复位　按"3"键门口机显示"NO"，输入分机号码，若该分机的设置开关置于 ON 位置，则门口机显示"OK"，否则门口机显示"Err"。

③ 按"4"键进入系统设置菜单，主机显示"SETN"，进行以下设置。

按"1"键门口机显示"NO"，输入分机号码，若被设置分机的设置开关置于 ON 位置，则门口机显示"OK"并返回至设置分机子菜单，否则门口机显示"Err"。

四、测试步骤

(1) 门口机呼叫管理中心

在待机状态下，按下门口机键盘上的"＊"键。

① 若管理中心忙，则门口机显示"busy"并返回至待机状态。

② 若管理中心不忙，门口机将显示"CENr"，并打开 CCD 送出视频信号，同时发出回铃声。管理中心振铃，并显示门口机的编号"d＊＊＊＊"，同时显示该门口机影像。此时，值班人员可摘机，即可与门口机进行通话，通话限时为 45s。

③ 在呼叫或通话中，若门口机的"＊"键被按下，则放弃本次呼叫。

④ 在通话状态下按下管理中心的开锁键，则相应门的电控锁将被打开，同时管理中心会发出一声"嘀"的开锁确认音，门口机显示"open"，并发出一声"嘀"。

(2) 密码开锁

门口机待机状态，按"＃"键，门口机将显示"No"，再按"＃"键，门口机显示"——"，此时输入任意一组公共密码，若密码正确，门口机开启电控锁，同时显示"open"，否则回到待机状态。

(3) 用户分机呼叫管理中心

分机先摘机，后按呼叫键，才能呼叫管理中心。

① 若系统处于忙状态，分机将会听到 3 声"嘀"，说明系统忙。

② 若系统处空闲状态，则分机从听筒中可听到回铃声，此时若分机挂机，则放弃呼叫；若管理中心摘机，则进入通话操作；若 25s 后管理中心仍未摘机，则系统自动切断，放弃本次呼叫。

③ 紧急报警功能：挂机状态按下呼叫键超过 2s，可实现紧急报警。

（4）管理中心呼叫用户分机

管理中心可通过键盘输入门口机号和分机号或"呼叫查询＋速拨"的方式呼叫任何一个用户分机。

① 在待机状态下摘机，摘机指示灯亮，此时可依次输入门号、户号后，再按"＃"键，发送呼叫号码（也可在挂机状态下输入门号、户号后提起手柄，自动发送呼叫号码）。若该号码正确，则被呼叫分机开始振铃，管理中心发出回铃声，等待分机摘机，分机在规定时间内（25s）摘机，即可进入通话状态。在输入数字过程中，按"＊"键或挂机将回到待机状态。

② 监视门口机：输入门口机编号（最大 4 位），按监视键。在监视过程中，再按一次监视键或"＊"键，即可取消监视。每次监视时间为 25s，监视过程中门口主机有任意键按下都将结束监视。若要监视的门口机被占用，则显示"busy"。

五、管理软件安装

（1）操作系统安装

智能小区管理系统包括电子巡更系统、多表抄集、停车场系统、综合系统（包括门禁系统、住宅监控、边界报警三个子系统），系统结构为 C/S（客户机/服务器结构的网络版系统），一般数据都放在服务器上，工作站只是安装管理软件，这样有利保护数据。有两种常见的操作系统安装模式：客户机/服务器模式和单一 PC 使用模式。

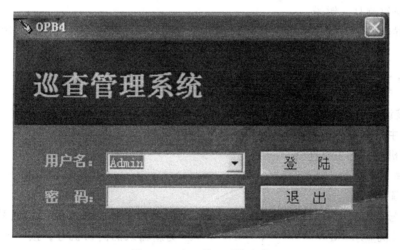

图 5-34　小区管理系统安装

客户机/服务器模式安装界如图 5-34 所法，安装方法（此方法适用于大型网络系统）如下。

① 服务器安装（客户机/服务器模式）。

② 客户机安装：工作站装 Windows 98 或以上的操作系统都行，配置一下网络，在登录时，输入在服务器中建的用户登录名＜User＞，并输入密码即可登录到服务器域中。

如果只有一台 PC 进行管理，建议操作系统装 Windows 2000 Profession 版即可。

（2）SQL Server 2000 数据库系统安装

① 服务器端 SQL Server 2000 安装（如果是一台 PC 进行管理，SQL Server 2000 数据库只需装这一步即可，第二部分中的其他步骤无需装）　把光盘放入光驱中，打开 SQL

Server 2000 安装文件，按照提示进行安装。

接下来就开始复制文件。文件复制完后建议重新启动一下计算机。

② 数据库的附加　把光盘中的 Data 目录拷贝到 D 盘中，如果要安装多个软件（如小区管理、停车场、巡更等），只要在 D 盘中建一个 Data 目录，然后把相应软件光盘中的 Data 目录中的两个文件（＊.MDF 和＊.LOG）都拷到 Data 中即可。

（3）客户端应用软件安装

打开安居宝智能小区系统安装光盘开始安装。在安装过程中无需特别配置，只在出现下面对话框时，把安装目录改掉。如：若是安装电子巡更软件，则把目录改为 C:\电子巡更系统；多表抄集软件，则改为 C:\多表抄集等。

安装目录改过来后，点"开始安装"按钮继续安装直到结束。

特别注意　安居宝智能小区管理系统的数据库名为：

小区管理　　AJB_Xq_Data.MDF 和 AJB_Xq_log.LDF

抄表系统　　AJB_CB_Data.MDF 和 AJB_CB_log.LDF

停车场系统　AJB_TC_Data.MDF 和 AJB_TC_log.LDF

巡更系统　　Xg_Data_Data.MDF 和 Xg_Data_log.LDF

如果购买两套以上软件，建议在 D 盘新建一个 Data 目录，然后把光盘中的 Data 目录中的数据库都拷贝到 D 盘中的 Data 目录中，一定要把只读属性改掉。

［任务材料］

工具：螺钉旋具、钳子。

材料：导线若干、管理主机一台、单元可视主机一台、可视分机一台、电源一台、电控锁一台。

［任务步骤］

（1）连接设备

① 单元主机分机的连接。

② 管理机与单元主机连接。

（2）编程

门口机编程如下。

① 本机号码：按"1"键门口机显示"d＊＊＊＊"，输入 1～4 位门口机号，按"＃"键确认，门口机显示"d＊＊＊＊"，"＊＊＊＊"为新输入的门口机号。按"＊"键可退出此菜单，并进入系统配置菜单。

② 设置分机：按"1"键门口机显示"NO"，输入分机号码，若被设置分机的设置开关置于 ON 位置，则门口机显示"OK"并返回至设置分机子菜单，否则门口机显示"Err"。

③ 其他项目编程按前面讲述设置。

（3）测试

① 门口机呼叫管理中心。

② 密码开锁。

③ 用户分机呼叫管理中心。

④ 管理中心呼叫用户分机。

[问题讨论]

① 简述狄耐克系列分机地址设置与安居宝的区别。

② 如果室内分机换为非可视分机，管理机与分机之间如何通信？

[习题]

① 简述管理主机的安装调试过程。

② 参观所在的小区管理中心，分析管理主机与单元主机、室内分机的工作过程。

③ 管理主机软件有什么作用？

任务五　楼宇对讲系统检查和评价

[任务目标]

通过楼宇对讲系统的单元内调试、系统联网调试，掌握分体调试和联合调试的方法和细节；通过楼宇对讲系统安装后的自查互查，不断调试优化，写出系统设备安装调试报告。通过对完成任务的评价，了解楼宇对讲系统验收注意事项。

[任务内容]

进一步对完成的设备安装调试工作做进一步的联合调试，一方面小组内部根据检查标准实现自查和互查，另一方面对完成的任务按照评价标准进行评价。

[知识点]

一、单元内调试

一般在系统调试之前进行内容包括：

① 主机的编程调试；

② 分机的设置调试；

③ 主机与分机通信调试；

④ 主机与分机开锁调试。

二、联网调试

联网调试是在单元调试的基础上对整个小区的系统功能进行调试，主要是测试管理机与单元主机、室内分机的联网性能。主要包括：

① 管理机编程调试；

② 管理机机单元主机通信调试；

③ 管理机与室内分机通信调试。

三、一般故障和诊断方法

① 线路是否通畅：严格按照说明书进行线路连接。

② 确保检查无误会通电实验。

③ 主机、分机的编程是否正确。

四、系统施工质量验收表（表5-3）

表5-3 楼宇对讲系统分项工程质量验收记录

单位(子单位)工程名称			子分部工程	安全防范系统
分项工程名称		楼宇对讲系统	验收部位	
施工单位			项目经理	
施工执行标准名称及编号				
分包单位			分包项目经理	
检测项目(主控项目)			检查评定记录	备注
1	设备功能	可视分机		
		单元主机		
		电控锁		
		电源		
		管理主机		
2	图像质量	图像清晰度		设备抽检数量不低于20%且不少于3台。合格率为100%时为合格；系统功能和联动功能全部检测，符合设计要求时为合格，合格率为100%系统检测合格
		抗干扰能力		
3	声音质量	声音清晰度		
		抗干扰能力		
4	系统功能	呼叫		
		应答		
		话音		
		开锁		
5	三方通信			

检测意见：

监理工程师签字：
(建设单位项目专业技术负责人)
日期：

检测机构负责人签字：

日期：

五、楼宇对讲主要工作流程

（1）用户需求分析

根据用户需要和现场勘查结果，选择合适的系统模型。

（2）系统设计

① 初步设计　包含设备布局图；系统构成框图，标明各种设备的配置数量、分布情况、

传输方式等；系统功能说明，包括整个系统的功能、所用设备的功能等；设备、器材配置明细表，包括设备的型号、主要技术性能指标、数量。

② 详细设计　施工图是能指导具体施工的图纸，包括设备的安装位置、线路的走向、线间距离、所使用导线的型号规格、护套管的型号规格、安装要求等；测试、调试说明。应包括系统分调、联调等说明及要求。

（3）工程实施流程

施工准备包括施工技术准备和其他准备。

施工阶段包括以下内容。

① 保证工期的措施

• 现场组织实行项目法管理，组织严密的项目管理班子，形成快速决策、指挥灵活的可靠管理系统。

• 重视图纸会审工作，同时在施工中，及时提前将施工图中的问题提出，避免设计方面影响到施工进度。

• 严格按施工进度计划组织施工，采用网络计控制工期，按项目编制作业计划，做到以日保旬、以旬保月、以月保总工期，使施工既有预见性，又有短时期的计划调整，确保施工计划顺利实现。

• 及时提出材料、机具计划，并按计划或工程需要及时组织进场，同时加强机具的维修及保养工作，杜绝因材料、机具等情况影响工期的现象。

• 合理紧凑地安排施工计划，多方面同时施工，选用精兵强将，利用不影响住户正常生活的休息时间组织施工，提高工作效率，加快工程进度。

• 搞好安装、装饰的交叉配合，明确总、分包之间的责、权、利关系，同时加强施工现场的施工管理系统的组织领导，做到统一指挥、统一协调，以适应多变的客观条件。

• 尽可能地消除与施工相互干扰现象；工程进度款按时拨付，材料计划精心安排，保证工程正常施工。

② 质量保证　根据该工程确定的质量目标，采取以下措施予以保证质量目标的实现。

• 建立公司经理为首的质量监控体系。设置项目总工程师，严格实行技术交底制度，建立健全三检制度和工序交接检验制度。

• 根据项目施工的特点，落实技术管理、质量管理责任制。加强项目机构人员、岗位、责任的落实，对工程质量实施全面的控制。

• 严格按国家施工及验收规范、质量检验评定标准及有关规范规定对各分项工序进行质量检查和控制。

• 施工人员必须认真熟悉图纸，及早发现问题并及时会同设计和有关单位研究解决，且工程变更必须有书面通知。

• 坚持三级技术交底制度，层层落实。特别是在各分项施工前，工长应向班级进行详细的技术交底。交底应包括技术要求、质量标准、施工方法、劳动力组合、机具使用等。

• 要坚持材料检验制度，不合格的材料、产品、半成品决不能使用。

• 隐蔽工程进行前，应会同甲方、监理、质检等单位，经检查验收合格后方可施工，隐蔽验收记录应内容齐备、完善。

• 加强产品的保护工种，教育员工不仅爱护自己的产品，也要爱护其他施工单位的产品。

③ 安全保证体系

- 建立以质安部为首的安全保证体系，以项目为中心，完善落实安全岗位责任制，按照"谁指挥谁负责，谁施工谁负责，谁操作谁负责"的原则，使岗位责任制落实到各层次、各部门、各班组及每个人。
- 班前进行安全活动，由班组工种安全员进行当日作业的安全交底，项目安全员进行安全巡视检查。
- 班组工种安全员随时检查作业的安全状况，发现事故隐患，立即整改。项目安全员每天组织一次检查，公司每6天组织一次检查。检查和整改建立文字记录。
- 严禁无证人员从事特种作业。坚持逐级进行技术交底的同时，必须进行安全操作交底，逐条落实到班组个人，并经常进行检查监督，认真执行。坚持班前安全活动，做好记录。

（4）调试开通阶段

按编制的系统调试方案，各专业对各系统进行单机试运行、系统综合测试及调整、资料的整理。

（5）竣工验收阶段

按编制的验收计划逐层、逐间、逐区进行验收工作。对发现的问题迅速整改，申请复检，逐步验收移交。工程验收分隐蔽工程、分项工程和竣工工程三步进行。

［任务步骤］

（1）系统检查表（表5-4）

表5-4　系统检查表

编号	项目	检查细节	检查评定	说明
1	管理主机	(1)安装位置		
		(2)安装质量		
		(3)通电;设置检查		
		(4)测试编程		
		(5)呼叫单元主机		
		(6)呼叫室内分机		
		(7)远程开锁		
		(8)图像质量		
		(9)声音质量		
2	单元主机	(1)安装位置		
		(2)安装质量		
		(3)通电;设置检查		
		(4)测试编程		
		(5)呼叫管理机		
		(6)呼叫室内分机		
		(7)图像质量		
		(8)声音质量		
3	室内分机	(1)安装位置		
		(2)安装质量		

编号	项目	检 查 细 节	检查评定	说明
3	室内分机	(3)通电:设置检查		
		(4)测试编程		
		(5)呼叫管理机		
		(6)远程开锁		
		(7)图像质量		
		(8)声音质量		
		(9)视频质量		
		(10)控制功能		
		(11)远程监视功能		
		(12)其他功能		
4	其他设备	(1)安装位置与安装质量		
		(2)通电实验		
5	电缆敷设	(1)水平子系统分支线		
		(2)建筑物垂直主干线		
		(3)建筑群水平主干线		

(2) 任务实施评价表（表 5-5）

表 5-5　任务实施评价表

编号	项 目	评 定	说 明
1	任务完成情况		
2	实训报告		
3	小组分工协作		
4	其他方面		

(3) 楼宇对讲系统安装调试应遵守的规范

① 《智能建筑设计规范》（DBJ 08-47-95）

② 《民用建筑电器设计规范》（SGJ/T 16—92）

③ 《安全防范工程程序与要求》（GA/T 15—94）

④ 《民用建筑闭路监视电视系统工程技术规范》（GB 50198—96）

⑤ 《建筑及建筑群综合布线系统工程设计规范》（CEC S72—97）

⑥ 《建筑设计防火规范》（GBJ 16—87）

⑦ 《电子计算机主控室设计规范》（GB 50174—93）

⑧ 《中国电器安装工程施工及验收规范》（GBJZ 32-90-92）

⑨ 《建筑及建筑群综合布线系统工程施工和验收规范》（CECS 89—97）

⑩ 《信息技术-客户通用电缆铺设要求》（ISO/IEC 11801）

⑪ 小区楼宇对讲系统的主要设计性能要求

⑫ 楼宇对讲系统用户和控制中心要求

[问题讨论]

① 楼宇对讲系统检查时应检查哪些项目？

② 在进行室内分机检查时，可视分机与非可视分机应注意哪些问题？

[课后习题]

① 参观附近的小区，熟悉系统检查的流程。

② 如果检查中发现问题应该如何解决？

学习情境六　视频会议系统设备安装与调试

任务一　参观视频会议系统应用场所

[任务目标]

通过参观视频会议系统应用场所，了解视频会议系统的功能、用途，了解视频会议系统的基本系统类型和原理组成，理解组成视频会议系统的各部分具体设备的功能。

[任务内容]

① 介绍实训室视频会议系统的功能和组成设备。

② 参观智能化楼宇弱电系统分项实训室。

③ 参观智能化楼宇弱电系统综合实训室，亲身体验视频会议系统的功能，近距离观察组成视频会议系统的各种设备。

[知识点]

一、视频会议系统介绍

问题：某集团公司计划对遍布全国各地的分支机构相关人员进行业务培训，涉及人员达几千人。这可实在要费一番周折：安排酒店、联系会场、各地人员安排空档出差、准备会议的演讲稿和办公用品……，更需要找一个可容纳几千人的酒店式会场。

信息技术的高速发展极大地影响着人类社会的工作方式和生活方式，许多新的应用不断出现，视频会议就是近年来兴起的一种新的多媒体通信方式。

随着"信息高速公路"的建立、多媒体技术的出现与发展，使视频图像的网络传输成为可能，可以通过公众和专用网络包括 LAN、WAN、Internet、ISDN、ATM、DDN、PSTN 等现有的网络基础设施，以低廉的价格传输数据、视频和音频信号，实现更快、更高质量的通信服务。视频会议系统（图 6-1）就是利用现代音视频技术和通信技术在两个或多个地点的用户之间举行会议，实时传送声音、图像的通信方式，具有实时性和交互性的特点。通过视频会议系统，身处异地的人们可以进行面对面的会议和讨论，不仅可以听到对方的声音，更可以看到对方的表情、动作，还可以传送相关数据资料，实现共享软件应用等更高层次的应用。视频会议对于及时召开工作会议、发布重要信息、节约费用和时间具有重要作用，符合现代社会对通信技术方便、快捷、多媒体、大信息量及交互式的要求。

图 6-1　视频会议系统示意图

二、视频会议的发展及分类

从亘古时代的烽火传讯、鸿雁传书，到现代的电话、电报、传真等方式的邮政电信业务，再进一步到目前基于互联网开展的 Email、视频通信业务，人类通信的发展不断更新换代。人们已不再满足于电话、电视、传真和电子邮件等单一媒体提供的传统语音和文字通信服务，而需要数据、图形、图像、音频和视频等多种媒体信息以超越时空限制的集中方式作为一个整体呈现在人们眼前。视频会议系统正是以这种信息多元化、响应及时化等特点被大众接受，它将计算机的交互性、通信的分布性和多媒体的实时性完美地结合起来。

视频会议在十多年的发展里，大致可分为三个阶段：第一阶段是基于数字通信网，如SDH、DDN 等的会议电视系统；第二阶段是基于 ISDN、ADSL 网络的会议电视系统；第三阶段是基于 LAN 和 Internet 的会议电视系统。

通常从实现方式来看，视频会议系统有如下几类。

（1）**基于硬件的视频会议系统**

这是目前最常用的实现手段。特点是使用专用的设备来完成视频会议，系统使用简单、维护方便，音视频的质量非常好，对网络要求高，需要专线来保证，整套系统造价较高。

（2）**基于软件的视频会议系统**

完全使用软件来完成硬件的功能，主要借助于高性能的计算机来实现硬件解码功能。特点是充分利用已有的计算机设备，总体造价较低。

（3）**网络视频会议系统**

完全基于互联网而实现。特点是可以实现非常强大的数据共享和协同办公，对网络要求极低，完全基于电信公共网络的运营，客户使用非常方便，不需要购买软件和硬件设备，只需交费即可，视频效果一般。

三、视频会议的应用

虽然视频会议对于硬件、网络、软件等各方面要求都相对较高，造价比较大，但由于其能够强化不同地域、不同部门的协调管理，目前已经被各政府部门、金融、教育、医疗以及各种大型集团、企业所广泛采用。

图 6-2　远程商务会议

(1) 远程商务会议（图 6-2）

这是视频会议最普遍最广泛的应用领域，适用于一些大型集团公司、外商独资企业等在商务活动猛增的情况下，充分利用视频会议方式来组织频繁的商务谈判、业务管理和远程公司内部会议。

(2) 远程教育（图 6-3）

利用视频会议开展教学活动，使更多、更大范围的学生能够聆听优秀教师的教学，学生们可以与全球各地的同学进行通信，进行文化交流并实现国际化。在高等教育中，主校园中的课程不仅可以被其卫星学校及远程学习设备共享，提供实时互动教育，还可通过网络进行传播，这样远程学生也可通过 Web 接入的方式查看讲座。通过这种方式，还可让更多的人接受知名教授的指导，扩大学校的知名度。此外，视频通信还可极大地改善管理者、教授、教职工和学生之间的沟通。

图 6-3　视频会议在远程教育中的应用

(3) 远程医疗（图 6-4）

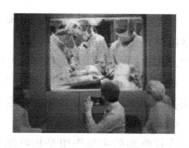

图 6-4　视频会议在远程医疗中的应用

利用视频会议，实现中心医院与基层医院就疑难病症进行会诊、指导治疗与护理、对基层医务人员的医学培训等。高质量的视频业务，使医生、护士在不同地方同时协同工作成为可能。远程医疗对于一些中、小医院有着重要的意义，可以得到大医院的医学专家的咨询和会诊。

（4）司法机构

由于法庭和差旅成本的上升，再加上监狱系统的安全风险，视频通信正在成为司法系统进行沟通的一个替代方式。视频会议系统可以在法庭、监狱、医院以及其他更多地点之间，通过成本更低的方法对犯人、证人进行传讯，虚拟出庭作证，精神病评估等。

（5）政府行政会议（图 6-5）

图 6-5　政府行政会议视频系统

我国幅员辽阔，各级政府会议频繁，视频会议系统是一种现代化召开会议的多快好省的方法，它可使上级文件内容即时下达，使下级与会者面对面地讨论和深刻领会上级精神，使上级指示及时得到贯彻执行。

四、视频会议系统的基本组成

目前主流的基于硬件的视频会议系统，主要由承载层、终端设备以及多点控制单元MCU（Multipoint Control Unit）三部分构成，如图 6-6 所示。终端设备和 MCU 是视频会议系统所特有的部分，承载层是与视频会议系统所承载的宽带网络紧密相连的。

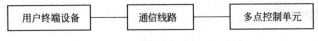

图 6-6　视频会议系统的构成

而一套完整的视频会议系统应由视频会议终端、多点控制单元 MCU、网络管理软件、传输网络以及相关附件五大部分构成。没有两个组织的做法、想法、甚至交流方式是相同的，再加之用户已有的网络状况、硬件设施各有特色，所以对视频会议系统中视频会议终端系统、多点会议控制单元 MCU、网络管理软件等部分的要求也各不一样，所以视频会议设备供应商提供了多种解决方案和服务供选择。

（1）视频会议终端

视频会议终端的主要作用是将终端处会议点的实况录像信号、语音信号及用户的数据信号进行采集、压缩编码、多路复用后，送到传输信道上去。同时把从信道接收到的会议电视信号进行多路分解、视音频解码，还原成对方会场的图像、语音及数据信号，输出给用户的视听数据设备。与此同时，视频会议终端还将本点的会议控制信号（如建立通信、申请发言、申请主席控制权等）送到 MCU，同时接收 MCU 送来的控制信号，执行 MCU 对本点的控制指令。

视频会议终端设备主要包括摄像机、话筒、监视器、扬声器、回波抵消器、终端处理器、会议控制器等。

摄像机、话筒是视频会议系统的输入设备，把会场的图像与声音转换成电信号，送入终端处理器进行处理。

监视器和扬声器是视频会议系统的输出设备，用来显示会场的声音和图像。10 人以下的会议室可采用 74cm 或 86cm 的监视器，会场人数较多时，可采用电视墙或投影仪。

回波抵消器用来抑制回声。因为在第一会场中输入话筒的声音信号除了有本会场发言人 A 的声音外，还会有其他会场（例如第二会场）发言人 B 通过第一会场的扬声器发出的声音，它经过终端处理器和通信链路传到第二会场后，就会在第二会场形成发言人 B 的声音。接入回波抵消器，使第一会场中由扬声器进入话筒的电信号与原来输入扬声器的电信号反相叠加，使第一会场送入通信线路的信号中发言人 B 的声音信号被抵消，即消除了回声。

终端处理器是视频会议系统终端设备的核心，它把本会场由摄像机和话筒输入的视频、音频模拟信号变为数字信号，并进行编码、压缩和复合，送往通信链路；又把其他会场经过通信链路送来的数字信号经过解码、解压缩和分接，送往监视器和扬声器，变成声音和图像。

会议控制器用于完成会议过程中对终端的操作、控制和管理。例如摄像机的转动和切换，话筒音量的调整，主席会场对其他会场的控制，以及系统的设置、管理和维护等。

除上述设备外，有时在会场上还需要放置计算机、传真机、扫描仪、录像机、幻灯机等设备，向参会人员提供录像、幻灯和其他资料。有时还需要电子白板、书写机、打印机等，供与会人员讨论问题时写字、画图、形成会议文件时使用。常见视频会议终端设备如图 6-7 所示。

图 6-7　视频会议终端设备

视频会议终端主要有三种：桌面型、机顶盒型、会议室型。

① 桌面型终端　桌面型终端是强大的桌面型或者膝上型电脑与高质量的摄像机（内置或外置），ISDN 卡或网卡和视频会议软件的精巧组合。它能有效地使在办公桌旁的人或者正在旅行的人加入到会议中，各方进行面对面的交流。

主要应用：桌面型视频会议终端通常配给办公室里特殊的个人或者在外出差工作的人。虽然桌面型视频会议终端支持多点会议（例如会议包含两个以上会议站点），但是它多数用于点对点会议（例如一人与另外一人的会议）。

② 机顶盒型终端 机顶盒型终端以简洁著称。在一个单元内包含了所有的硬件和软件，放置于电视机上，安装简便，设备轻巧。开通视频会议，只需要一台普通的电视机和一条 ISDN BRI 线或局域网连接。视频会议终端还可以加载一些外围设备，例如文档投影仪和白板设备来增强功能。

主要应用：机顶盒型终端通常是各部门之间的共享资源，适用于从跨国公司到小企业等各种规模的机构，也往往是公司购买的第一种"会议室型终端"。

③ 会议室型终端 会议室型终端几乎提供了任何视频会议所需的解决方案，一般集成在一个会议室。会议室型终端通常组合大量的附件，例如音频系统、附加摄像机、文档投影仪和 PC 协同文件通信。双屏显示、丰富的通信接口、图文流选择，使终端成为高档的、综合性的产品。

主要应用：会议室型终端主要为中、大型企业而设计。

表 6-1 列出了不同类型的视频会议终端可采用的附属设备。

表 6-1 视频会议终端的附属设备

设 备	桌面型	机顶盒型	会议室型
文档投影仪		√	√
扫描仪与打印机		√	√
机柜		√	√
监视器/电视机		√	√
大型扩音器	√		√
麦克风	√	√	√
大型摄像机	√		√
DVD 播放机	√	√	√
录像机	√		√
外部遥控器		√	√
写字板			√
中央控制		√	√
记忆卡		√	√
放映机			√
等离子屏	√	√	√
计算机监视器			√

(2) 多点控制单元 MCU（图 6-8）

多点控制单元也叫多点会议控制器，英文名为 Multi Control Unit，简称 MCU。MCU 是多点视频会议系统的关键设备，它的作用相当于一个交换机的作用。它将来自各会议场点的信息流，经过同步分离后，抽取出音频、视频、数据等信息和信令，再将各会议场点的信息和信令送入同一种处理模块，完成相应的音频混合或切换、视频混合或切换、数据广播和路由选择、定时和会议控制等过程，最后将各会议场点所需的各种信息重新组合起来，送往各相应的终端系统设备。

(3) 传输网络

传输网络即宽带连接方式，通常有 LAN 接入、ADSL 接入、cable modem 接入方式和

大型多点MCU   小型MCU

图 6-8 多点控制单元（MCU）

无线接入四种方式。

(4) 附属设备

一套视频会议系统需要哪些附属设备，需要看具体应用需求。通常用到的附属设备包括投影仪、监视器/电视机、大型扩音器、麦克风、大型摄像机、DVD播放机、录像机、外部遥控器、写字板、中央控制、记忆卡、放映机、等离子屏、计算机监视器等。

五、视频会议的基本功能

(1) 点到点会议

在会场使用遥控器直接呼叫对方的电话号码（或从电话本选择呼叫）即可，无需其他人协助。如果呼叫不成功，根据反馈的提示信息（类似于对方忙等），用户做少许操作即可完成呼通进行视频通信。

(2) 多点会议

多点会议使用有两种方式。

方式一 主叫呼集功能，即由召集会议人在会议室通过终端的电话本选择要召集的会场确认即可召集成功，然后由召集人申请主席主持会议，由召集人自己完成会议的各种控制功能。

方式二 由管理员在会议管理系统上预定义好会议，预定义的会议可以选择立即召开，也可以选择在某个时刻召开，会议召开后，由召集会议人申请主席主持会议。对于被召集人参加会议，若终端正常开机，将自动加入会议；若中途加入会议，只需要呼叫系统特服号码即可入会；对于采用匿名方式的会议，通过呼叫会议接入号码和密码方式入会。

(3) 常用会议功能

① 实时音、视频广播 优秀的音、视频交互能力。在主控模式下，由主持人选择广播参与会议成员的视频，系统允许同时广播多路语音、视频。

② 查看视频 为了更加真实地再现会议的临场效果，会议成员间可以相互自由查看视频。视频会议系统可灵活选择多画面显示模式（图 6-9），这样各会场都能在一个显示设备上同时显示，极大地增强了会议的临场效果。多画面会议中，还可以启用语音激励模式，即多画面显示模式中的大画面将实时显示会议中发言的会场（声音最大的会场）。

通常的视讯终端只能同时传送1路摄像机活动图像，即使终端同时接了多台摄像机，通常只能采用切换方式选择其中1路传送。选择内置双视传送功能（图 6-10）的视频会议终端，在不增加会议带宽的情况下，可以同时将2路的摄像机实时图像传送给远端，通过该功能，大大增强了视频会议的临场效果。例如，主席会场的终端可将会场中与会者的活动图像

远端会场(多画面方式)   本地图像

图 6-9　多画面会议

远端会场(双视传送)   本地图像

图 6-10　会议双视传送功能

和主席台上演讲人活动图像同时传到远端会场,这样各分会场就可以同时看到主会场与会者的图像以及演讲人的实时图像,更真实地再现主会场的情况。

③ 字幕功能　会议中经常需要使用字幕功能,如用于重要提示、会议通知、欢迎词等,选择内置字幕机功能的(图 6-11)视频会议终端,会议中可通过滚动或其他方式将信息实时发送给其他会场。

远端会场发送字幕   本地图像

图 6-11　字幕功能

④ 多媒体功能

a. 电子白板：系统提供多块白板，与会人员都可通过白板进行绘制矢量图，可以进行文字输入、粘贴图片等。在主控模式，主持可以禁止其他人使用白板。

b. 文字讨论：会议成员可以通过会议系统中的文字聊天系统与全部、部分会议成员或其中某一位成员进行文字聊天、发送信息。另外，系统具有的词典过滤功能，可以过滤那些经常出现的不文明词汇。

c. 系统消息：显示会议系统发生的事件，如其他人查看你的视频、系统中的发言、主持人的部分系统操作等。

d. 发送文件：在会议开始之前或会议进行中，发言人可以把自己的演讲稿发送给与会者。

e. 程序共享：视频会议的辅助功能，主要用来解决协同办公时相互之间的紧密协作问题。该功能是由发言人把自己的操作程序共享给大家，在主持人的引导下，其他会议成员可以共同操作该程序。

f. 演讲稿列表区：会议发言人可以事先或在会议进行时，把准备好的演讲稿放在演讲稿列表区，当被主持人列为当前发言人时，可以将该文档同步展示给大家。

g. 网页同步：会议成员可以引导大家上某一个具体网站，共同分析问题。

h. 座位列表显示区：显示参与会议的人数和各自状态，可用来查看视频和赋予发言权。

⑤ 会议投票　在会议进行中，会议主持人可以就某一问题，提出几个不同观点，通过会议投票系统可以了解人们对各种观点的支持率，领导可借此实现快速判断决策。

⑥ 会议管理

a. 主持助理：在会议过程中，主持人正在演讲，主持助理可以拥有主持人赋予的部分权限。如：主控模式下，当有人举手时，主持助理可以为主持人处理发言请求，主持助理可以事先与举手的会议成员进行沟通，通过试听功能控制举手人员的发言质量，同时也可以在不影响会议进程下协商发言的内容（主要用于正规的、人数较多的会议中）。

b. 试听功能：主持人或主持助理在让某人发言前，能够通过试听功能确认发言人能否把声音传输给大家，同时可把声音效果调整到最好。

c. 会议录制：在会议进行中，会议录制功能能把整个会议录制下来，供会后编辑、参考、存档。

d. 远程设置：为确保会议顺利进行，主持人通过远程设置，可以把会议成员使用的带宽调整到合适的范围。

e. 踢出会议室：强大的控制功能，能轻松地把不遵守纪律的会议成员请出会议室。

f. 设为发言人：主持人可以把某一会议成员设为当前发言人，该成员就可以广播自己的屏幕、把他的演讲稿展示给与会人员。

g. 系统设置：会议成员可以根据网络环境情况，选择相应的视频压缩格式，从而调整系统所需带宽，保证会议能以最好的效果进行。

h. 用户管理：可以灵活地添加、删除能够使用会议系统的用户，灵活地修改已有的用户信息，避免没有权限的其他人员进入会议系统，干扰会议的正常进行。

[课后习题]

① 简述视频会议系统的组成及各部分的功能。

② 简述视频会议系统的应用。

任务二　视频会议系统实施准备

[任务目标]

了解视频会议结构及技术协议，了解设备生产商及产品特点，学会选择合适的视频会议系统设备。

[任务内容]

① 视频会议系统结构及技术协议简介。
② 视频会议系统设备选型方法。
③ 主流视频会议生产商及产品简介。
④ 根据实训室视频会议系统功能要求，进行简单系统需求分析与设备选择。
⑤ 根据系统需求分析进行设备安装与调试前的计划、准备工作。

[知识点]

一、视频会议系统关键技术简介

(1) 多媒体信息处理技术

多媒体信息处理技术主要是针对各种媒体信息进行压缩和处理。目前新的理论、算法不断推进多媒体信息处理技术的发展，进而推动着视频会议技术的发展。特别是在网络带宽不富裕的条件下，多媒体信息处理技术已成为视频会议最关键的问题之一。

多媒体信息处理技术最核心的技术指标是编码标准、体系结构与流媒体服务。

① 编码标准　和一般的数据业务不同，视频信号的数据量很大，未经压缩的数据流为165.888Mbps，这样码率的数据信号在网络上是无法传输的，会轻易造成网络拥塞甚至崩溃。因此，多媒体信息处理的第一步就是视频压缩。目前在众多的视频编码算法中，被广泛使用在视频会议系统中的压缩标准是 H.26x 和 MPEG。MPEG 制定的标准主要有MPEG-1、MPEG-2 和 MPEG-4。

② 体系结构　视频会议的体系结构有两种：ITU-T H.320 和 H.323。

H.320 是一个传统的电视会议标准，在过去几年被广泛使用在 ISDN 网络中。它的网络结构主要是 H.243 标准下的主、从星形汇接结构，每个终端必须与它对应的 MCU 建立电路连接，组网结构非常固定。由于基于电路交换，它能提供确定的带宽保证，充分保证视频会议的质量。

H.323 的标准名称是基于包的多媒体通信系统，它凭借 TCP/IP 这一协议，使网络上的多媒体应用和业务与基础传输网络无关，因此可以利用 H.323 将多种应用和业务（如视频点播、流媒体组播等）叠加到视频会议系统中。因为 H.323 视频会议系统建立在基于分组交换、QoS得不到保证的通信网的基础上，因而会议系统中的码流必须打包成一个一个分组，根据分组标签统计复用。由于不同信息码各有特点，所以对下层网络的承载要求各不相同。例如视音频码流对实时性要求较高，但可以容忍少量的分组丢失，因而它要求下层网络能提供实时性好的传送机制；而对于数据和控制信息，情况完全不同，要求下层提供可靠性传送。

H. 323 作为下一代多媒体通信平台代表着未来多媒体会议的发展方向和潮流，它的传输网络无关性、灵活性，使它越来越得到普遍地应用，但 H. 320 凭借其在带宽保证方面的优势，仍是很多视频会议用户的最终选择。为了满足不同应用的需要，充分保证用户的投资，现阶段的视频会议系统设备一般同时支持 H. 320 和 H. 323。

③ 流媒体服务　随着视频会议技术的不断发展，流媒体服务概念也被引入到其中。流媒体指的是在网络上使用流式传输技术的连续时基媒体，如视频会议系统中的实时视音频流，流媒体的数据流总是随时传送随时播放的。在视频会议系统中主要使用的流式传输技术是实时流式传输，它保证媒体信号带宽与网络连接的匹配，且总是实时传送特别适合视频会议，同时也支持随机访问。在视频会议系统中主要有以下三种流媒体播放方式得到充分应用。

a. 单播：在终端与 MCU 之间建立一个单独的数据通道，从一台 MCU 发送的每个数据流只能传送给一台终端。这种方式对网络带宽要求较高，但非常灵活，适合召开双向交互式视频会议时使用。

b. 组播：组播技术通过构建一个具有组播能力的网络，IP 可以让 MCU 只发送一个数据流给多个终端共享。这种方式非常节约带宽，适合在一些需要单向收看视频会议的场合中应用。

c. 点播：点播是指用户可以通过选择内容项目来初始化终端连接，对数据流可以开始、停止、后退、快进或暂停。它主要应用于会议录像的点播。

(2) 基于宽带技术的 IP 网络

由于 TCP/IP 协议对多媒体数据的传输没有根本性的限制，因此，目前世界主要的标准化组织、产业联盟、各大公司都在对 IP 网络上的传输协议进行改进，已制定出 RTP/RTCP、RSVP、IPv6 等协议，为在 IP 网络上大力发展诸如视频会议之类的多媒体业务打下了良好的基础。

在现有的网络技术中，从支持 QoS 的角度来看，ATM 作为继 IP 之后迅速发展起来的一种快速分组交换技术，具有得天独厚的技术优势。但 ATM 纯网络的实现过于复杂，导致应用价格高，难被大众所接受。

由于 IP 技术和 ATM 技术在各自的发展领域中都遇到了一定实际困难，因而两种技术的融合正在发展、完善之中。

(3) 媒体处理器技术

视频会议系统要求不同媒体、不同位置的终端能够同步收、发信号。多点控制单元（MCU）可以有效地统一控制，使与会的不同终端能够实现数据共享，有效协调各种媒体的同步传输，使系统更具有人性化的信息交流和处理方式。通信、合作、协调正是分布式处理的要求，也是交互式多媒体协同工作系统的基本内涵。

多点控制单元（MCU）的应用，催生了多媒体处理器 DSP（数字信号处理器）的蓬勃发展，采用 DSP 芯片设计多媒体设备，成为人们关注的方向。

尽管媒体处理器出现的时间不长，但已得到广泛关注，可以预见媒体处理器将会快速应用到多媒体设备制造业中。

(4) 视频会议的技术发展趋势

随着时延问题被媒体处理器技术和标准（如组播技术、带宽预留协议和实时控制协议）逐步解决，基于 IP 的视频会议方案将可以把终端互操作性和高传输性能结合起来，视频通信将会变得更容易，费用会更低。

① 视频会议技术的主要发展趋势是实现更先进的音、视频编解码技术和更专业的图像及语音前后端处理技术。

② MCU 与交换机和路由器融合，随着网络宽带化，视频会议终端也将智能化，其发展方向是小型化、全信息化家庭网络中心宽带智能终端，将通信、娱乐、信息等各种功能融合在一起。

③ 视频会议系统功能多元化，除音、视频外，还可以方便地传送和显示电脑文档，用于培训、汇报、交流；视频会议与电话系统一体化，可方便接入会议电话系统，通过电话、手机也可加入会议；视频会议和办公自动化（OA）系统有机结合，实现网上进行会议组织、会议邮件通知、会议控制、系统维护和升级；网上实现个人可视通话及多方会议；网上只用普通 PC 即可在任何时间学习会议或培训内容；集中指挥、远程调度，通过电视墙统揽全局，远程指挥。

④ 系统组网多样化。只要有网络就能开会，可以通过专线、ISDN、IP（ADSL、LAN接入）、电话等现有网络接入各种多媒体终端。

⑤ 图像清晰化。通过更优异、更成熟的图像编解码技术，实现更清晰的图像传输。

⑥ 使用、维护简捷化。易于使用，可自行组织、控制会议；进行远程管理、远程维护、升级，大大降低维护成本；更新设计，大幅提高系统稳定性。

二、视频会议系统主要技术协议简介

视频会议各种交互信息的传输媒介是各种通信网络，如电信网、Internet、有线电视网等。在这些网络中，视频会议能够顺利进行，不仅依赖于网络和视频会议系统的硬件设备，还依赖于各种网络通信协议以及与这些协议相适应的视频会议标准，即软件。为此，国际电信联盟（ITU-T）制定了一系列的会议电视标准，适用于不同的网络，见表6-2。

表 6-2 视频会议国际标准

标准	H.320	H.321	H.322	H.310	H.323	H.324
应用网络	窄带交换数字网 N-ISDN	网 N-ISDN B-ISDN ATM	宽带保证的包交换网络（ISO Ethernet）	B-ISDNATM	非宽带保证的包交换网络（以太网，Internet）	PSTN,移动，N-ISDN
视频编码	H.261 H.263	H.261 H.263	H.261 H.263	H.261 H.262	H.261 H.263	H.261 H.263
音频编码	G.711 G.722	G.711 G.722 G.728	G.711 G.722 G.728	G.711 G.722 G.728 MPEG1.2	G.711 G.722 G.728 G.723.1 G.729	G.723.1
多路复用通信控制	H.221 H.230 H.242	H.221 H.242	H.221 H.230 H.242	H.222.0/H.222.1 H.245	H.225.0 H.245	H.223 H.245
数据传输	T.120	T.120	T.120	T.120	T.120	T.120
安全机制	H.233 H.234	H.233 H.234	H.233 H.234		H.235	
通信接口	I.400	AALI.363 AJMI.361 PHYI.400	I.400&TCP/IP	AALI.363 AJMI.361 PHYI.400	TCP/IP	V.34 modem

(1) **H.320 协议的特点**

在视频会议系统领域，特别是专网中，基于 H.320 的视频会议系统占据主要市场。在国内，一些大集团、企业、军队用户都组建了基于 H.320 的视频会议专网。

H.320 视频会议系统的优点是系统比较成熟，功能、性能完善，有大型系统运行的经验。缺点主要是 H.320 系统对时钟的同步要求很高。一般采用 2MB/s 专线或 ISDN 连接终端与 MCU，在 MCU 级联、会议电视编号方面受到限制。专线支持的视频会议系统价格高，不便于使用。我国的 H.320 视频会议系统一般都是由单位自己建设专网，专网专用，建设和维护成本都很高，这大大阻碍了 H.320 会议电视系统的发展。

(2) **H.323 协议的特点**

采用 H323 协议组网比 H320 组网具有很多优势。

① 组网灵活：用户可以自己组织会议，不需要系统操作员来控制，减少操作人员的参与，便于业务的开展。

② 节省带宽：采用 H.323 组网，不召开会议时不占用带宽，与其他业务共享带宽，速率可调，可以是 128KB/s、384KB/s、768KB/s 或 2MB/s 等。而 H.320 组网是专线专用，造成线路的极大浪费。

③ 终端设备投资少：随着城市信息化建设的逐渐完善，接入网带宽的不断提高，将会给 H.323 会议电视网带来大量的用户。对普通用户而言，H.323 会议电视系统终端只需要在已有多媒体计算机上添加摄像头、视频采集卡和麦克风即可。

④ 接入方便：IP 接入极为方便。目前，部队、政府机关、大型企业用户基本上都组建成了自己的局域网，有对会议电视接入的巨大需求，通过局域网接入到会议电视系统比采用 H.320 专线方式要方便得多。

⑤ 发展方向：基于 IP 的 H.323 系统具有灵活的多媒体通信的功能，它能在各种计算机网络（例如，基于 INTRNET、INTRANET 及各种 LAN）上运行，并能和其他广域网互通。作为 IP 网的主体协议，H.323 代表了会议电视系统的发展方向。

采用 H.323 协议的视频会议系统典型结构如图 6-12 所示。

三、视频会议系统网络线路简介

目前，很多企业在进行信息化，而视频会议成为信息化建设的标志。视频会议系统网络结构见图 6-13。下面简单介绍常见的几种视频会议系统网络连接方式。

(1) **LAN 接入方式**

宽带网实际上就是"IP 城域网"，它是在城市范围内以 IP 协议（Internet Protocol，互联网协议）为主的互联网，以多种传输媒介为基础，采用 TCP/IP 协议为通信协议，通过路由器组网，实现 IP 数据包的路由和交换传输。

IP 城域网的接入方式目前一般分为 LAN 接入（网线）和 FTTX 接入（光纤）。LAN 接入是指从城域网的节点经过交换器和集线器，将网线直接拉到用户的家里。它的优势在于 LAN 技术成熟，网线及中间设备的价格比较便宜，同时可以实现 1M、10M、100M 的平滑过渡。FTTX 接入是指光纤直接拉到用户的家里（FTTH 光纤到户）或电脑（FTTD 光纤到桌面）。由于目前光纤网络产品的价格昂贵，尚未到普及阶段，但它的无限带宽容量却是未来宽带网络发展的方向。目前光纤主要用于骨干网和各个节点的连接上。

(2) **ADSL 接入**

ADSL（Asymmetrical Digital Subscriber Loop，非对称数字用户线环路）是一种全新

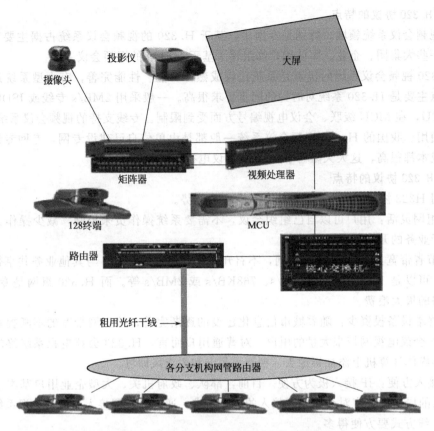

图 6-12　采用 H.323 协议的视频会议系统结构

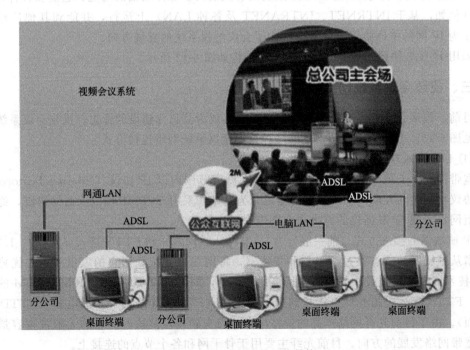

图 6-13　视频会议系统网络结构

的上网方式，被誉为"现代信息高速公路上的快车"。它利用现有的一对铜双绞线（即普通电话线），为用户提供上、下行非对称的传输速率（带宽），上行（从用户到网络）为低速传输，下行（从网络到用户）为高速传输。它因其下行速率高、频带宽、性能优等特点而深受广大用户的喜爱，成为继 MODEM、ISDN 之后的又一种全新更快捷、更高效的接入方式。

ADSL 可以一线多用，上网的同时可以打电话，互不影响，费用低廉。属于"专线"上网方式，上网不需要缴纳电话费，节省开支，安装简易。可直接利用现有用户电话线，不需另外申请增加线路，只需在用户侧安装一台 ADSL Modem 和一个电话分离器，在电脑上装上网卡即可使用，广泛应用于家庭办公、远程办公、高速上网、远程教育、远程医疗、VOD 视频点播、视频会议、网间互联等。

（3）Cable Modem 接入方式

Cable Modem 是广电系统普遍采用的接入方式。利用现有的有线电视（CATV）网络，以 Cable（同轴电缆）或 HFC（Hybrid Fiber/Coax 光纤同轴混合）网络作为传输通道，采用 Cable Modem（电缆调制解调器）技术接入网络，它最大的优势在于速度快，占用资源少，其下行传输速率根据频宽和调制方式不同可以达到 27～56Mbit/s，上行传输速率可以达到 10Mbit/s。在实际运用中，Cable Modem 只占用有线电视系统可用频谱中的一小部分，因而上网时不影响收看电视和使用电话。计算机可以每天 24 小时停留在网上，不发送或接收数据时不占用任何网络和系统资源。CahleModem 本身不单纯是调制解调器，它集 Modem、调谐器、加/解密设备、桥接器、网络接口卡、SNMP 代理和以太网集线器的功能于一身，无需拨号上网，不占用电话线，只需对某个传输频带进行调制解调，这一点与普通的拨号上网是不同的。

除此之外，有线电视网的带宽为所有用户所共享，即每一用户所占的带宽并不固定，它取决于某一时刻对带宽进行共享的用户数。随着用户的增加，每个用户分得的实际带宽将明显降低，甚至低于用户独享的 ADSL 带宽。

（4）无线接入技术

无线接入是指从交换节点到用户终端部分或全部采用无线手段接入技术。无线接入技术可以分为移动接入和固定接入两大类。

移动无线接入网包括蜂窝区移动电话网、无线寻呼网、无绳电话网、集群电话网、卫星全球移动通信网直至个人通信网等，是当今通信行业中最活跃的领域之一。其中移动接入又可分为高速和低速两种。高速移动接入一般可用蜂窝系统、卫星移动通信系统、集群系统等。低速接入系统可用 PGN 的微小区和毫微小区，如 CDMA 的 WILLJACS、PHS 等还有移动的 GPRS 等。

固定接入是从交换节点到固定用户终端采用无线接入，它实际上是 PSTN/ISDN 的无线延伸。其目标是为用户提供透明的 PSTN/ISDN 业务，固定无线接入系统的终端不含或仅含有限的移动性。接入方式有微波一点多址、蜂窝区移动接入的固定应用、无线用户环路及卫星 VSAT 网等。固定无线接入系统以提供窄带业务为主，基本上是电话业务。主要的固定无线接入技术有三类，即已经投入使用的多路多点分配业务（MMDS）和直播卫星系统（DBS）以及本地多点分配业务（LMDS）。前两者已为人熟知，而 LMDS 则是刚刚兴起，近来才逐渐成为热点的新兴宽带无线接入技术，LMDS 通常使用 20～40GHz 频带的高频无线信号，在用户前端设备和基站间收发数字信号，上/下行传输速率可以达到数兆比特每秒。其主要优势是几乎无需外部电缆线路，而且安装迅速灵活，但除了频道干扰外还存在雨衰、视距传输等问题，另外设备价格也还比较贵。

四、典型视频会议系统拓扑图

（1）中小型会议系统（图6-14）

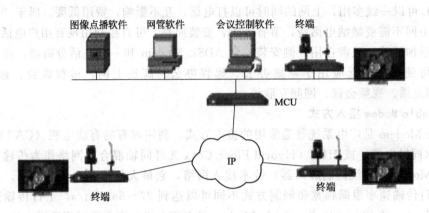

图6-14　中小型视频会议系统拓扑图

（2）大型会议系统（图6-15）

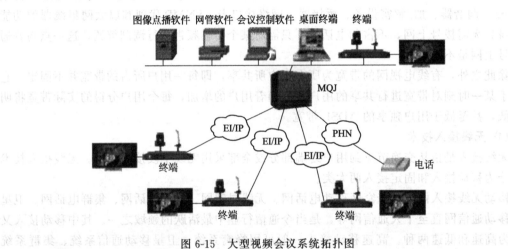

图6-15　大型视频会议系统拓扑图

（3）互联网会议系统（图6-16）

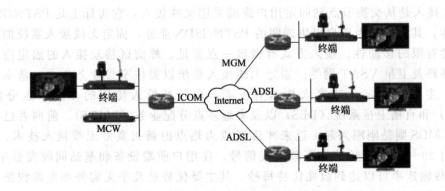

图6-16　基于互联网的视频会议系统拓扑图

(4) 卫星会议系统 (图 6-17)

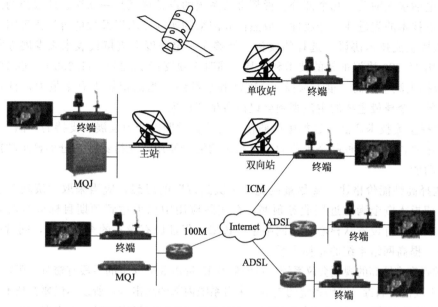

图 6-17 基于卫星通信的视频会议系统拓扑图

(5) 多级互联会议系统 (图 6-18)

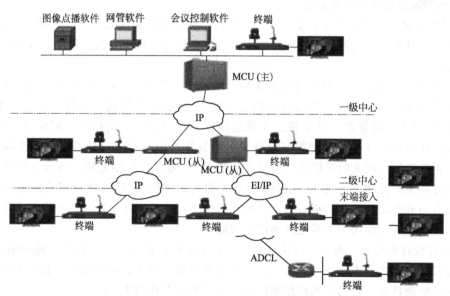

图 6-18 多级互联的视频会议系统拓扑图

五、视频会议系统设备的选择

(1) 视频系统设备选型的基本原则

视频会议系统传送的是多媒体数据，与普通数据不同，由于声音和动态图像的源信号的数据量较大，无法直接在一般条件的数字线路上传输。同时，基于实际使用效果，用户要求传送的声音、图像信号连续平滑，其他辅助功能使用简捷。因此，要达到这样的效果，系统在声音、图像压缩、通信线路条件、数据和应用程序共享等方面都对技术提出了很高的要求。

一般的视频会议系统整体系统包括了 MCU（视频会议服务器）、会议室终端、PC 桌面型终端、电话接入网关等几个部分。视频会议系统的设备选型是一项综合性很强的工作，需要综合考虑技术的先进性、开放性、成熟性和网络的实际需求以及性能价格比等因素。

① 选择主流技术协议　选择的设备应能够在一定程度上支持代表未来发展方向的新规范。如采用 H.320 协议框架的技术和产品，同时必须支持 H.263、H.263＋、G.722 等。

② 选择主流生产商　重点选择在 MCU 和视频终端当前市场占有率最大，且发展前景最为看好的，全球最主要的主流视频会议设备生产厂家。

③ 选择主流技术产品　选择生产商在今后较长时期内全力发展、支持的产品。MCU 要支持混合速率，支持多种网络规范的会议系统的混合使用，支持灵活的分屏显示功能，具有双视频流功能。

④ 选择高性能价格比　要尽量避免"一次到位"的思想，应当采取"滚动"建设的模式，即先期投入资金满足近期业务预测，在实际应用中如果达到预期目标或有新的扩容需求，则可以将原有设备从核心推向网络系统边缘，保证原有设备的充分使用，同时增加新的核心设备，提高网络系统的总体容量。

⑤ 选择安全性高的视频会议系统　目前危及 IP 视讯业务安全的手段有窃听、假冒、修改数据包、路由攻击、病毒、密码系统的攻击、来自系统内部的攻击等，所以不仅要在技术层面构建安全的多媒体数据传输、处理和存储过程，还要在视频系统建设完成后，着力保障整个视频系统能安全运行，以提供具有可用性、机密性、完整性、不可否认性和可控性的视讯服务。

(2) 选购前应考虑的一些问题

① 视频会议系统应能安全、稳定、可靠运行　视频会议系统是一个实时性很强的系统，同时传播信息时又有很高的保密要求，所以在组织会议时，系统安全、稳定、可靠运行成为最基本的要求。

② 系统兼容　视频会议系统通常由视频会议终端、多点会议控制器 MCU、网络管理软件、传输网络四大部分构成，还包括文档投影仪、监视器/电视机、大型扩音器、麦克风、大型摄像机、DVD 播放机、录像机、外部遥控器、写字板、中央控制、记忆卡、放映机、等离子屏、计算机监视器等众多附属设备。为了节省费用，可能不同部分购买不同品牌设备，但一定要确保所购买的系统有"协同工作能力"。为保证长期使用，所购买视频会议系统要有很好的兼容性和可扩展性。视频系统除对自身版本升级有兼容性和产品瞻前顾后特性外，还要有与其他品牌产品的视音频信号的互通能力，才能保证使用者不浪费过去使用的影像资源和最大合理化使用手中其他品牌产品的资源。

③ 方便管理和使用　视频会议系统是一个共享平台，它应是一个公众容易使用的工具，而不应是只供专业技术人员使用的系统。所以在选择购买视频会议系统时，必须考虑系统的易用性和可管理性能，否则系统应用推广和实施起来会存在很大风险。

④ 设备供应商应能提供全方位的服务　例如，有电话服务台吗？供应商提供在线诊断，并通过 ISDN 线来快速地识别并修复软件错误吗？如果配件出了问题，当修理的时候，供应商会提供备用系统吗？供应商会派工程师来解决问题吗？多久会来——两个小时，两天？供应商提供全球服务支持吗？

⑤ 能在主流的标准协议下工作　大多数现在视频会议系统遵循 H.320 标准、基于 ISDN 标准，但有些采用 H.323 来工作。选择同时遵循 H.323 和 H.320 标准的系统仍是明智的，因为当标准更加成熟、网络连接速度够快的时候，它就能向 IP 转换。

⑥ 视频会议系统支持多点会议吗？例如与好几个地点链接？要增加额外的硬件和软

件吗？

⑦ 视频会议系统应用时间长久以后，能否与未来的系统和技术兼容和集成？制造商有否为该产品作了详细的战略规划？

⑧ 制造商在视频会议系统领域有可靠的声誉。

六、建设一套视频会议体验中心所需要的基本设备

视频会议系统可分为基于硬件和基于软件两种类型。在建设视频会议系统体验中心时，首先应确定体验中心的类型，应与实际需求及应用状况相符合。

(1) 基于硬件的视频会议系统建设

目前基于硬件的视频会议系统性能较高，但造价不菲。在会议室构建视频会议体验中心，要分析系统演示的目的，如果是希望让参观者全面了解视频会议的性能和功能，那么应该备有各类系统设备，包括大中小型会议室终端、预装软件版本的计算机、IP 可视电话、语音会议网关等，这样就可以为客户进行各类产品的介绍。但一般而言，参观者还是希望看到产品实际运行的效果，所以应该在互联网上架设一台 MCU，会议室的各类型终端可以通过外网的 MCU 达到同在一室却实为远程的效果。

另外，如果考虑充分发挥会议室终端的性能，则需要采购各类高端视音频配件，比如摄像头方面采用 SONY 或 CANON 的会议室专用产品、全向式麦克风、高清晰电视机等。同时还要考虑到会议室的装修事宜。

(2) 基于软件的视频会议系统建设

可以在计算机上直接实现，相对于基于硬件的视频会议体验中心简单许多，只需要选择一台配置较高的计算机，然后购买中高档的 USB 摄像头和麦克风，就可以利用视频会议软件与对象进行网络会议的实际体验了。

七、视频会议系统会议室的装修注意事项

视频会议与普通会议不同，因为使用摄影装置，会场的灯光、色彩背景等对视频图像的质量影响非常大。会议室装修的原则性要求如下。

(1) 色彩与光线

① 避免阳光直射到物体、背景及镜头上，这会导致刺眼的强对比情况。

② 光线弱时建议采用辅助灯光，但避免直射。使用辅助灯光，建议使用日光型灯光。禁止使用彩灯，避免使用频闪光源。

③ 避免从顶部或窗外来的顶光、侧光直接照射，此种照射会直接导致阴影。建议使用间接光源或从平整的墙体反射的较为柔和的光线。

④ 建议采用浅色调的桌布，以反射散光让参会人员脸部（下巴）光线充足。

(2) 背景

① 背景可进行单独设置（如单位名称等），禁止使用强烈对比混乱色彩。

② 在会议进行中，避免背景持续抖动、移动物体或人在背景前走动。

③ 被摄物体背后绝对禁止有强光源（如窗户），否则镜头将对背后光源曝光。

(3) 其他注意事项

① 如果终端设备的供电不很稳定，建议采用交流稳压电源或 UPS。

② 电源要求有较好接地，接地电阻为 $0.15 \sim 0.3\Omega$。

③ 建议采用地毯等吸音材料装修会场，以免产生回响。

[实训室视频会议系统的建设准备]

(1) 实训室视频会议系统建设功能要求

智能楼宇弱电系统综合实训室准备建设视频会议实训装置，会议室布局如图 6-19 所示。

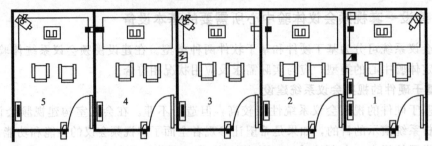

图 6-19　实训室视频会议系统会议室总体布局

功能要求如下：

① 房间 1 模拟作为主会场，房间 2～房间 5 模拟分会场；

② 可实现 5 个房间互相进行视频、音频传输；

③ 实现一般视频会议系统的功能。

(2) 实训室视频会议系统建设方案

① 需求分析　虽然基于硬件的视频会议系统结构、安装、接线等较复杂，造价高，但通过理实一体化的综合实训，可以较好地了解视频会议系统的基本功能、组成原理及各部分具体设备的功能，理解 MCU、终端设备的分类、选型、安装、接线与调试，掌握 MCU 主机控制软件的安装、使用与维护，最终学生认识并且具备一定的视频会议系统的规划与应用能力。综合以上考虑，实训室视频会议系统建设选择基于硬件的系统类型。

② 实训室视频会议系统初步准备

a. 拓扑图（图 6-20）

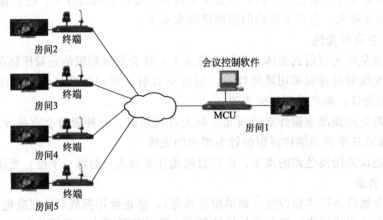

图 6-20　实训室视频会议系统拓扑图

b. 主要设备

序号	设备名称	主要功能	数量
1	MCU	核心设备,多点控制单元,协调控制音视频传输	1
2	终端设备	分会场音视频信号的发送、接收处理	4

续表

序号	设备名称	主要功能	数量
3	摄像机	视频信号的采集	5
4	音箱	音频信号的播放	5
5	显示器	视频信号的播放	5

③ 实训室视频会议系统设备的选择

• 实用、够用：由于视频会议系统相关产品如 MCU、终端设备等价格昂贵，而实训室视频会议系统的功能要求较简单，所以选择入门级产品即可。

• 代表市场主流：通过实训室综合实训走上工作岗位后，能够快速适应企业在视频会议系统市场方面的应用需求。

• 可靠的产品质量：由于教学实践的特殊性，产品需要经受多轮次班级、多人次频繁的安装、接线及使用，可靠的产品质量是保证正常教学秩序的基础。

• 良好的售后服务：可靠的产品还需良好的售后服务来协同保障实践教学任务的顺利完成。

经过综合考虑，实训室视频会议系统选择了市场主流的国际知名品牌索尼的入门级产品 PCS-1P。

④ 实训室视频会议系统具体准备

PCS-1P 外观如图 6-21 所示。

PCS-1P 视频会议系统包含如表 6-3 中所示的部件。

图 6-21 索尼 PCS-1P 外观

表 6-3 PCS-1P 视频会议系统组成部件

设备	说明
PCS-P1/P1P 会议电视终端处理器 	包括视频编解码器、音频编解码器、回声抑制器、网络接口和系统控制器
PCS-C1/C1P 会议电视终端摄像机 	由会议电视终端摄像机和集成的麦克风组成
PCS-R1 遥控器 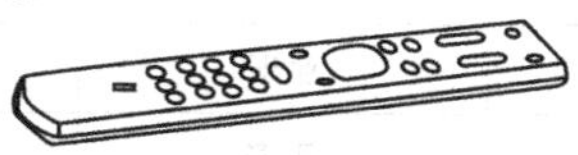	用于操作会议电视终端处理器和会议电视终端摄像机
PCS-AC195 交流电源适配器 	为会议电视终端处理器提供电源

系统拓扑图如图 6-22 所示。

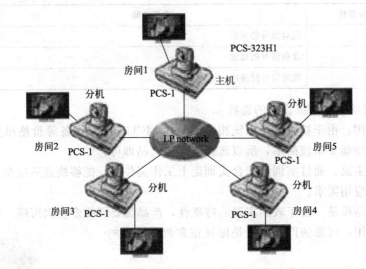

图 6-22　采用索尼 PCS-1P 产品的实训室视频会议系统拓扑图

基本原理图如图 6-23 所示。

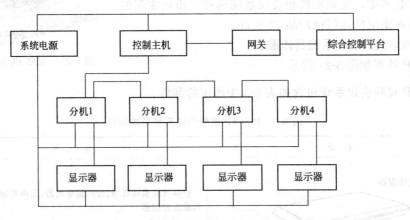

图 6-23　实训室视频会议系统基本原理图

所需设备材料清单如下：

序号	设备名称	规格型号	品牌	数量
1	MCU	PCS-1P	索尼	1
2	终端设备	PCS-1P	索尼	4
3	多点控制软件	PCS-323M1	索尼	1 套
4	9in 全球型云台及支架	YD5309/WS2781	亚安	5
5	9in 防护罩及支架	YD5309/WS2782	亚安	5
6	音箱			5
7	显示器	21in	海信	5
8	系统协议网关	定制		1
9	辅材			一批

[课后习题]

① 简述视频会议系统的各种主要技术协议应用范围。

② 简述 H.323 协议的技术特点及应用。

③ 视频会议系统设备的选型原则是什么？

任务三 MCU、终端设备的安装、接线和使用

[任务目标]

学会索尼视频会议产品 PCS-1P 的安装，以及与配套产品的接线。

[任务内容]

① 了解索尼视频会议产品 PCS-1P 的技术参数。

② 了解、认识索尼视频会议产品 PCS-1P 的功能接口。

③ 学习索尼视频会议产品 PCS-1P 与配套设备的安装、接线和初步使用。

[知识点]

一、SONY PCS-1P 产品技术参数（表 6-4）

表 6-4 SONY PCS-1P 产品技术参数

视频技术参数	
压缩标准	H.261,H.263,H.263＋,H.263＋＋,MPEG4 SP@L3,H.264
传输分辨率	SQCIF(H.263),QCIF(H.261 and H.263),CIF(H.261 and H.263) Custom(2CIF in Interlace mode)
图像输入	1x 主摄像头输入,1x 无线传输台输入,2xS-video 端子,1x USB 接口
图像输出	2xY/C 输出(S-Video 端子),1x 复合输出(RCA)端子
音频技术参数	
压缩标准	G.711 3.4kHz at 56k/64kbps G.722 7.0kHz at 48k/56k/64kbps G.722.1 7.0kHz at 24kbps H.323 only G.728 3.4kHz at 16kbps G.723.1 3.4kHz at 5.3k/6.3kbps H.323 only G.729 3.4kHz at 8kbps H.323only MPEG4 AAC mono 14kHz at 48kbps H.323only Note:MPEG4 AAC mono is operational in peer-to-peer operation only.
音频输入	内置麦克风 线路电平输入 PCS-A300 麦克风输入 x2(选购)
音频输出	2x 线路电平输出(RCA)端子 Line out x1

续表

音频技术参数	
全双工回声消除	20dB 7kHz
带云台可控(PTZ)摄像机	
支持高质量的带云台的可控摄像机	SONY D100 CCD 1/4 CCD Horizontal Resolution 470TV line(N),460TV line(P) Lens f=3.1—31mm(F1.8—2.9) Focus Auto/Manual IRIS Auto Horizontal Image Angle 6.6—65°
	Zoom ratio x 10 Pan+/－100°(Max 300°/sec) Tilt+/－25°(Max 125°/sec) Preset Position 6 points S/N 50 dB and above I/F D—Sub 15P(To Terminal) VISCA OUT x1 Others Back Light Shooting
图形质量	
分辨率	NTSC 704×480(像素) PAL 704×576(像素)
压缩方式	H263 4x CIF 分辨率
网络接口	
ISDN 速率	从 56/64Kbps 到 768bps(可选),支持大多数国际 ISDN 交换协议
LAN 速率	64Kbps 到 2Mbps
支持 H.323/H.320 网关	RADVision,VideoServer,FVC,Madge,CISCO,ACCORD 等
可靠性指标	
MTBF	80 000h
电气标准	
随机电源	DC 12V
工作电压	120V 或 230V
工作频率	50Hz 或 60Hz
工作环境	
工作温度	10～35℃
湿度	30%～70%
双数据流模块接口参数	
I/F of PCS-DSB1 Main Unit I/F Dedicated Cable x 1 Connector.D-Sub15 Audio I/F Mic Input(Mini Jack)x5 Line Output(Mini Jack)x 1 Audio Input(RCA)x 1 Comtra Only Audio Output(RCA)x1 Comtra Only RGB I/F RGB Input x 2 Switching between two RGB Out x1 Control I/F RS—232C x1	

二、索尼视频会议产品 PCS-1P 的组成

PCS-1P 视频会议系统基本组成如表 6-3 所示。

为了增强视频会议的效果和功能，PCS-1P 还可以选择如表 6-5 和表 6-6 所示的配件，这些配件不包含在 PCS-1P 基本配置中，需要另外购买。

表 6-5　可选的显示设备

设　　备	说　　明
电视机、投影仪等 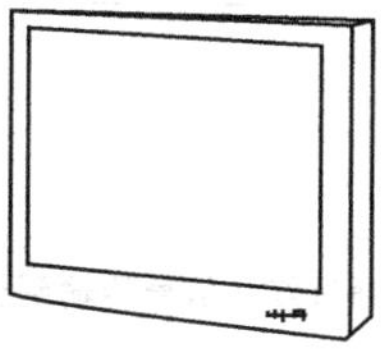	用作监视器和扬声器
PCS-B384 ISDN 模块 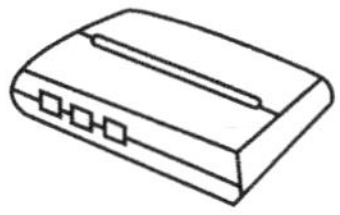	用于连接到 ISDN 线路。最多可连接 3 条 ISDN 线路，即 6B 通道

表 6-6　增强视频会议功能的配件

设　　备	说　　明
PCS-B384 ISDN 模块 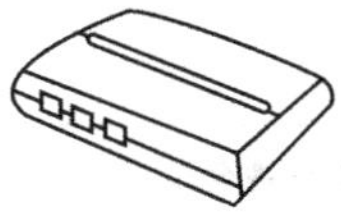	用于连接到 ISDN 线路。最多可连接 3 条 ISDN 线路，即 6B 通道
PCS-B768 ISDN 模块 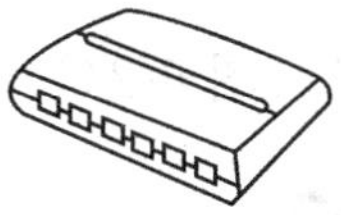	用于连接到 ISDN 线路。最多可连接 6 条 ISDN 线路，即 12B 通道
PCS-D SB1 双流模块 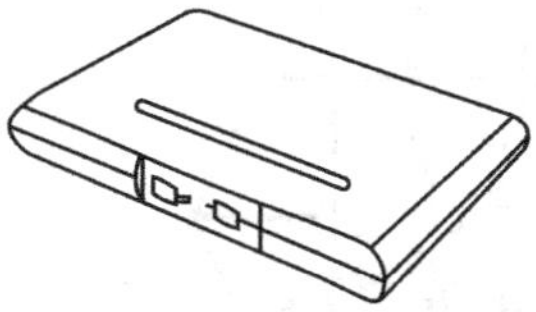	使用此设备可以轻松地连接到计算机或投影仪召开数据会议
PCS-A1 外置麦克风 	全定向麦克风能够接收来自各个方向的声音，因此会议参加者可以从任意位置发表讲话。建议在安静的环境下使用此设备

设 备	说 明
PCS-A300 麦克风	单向麦克风。此设备用于拾取对着麦克风发言的人的声音
PCS-DS150/DS150P 文件展示台	允许在无需连接电缆的情况下,将图像通过红外信号传输到会议电视终端处理器
CTE-600 远程音频传送器	集成了用于远程连接的麦克风/扬声器系统。单向麦克风拾取具有最小背景噪声的清晰声音。此外,全向扬声器向所有方向发出相同的声音
PCS-323M1 H.323 MCU 软件	可以使用此软件通过 LAN 连接召开多点电视会议
PCS-320M 1 H.320 MCU 软件	可以使用此软件通过 ISDN 连接召开多点电视会议

三、索尼视频会议产品终端处理器 PCS-P1P 的功能接口（图 6-24）

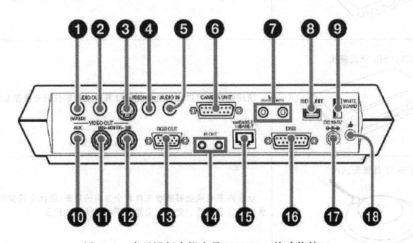

图 6-24   索尼视频会议产品 PCS-P1P 的功能接口

四、索尼视频会议产品终端摄像机 PCS-C1P 的功能接口（图 6-25）

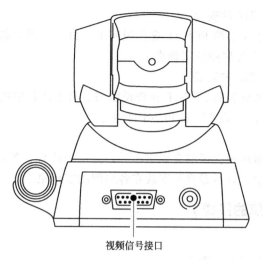

视频信号接口

图 6-25　PCS-C1P 的功能接口

[实训室视频会议系统配置图]

实训室视频会议系统配置如图 6-26 所示。

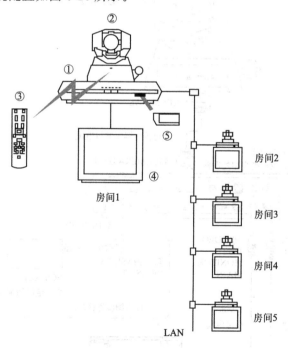

②
①
③
⑤
④
房间1
房间2
房间3
房间4
房间5
LAN

① PCS-P1/P1P会议电视终端处理器

② PCS-C1/C1P会议电视终端摄像机

③ PCS-R1遥控器

④ 电视监视器

⑤ PCS-323M1 H.323 MCU软件

图 6-26　实训室视频会议系统配置图

219

[实训室视频会议系统的安装]

(1) **终端处理器 PCS-P1P 的安装**

实际安装位置及方法应参照 PCS-1P 操作说明书。由于实训室的特殊环境所限，终端处理器 PCS-P1P 直接安放在各房间的实训桌上。

(2) **终端摄像机 PCS-C1P 的安装**

实际安装位置及方法应参照 PCS-1P 操作说明书。由于实训室的特殊环境所限，终端摄像机 PCS-C1P 直接安放在终端处理器 PCS-P1P 上。

(3) **监视器的安装**

实际安装位置应考虑视频会议的会议室布局，方便全体与会者容易收看到视频播放。由于实训室的特殊环境所限，显示器直接安放在各房间的实训桌上。

[实训室视频会议系统的接线]

(1) **接线前的准备**

① 详细阅读 PCS-1P 操作说明书。

② 准备好图 6-26 所示的"实训室视频会议系统配置图"。

③ 准备好相关的操作工具。

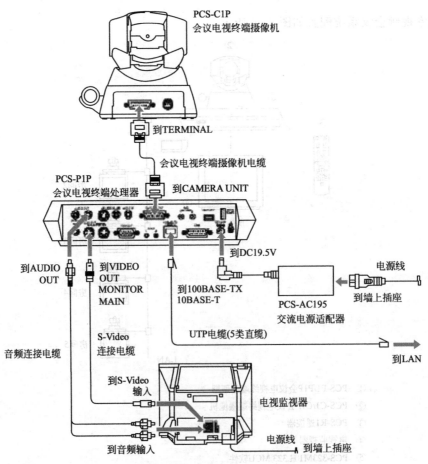

图 6-27　实训室视频会议系统单个终端连接方法

（2）设备的接线

仔细按照图 6-26 与图 6-27 所示进行接线操作。

注意事项：

① 务必在断电情况下进行接线操作；

② 选择恰当的信号电缆线；

③ 注意接插件的连接方向，不能顺利连接时，勿盲目用力，以免损坏设备插座。

（3）初次使用前的检查

接线完成后，在通电使用前务必认真对照检查，经过自查、互查并经检查确认后，方可通电。

（4）PCS-1P 的初步使用

仔细阅读并参照 PCS-1P 操作说明书相关章节内容进行初次使用。

［课后习题］

① 简述索尼 PCS-1P 的产品基本构成。

② 简要画出索尼 PCS-1P 视频会议系统基于 LAN 应用的配置图。

任务四　视频会议系统综合调试实训

［任务目标］

以实训室视频会议系统为平台，学习基于 PCS-1P 的视频会议系统功能的综合调试与使用，进一步理解、认识视频会议系统的功能。

［任务内容］

① 学习索尼视频会议控制软件 PCS-323M1 的安装、配置和使用。

② 以实训室视频会议系统为平台，学习基于 PCS-1P 的视频会议系统功能的总体调试与使用。

［知识点］

选择 PCS-1P 组成视频会议系统时，如果需要召开多点视频会议，还必须配置和安装多点会议控制软件 PCS-323M1。该软件分为两类：一类支持通过 LAN 召开多点视频会议，基于 H.323 标准的 PCS-323M1 H.323 MCU 软件；另一类支持通过 ISDN 召开多点视频会议，基于 H.320 标准的 PCS-323M1 H.320 MCU 软件。通过 LAN 连接的视频会议系统支持包括主会场在内的 10 个点，通过 ISDN 连接的视频会议系统支持包括主会场在内的 6 个点。

（1）MCU 软件的安装

① 将作为主机的视频会议终端设备 PCS-1P 的电源关闭。

② 如图 6-28 所示将软件插入 PCS-1P。

③ 将 PCS-1P 的电源打开。

④ PCS-323M1 H.323MCU 软件自动安装完毕。

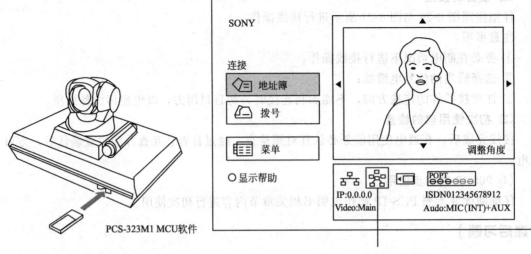

图 6-28 软件插入 PCS-1P   图 6-29 多点模式指示

此时，启动菜单上的"多点模式"图标将高亮显示，如图 6-29 所示。

（2）MCU 软件的配置和使用

参照索尼 PCS-1P 操作说明书。

注意事项：

① SONY 公司将 MCU 控制软件 PCS-323M1 H.323 制作在 SONY 特有的记忆棒（Memory Stick）中；

② 记忆棒上的"写保护"如果设置为"Lock"，将无法安装软件；

③ 因为 MCU 控制软件 PCS-323M1 H.323 只能安装一次就不能使用了，在实训室建设时已经安装过了，所以无法再次安装该软件；

④ 记忆棒中的 MCU 控制软件 PCS-323M1 H.323 无法通过电脑复制使用。

［综合调试实训］

（1）索尼视频会议控制软件 PCS-323M1 的安装、配置和使用

参照索尼 PCS-1P 操作说明书"第八章多点电视会议"中的"安装 MCU 软件"一节内容（P145）和"多点电视会议设置"一节，学习 MCU 控制软件 PCS-323M1 H.323 的配置与使用。

（2）基于索尼 PCS-1P 的视频会议系统功能调试

仔细阅读索尼 PCS-1P 操作说明书第二章～第八章内容进行相关功能使用，遇到问题时，参照索尼 PCS－1P 操作说明书"附录"中的"故障处理"一节。

［问题讨论］

谈谈你对视频会议系统功能、性能指标的认识情况。

［课后习题］

① 简述 Sony PCS-1P 视频会议系统的功能。

② 简述 Sony PCS-1P 视频会议系统 MCU 控制软件的安装注意事项。

任务五 视频会议系统检查和评价

[任务目标]

通过对视频会议系统功能、性能指标的介绍，了解视频会议系统性能的评估方法，学会对实训室视频会议系统的总体性能进行评价。

[任务内容]

① 多媒体介绍视频会议系统性能指标。

② 介绍视频会议系统性能的评价方法和原则。

③ 对实训室视频会议系统进行总体检查和评价。

[知识点]

一、SONY PCS-1P 视频会议主要性能

① 数据共享能力　PCS-1P 允许与会者在视频会议进行中，既能够共享来自个人电脑中的陈述报告文件，又能通过数字白板将手写的内容与大家共享。

② 支持数字白板功能　借助于数字白板记录器，白板上的笔记以及图画能够进行电转换，然后实时地传送给远端站点以便在屏幕上显示。另外，通过"快照"模式，可以抓取白板上笔记和图画，并以 JPEG 文件格式进行存储，存放进 PCS-1P 系统所附的 Memory Stick 存储介质中。这种方式对于以后进行内容的查看非常有用。

③ 系统安装灵活　PCS-1P 由一个摄像头以及一台通信终端（主机）组成。这种独特的两件套设计提供了很大的灵活性来满足各种安装要求。通过与可选配的 PCS-STG1 或者 PCS-STP1 摄像机支架进行配套使用，使得该系统与投影仪、FPD（平板显示器）的安装十分方便。PCS-1P 系统尺寸小，重量轻，摄像机能够很容易地安装在空间紧凑的环境中。位于主机顶端的摄像头，其定位点只有很小的一块面积（宽 258mm，长 171mm）。

④ 杰出的音响品质　Sony 公司的音频技术在很长一段时间内一直处于音频会议产品市场的领先地位，如今又使视频会议的音响效果变得更加自然、更加清脆。

⑤ 支持专业音频系统　可选配的 CTE-600 远程音频传送器是一种音频系统，该系统由 6 个放射状分布的单向麦克风以及一个全向扬声器组成。每个麦克风不断地侦测会议室中的各个声音层，然而至由负责侦测到最大声音的麦克风向 PCS-1P 发送信号。这意味着通过最小化背景噪声来清晰的传送当前发言人的声音。扬声器系统的设计保证声音水平地向各个方向传播，为了确保会议中声音质量的清晰，与会人数应控制在 15～20 人。

⑥ MPG4 音频编码技术　PCS-1P 系统的特点之一是采用 14kHz 频率的音频编码技术，符合 MPG-4 技术标准。该系统对网上点对点视频会议具有优化音质性能，能够提供的带宽频率是普通音频编码技术的 2 倍。

⑦ 卓越的视频性能　PCS-1P 具有符合 ITU-TH.323 标准的编码能力，该标准是针对网络视频会议开发的，速度能够达到 2Mb/s 以及 30 帧/s。如果使用可选的 PCS-B768ISDN 设备进行连接，则进行视频会议符合 ITU-TH.320 标准，速度可达到 ISDN 专线条件下的

768Kb/s。

⑧ 支持多点视频会议 使用可选配的多点控制单元软件，PCS-1P可实现6点会议。使用PCS-323M1 H.323多点控制单元软件进行的多点视频会议符合ITU-TH.323标准，而使用PCS-320M1 H.320多点控制单元软件进行的多点视频会议符合IUT-TH.320标准，同时也支持只通过音频电话线连接的会议。以上这些配置都具有数据共享能力。如果多点视频会议需要支持7～11站点，就要通过PCS-323M1 H.323多点控制单元软件级连安装两套PCS-1P视频会议系统。这两套系统可各自再与另外四个系统相连，这样就可以同时连接和控制10个系统。

⑨ 支持记忆棒功能 PCS-1P配备的记忆棒存储介质能够支持在不连接计算机的情况下以4CIF格式显示陈述文件和数字照片。显示的图像也可以被传输到远端站点，实现数据共享。另外，地址本以及系统设置都可以在记忆棒中进行保存和编辑。

⑩ 系统服务质量保证功能 当进行网络视频会议时，PCS-1P采用先进的自适应速率控制来保证网络环境在各种状况下的画面质量。当网络发生堵塞时，它会自动降低视频数据的传输速率，当网络恢复时又能将视频传输速率提高到初始值。

⑪ 自动重复请求 该功能通过重新发送与丢失数据包相同的数据包方式来恢复已经在传输过程中丢失的数据，这些重发的数据包缓存在编码器中，这样就可以避免图像缺损。

二、一般视频会议系统性能评测方法

(1) 图像评测方法

定量的客观分析方法是用"解码重建图像"偏离"编码前的原始图像"的程度来衡量图像重建的质量，比较均方误差MSE和峰值信噪比PSNR，MSE越小，PSNR越大，图像压缩所引起的损失越小，图像质量越好。但客观分析方法没有考虑人眼的感知特性，会带来计算结果和人眼视觉感受有所偏差，加之测试条件复杂，目前难以广泛应用到图像评价中。

在日常评价中，主要采用通过人眼观察进行评判的主观分析方法。测试时通常采用平均判分法MOS（Mean Opinion Score）：选择一批观察者，在限定条件的环境中连续观看一系列的视频测试序列大约10～30min，让他们对视频序列的质量进行评分，求得平均判分后，再对所得数据进行分析从而获得最后结论。受控的环境包括观看距离、观测环境、视频测试序列的选择、视频测试序列的显示时间间隔等，详细评测方法在国际标准ITU-RBT.500、国家标准GB 7401—87（彩色电视图像质量主观评价方法）、国家广电行业标准（GY/T 134—1998，数字电视图像质量主观评价方法）中都有描述。

为了更好地对各厂商的设备进行对比，通常将各厂商的设备同台对比测试，为所有设备提供同一视频源，分别播放4∶3格式大运动量的DVD、色彩鲜艳远近景层次分明并含字幕的场景、现场图像等，通过解码后的图像和原图像对比、各厂家图像综合对比等方式，对图像流畅性、分辨率、色彩还原度等方面进行综合评价。

注意，DVD碟片需采用4∶3格式，是因为图像编码器默认格式为4∶3，如采用16∶9信息源，图像上下两大部分黑屏内容的图像信息量实际为0，不能充分考验编码器的实际编码能力。

(2) 确认H.264的实际实现能力

为了更好地评价设备厂家对H.264新技术的支持能力，为系统的建设和规划提供科学的参考依据，建议在视频会议系统选型或应用时，在主观评测图像质量的同时，能配合截包工具，对系统的实际媒体码流进行截包并委托权威机构进行分析，以验证各厂家关于编码算法、支持带宽及分辨率的确切实现能力。

三、具体视频会议系统性能评测方法

MCU 的功能模型包括控制模块、音频模块、视频模块、数据模块和端口和接口，以实现会议的控制，如呼叫建立，结束连接；实现通过与终端交换控制和指示信号来管理会议；进行音频和视频的切换、合成、转发等。

MCU 对多媒体会议的多点控制是由一系列通信规程实现的。其多点通信的基本原则由 H.321 建议规定，多点通信和会议控制规程由 H.243 建议规定，H.243 建议是基于 H.221 建议中所规定的比特率分配信号（BAS）来传递 H.230 建议定义的控制和指示（C&I）信号，从而实现多点通信和会议控制。这种基于 BAS 的多点控制机制在目前和多媒体会议中应用较广。此外，T120 建议利用多层协议（MLP）数据信道来传递相关的控制信息，具有增强的控制功能，也可支持多点通信和会议控制。这里主要介绍基于 BAS 的多点控制机制。

（1）建立通信的初始化过程

对于每一个会议，首先在 MCU 中规定一种选定的通信模式（SCM），包括音频、视频和数据的通信模式，在呼叫期间，MCU 应尽量维持该 SCM。若 MCU 被设置成拨入会议模式，则终端可向 MCU 拨号；将 MCU 设置成支持动态拨出或预置拨出，也应能建立会议连接。

（2）视听会议的控制模式

在窄带多媒体会议型系统中进行视听会议控制时，可采用语音激励、强制显像控制、主席控制、操作人员控制模式。前三种模式符合 ITU-TH.231 和 H.243 规定，绝大多数厂商产品还支持第四种模式。

① 主席控制模式　主席控制模式是多媒体会议中经常用到的一种功能。支持主席控制的 MCU 应能向各终端分配一个编号，每个终端被分配一个唯一的号码 MT，范围在 1～191 内（192～223 保留）。M 是分配给本地 MCU 的一个 8 比特编号，T 是本地 MCU 分配给终端的一个 8 比特编号。在主席控制模式下，主会场的主席掌握行使主席权力"令牌"，并行使会议的控制权。

② 强制显像控制模式——多点指令可视化强制（MCV）　任一会场强制向 MCU 发送 MCV 信号，将该会场广播到其他终端，同时，MCU 给该会场终端发送"播放"指示，使发言的会场知道它的图像和语音已被其他会场收到，然后该会场终端释放强制显像控制，检查是否成功。

③ 语音激励模式　处于会议状态中的三个会议电视终端分别位于隔音的三个房间中，分别在 T1、T2 和 T3 会场发言，检查发言会场是否被广播出去。在语音激励模式下，检查能否被 VCB、VCS、MCV 等控制机制所超越。

④ 操作人员控制模式　在没有主席的情况下，通过 MCU 操作台分别广播 T1、T2 和 T3 会场，检验其他终端的视频源是否为被广播会场。

（3）语音功能

至少两个会议电视终端处于会议状态中。

① 回声抵消　处于会议状态中的两个会议电视终端位于隔音的两个房间中，演讲人在本端发言，检查在本端扬声器中是否能听到自己讲话的声音。

② 静音功能　本端使自己处于静音状态，在其他终端发言，检查本地终端是否能听到其他终端的发言的声音，取消静音后能否听到。通过操作员控制使本端处于静音状态，按如上方法检查本地终端的静音功能。

③ 哑音功能　本端处于哑音状态，然后发言，检查在其他终端是否能听到本端发言的声音，取消哑音后能否听到。通过操作员控制使本端处于哑音状态，按如上方法检查本地终端的哑音功能。

(4) 视频功能

① 多画面（分割）显示　MCU 的视频组合能力使视频会议终端能同时收看到一个以上点的图像，也可包括本地图像，四个独立的 H221 多媒体比特流进入 MCU，被分用成单媒体流，视频组合将其若干视频流组合，产生一个复合图像。

MCU 开始显示组合图像时，它向所有终端发送视频组合指示（VIC）M，其中 M 是组合的编号。

当 MCU 结束图像组合操作时，它应向所有终端发送 VIN，表明返回视频切换。至少三个会议电视终端处于会议状态中，如图中 T1、T2 和 T3。通过 MCU 操作台上广播多画面，检查所有 T1、T2 和 T3 是否都能看到切割的多画面。

② 画面定时定序切换　检查 MCU 操作台上能否定时轮流切换各个会场的画面。

(5) 数据

系统由两个级联的 MCU 和三个终端组成，其中一个 MCU 作为顶端 MCU，充当数据会议中的顶端 GCC 和顶端 MCS。

① 多点静态图像和注释交换功能（T.126）　在已建立的数据会议中，各端点均启动 T.126 应用程序。

a. 静止图像交换。在一个端点上打开一个位图文件，并将该文件发送出去，会议中所有终端都应接收到该文件，并显示在屏幕上。位图文件可以是未压缩的、T.（G3）、T.6（G4）、T.81（JPEG）或 T.82（JBIG）格式。

b. 文字标注。在一个端点上打开一个位图文件，在该文件上加注释文字（包括文字的编辑，如字体、颜色、大小等），并将该文件发送出去，会议中所有终端都应接收到该文件，并显示在屏幕上。

c. 绘图。打开电子白板，在白板上创建一些图形，如点、线、圆、矩形以及颜色、线形等，与会其他各终端在本地白板上均应出现上述创建的图形。

d. 编辑功能。一终端对上述创建的图形进行编辑（复制、粘贴、删除、选择等），与会其他各终端在本地白板上均应出现相应的图形编辑。

e. 键盘及鼠标事件交换及远端操作。一终端利用鼠标和键盘在本地建立路径和存储/打开文件等，与会其他各终端在本地均应出现相同的操作。

f. 多页白板。与会各终端建立多页白板，其中一个终端在不同白板上创建不同图形或文字，其他与会终端在本地均应出现与上述创建的图形或文字相同的内容。

② 多点二进制文件传输（T.127）　在已建立的数据会议中，各端点均启动 T.127 应用程序。

a. 多点传送一个二进制文件。在一个终端上预选一个任意格式的文件，将该文件发送出去，与会各终端均应接收到该文件。比较传输前后文件的大小和内容均不应有不同。

b. 多点同时传送两个以上二进制文件。在一个终端上预选两个以上任意格式的文件，将这些文件同时发送出去，与会各终端均应接收到这些文件。比较传输前后文件的大小和内容均不应有不同。

(6) MCU 管理-会议参数设置

通过 MCU 操作台设置会议参数，例如与会终端列表、转移速率、语音和图像协议和数据通信速率等，检查是否能成功设置。

（7）MCU 对终端的管理

至少三个会议电视终端处于会议状态中。

① 会议进程监视：在 MCU 操作台处显示各个会场是否已加入会议，某个会场是否被广播，主席和 LSD 令牌属于哪个会场等。

② 公共能力集显示：在某个会场操作台处显示通过 MCU 传来的远端会场的能力集。

③ 信道状态监视：在 MCU 操作台处显示各个会场同步或自环状态。至少两个会议电视终端处于会议状态中。

④ 控制远端摄像头的运动：在本端用遥控器调节远端摄像头上下左右运动，检查远端摄像头及图像是否随着远遥命令而运动。

⑤ 控制远端摄像焦距：在本端用遥控器调节远端摄像头的焦距，检查远端摄像头的焦距是否随着远遥命令而改变。

（8）多组会议

使一个 MCU 及至少四个终端处于两组不同的会议中，检查两组会议是否能独立进行，互不干扰。

（9）速率匹配功能

至少三个终端处于同一组会议状态中，检查不同速率的终端是否可以通过 MCU 加入到同一个会议中，且图像质量良好。

（10）异常情况处理和带电热插拔

对于交换机型的 MCU，至少三个终端处于同一组会议状态中，会议过程中拔掉主用板，检查备用板是否能立即倒换为主用板。

（11）两级级连 MCU

若 MCU 有 E1 接口，则两个 MCU 通过 E1 连接，使至少两个 MCU 和三个终端处于同一组会议状态中，在其中任意一个终端执行主席申请（CCA，CIT）主席视频选择（VCS）和视频广播（VCB）的操作，检查是否能成功完成。

若 MCU 有 BRI 接口，则从 MCU M2 通过 ISDN 呼叫主 MCU M1，使至少两个 MCU 和三个终端处于同一组会议状态，在其中任意一个终端执行主席申请（CCA，CIT）主席视频选择（VCS）和视频广播（VCB）的操作，检查是否能成功完成。

多点通信与会议控制技术是多媒体会议的关键技术，由于基于 H. 234 规程的控制占用比特率少，且较为灵活，是目前多媒体会议设备应具备的基本能力。随着用户对会议功能要求的不断提高，多点通信与会议控制技术也将越加复杂。

[检查内容]

仔细阅读索尼 PCS-1P 操作说明书，理解视频会议系统性能指标，对实训室视频会议系统的安装、接线，所能够完成的功能、达到的性能进行检查并做好记录。

序号	检查项目	关注点	权重	评价结果	备注
1	设备安装	准确、规范	3%		
2	设备间接线	准确、规范	10%		
3	线缆选择与使用	正确与否	2%		

续表

序号	检查项目	关注点	权重	评价结果	备注
4	线缆接头制作	规范、可靠程度	5%		
5	设备使用	熟练程度	10%		
6	声音、图像质量	声音清晰,无回声 图像清晰,无马赛克			
7	功能应用	基本、扩展功能应用	30%		
8	软件安装、配置流程	熟练程度	20%		
9	故障应对解决	解决方法	10%		

[问题讨论]

谈谈你对视频会议系统功能、性能指标的认识情况。

[课后习题]

① 简述视频会议系统的功能。

② 简述一般视频会议系统的性能评测方法。

学习情境七 综合布线系统设备安装与调试

任务一 参观综合布线系统应用场所

[任务目标]

通过参观综合布线系统应用场所，了解综合布线系统的功能、用途，了解综合布线系统的基本系统类型和原理组成，理解组成综合布线系统的各部分具体设备的功能，制作安装方法。

[任务内容]

① 介绍实训综合布线系统的功能和组成设备。

② 参观智能化楼宇弱电系统分项实训室。

③ 参观智能化楼宇弱电系统综合实训室，亲身体验综合布线系统的功能，近距离观察组成综合布线系统的各种设备。

[知识点]

一、认识综合布线系统

目前，对于综合布线系统存在着两种看法：一种是主张将所有的弱电系统都建立在综合布线所搭起的平台上，也就是用综合布线代替所有的传统弱电布线；另一种则主张将计算机网络布线、电话布线纳入到综合布线中，其他的弱电系统仍采用其特有的传统布线。从目前的技术性及经济性角度看，第二种主张更合理些，所以现在的综合布线系统设计更多采用第二种设计思路。

(1) 综合布线的必要性

在计算机网络建设中安装综合布线系统的必要性主要表现在以下几个方面：

• 通信系统故障大多因线路引起；

• 布线系统投资在整个通信系统投资中所占的比例极小；

• 布线系统生命期长；

• 布线系统改造困难。

(2) 综合布线的结构和组成

综合布线系统是一种开放结构的布线系统，它利用单一的布线方式，完成话音、数据、图形、图像的传输。综合布线系统由不同系列和规格的部件组成，其中包括传输介质、相关连接硬件（如配线架、插座、插头和适配器）以及电气保护设备，如图 7-1 所示。

综合布线一般采用分层星形拓扑结构。该结构下的每个分支子系统都是相对独立的单元。对每个分支子系统的改动都不影响其他子系统，只要改变结点连接方式，就可使综合布线在星形、总线型、环形、树形等结构之间进行转换。

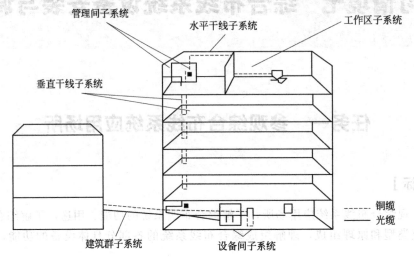

图 7-1　综合布线系统组成

美国标准

① 工作区子系统　工作区子系统又称为服务区子系统，提供从水平子系统端接设施到设备的信号连接，通常由终端设备、网络跳线和信息插座组成，如图 7-2 所示。其中，信息插座有墙上型、地面型、桌上型等多种。

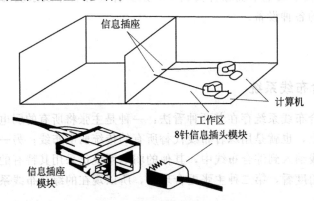

图 7-2　工作区子系统组成

② 水平干线子系统　水平干线子系统也称为水平子系统。它是从工作区的信息插座开始，到管理间子系统的配线架，结构一般为星形结构，如图 7-3 所示。

③ 管理间子系统　管理间子系统为连接其他子系统提供手段，其主要设备包括局域网交换机、布线配线系统、机柜、电源和其他有关设备，如图 7-4 所示。

④ 垂直干线子系统　垂直干线子系统也称主干子系统，它是整个建筑物综合布线系统的一部分。它提供建筑物的干线电缆，负责连接管理间子系统到设备间子系统，一般采用光缆或大对数非屏蔽双绞线。它也提供建筑物垂直干线电缆的路由。该子系统由所有的布线电缆组成，或由导线和光缆以及将此光缆连到其他地方的相关支撑硬件组合而成，如图 7-5 所

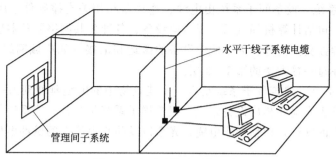

图 7-3　水平干线子系统组成

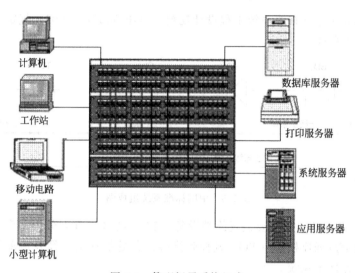

图 7-4　管理间子系统组成

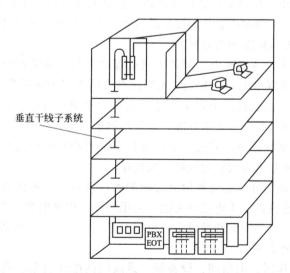

图 7-5　垂直干线子系统组成

示。传输介质可能包括一幢多层建筑物的楼层之间垂直布线的内部电缆，或从主要单元（如计算机房或设备间）和其他干线接线间来的电缆。

为了与建筑群的其他建筑物进行通信，垂直干线子系统将中继线交叉连接点和网络接口（由电话局提供的网络设施的一部分）连接起来。网络接口通常放在与设备间子系统相邻的房间。

⑤ 设备间子系统　设备间子系统由电缆、连接器和相关支撑硬件组成。它是综合布线系统的管理中枢，包括计算机局域网主干通信设备、各种公共网络服务器以及邮电部门的光缆、同轴电缆、程控交换机等。为了便于设备的搬运和汇接（如广域网线缆接入），设备间的位置通常选定在每一幢大楼的第1～3层。

⑥ 建筑群子系统　建筑群子系统是将一个建筑物中的电缆延伸到另一个建筑物的通信设备和装置，通常由光缆和相应设备组成。建筑群子系统是综合布线系统的一部分，它支持楼宇之间通信所需的硬件，包括导线电缆、光缆以及防止电缆上的脉冲电压进入建筑物的电气保护装置。

中国标准

我国国家标准《综合布线系统工程设计规范》（GB 50311—2007）规定的综合布线系统基本构成如图7-6所示。

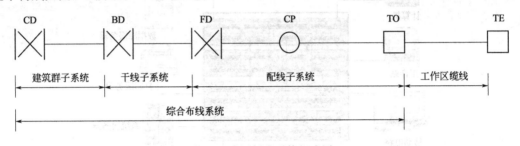

图 7-6　中国标准系统组成图

① 工作区　一个独立的需要设置终端设备（TE）的区域宜划分为一个工作区。工作区由配线子系统的信息插座模块（TO）延伸到终端设备处的连接线缆及适配器组成。相当于美国标准中的工作区子系统。

② 配线子系统　由工作区的信息插座模块、信息插座模块至电信间配线设备（FD）的配线电缆和光缆、电信间的配线设备及设备缆线和跳线等组成。相当于美国标准中的水平干线子系统，电信间即美国标准中的管理间。

③ 干线子系统　由设备间至电信间的干线电缆和光缆，安装在设备间的建筑物配线设备（BD）及设备线缆和跳线组成。相当于美国标准中的垂直干线子系统。

④ 建筑群子系统　由连接多个建筑物之间的主干电缆和光缆、建筑群配线设备（CD）及设备线缆和跳线组成。相当于美国标准中的建筑群子系统。

⑤ 设备间　是在每幢建筑物的适当地点进行网络管理和信息交换的场地。对于综合布线系统工程设计，设备间主要安装建筑物配线设备。

⑥ 进线间　是建筑物外部通信和信息管线的入口部位，并可作为入口设施和建筑群配线设备的安装场地。建筑群主干电缆和光缆、公用网和专用网电缆、光缆及天线馈线等室外缆线进入建筑物时，应在进线间转换成室内电缆、光缆。进线间一般提供给多家电信业务经营者使用，通常设于地下一层。

⑦ 管理　应对工作区、电信间、设备间、进线间的配线设备、缆线、信息插座模块等设施按一定的模式进行标识和记录。

(3) 综合布线的特点

综合布线系统一般是由高质量的线缆（包括双绞线电缆、同轴电缆或光缆）、标准的配线接续设备（简称接续设备或配线设备）和连接硬件等组成，具有以下特点：

◆ 综合性，兼容性好；

◆ 灵活性，适应性强；

◆ 便于今后扩建和维护管理；

◆ 技术先进，经济合理。

（4）综合布线与传统布线的比较

① 综合布线与传统布线的性能对比：

◆ 有较大灵活性，能适应未来发展的需要；

◆ 管理方便；

◆ 投资效益高。

② 综合布线的经济可行性分析　衡量一个系统的经济性，应该从两个方面考虑，即初期投资与性能价格比。综合布线与传统布线方式相比，既具有良好的初期投资特征，又具有极高的性能价格比。

a. 综合布线系统的初期投资特性　综合布线的初期投资较大，但当系统的个数增加时，投资却沿着一条斜率很小的直线缓慢上升，如图 7-7 所示。

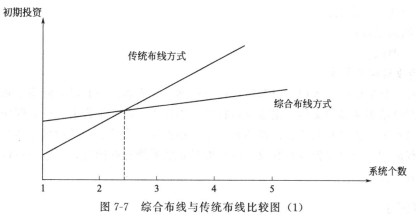

图 7-7　综合布线与传统布线比较图（1）

b. 综合布线性能价格比　随着时间的推移，综合布线的性能价格比曲线是上升的，传统布线方式的曲线是下降的，这样形成一个剪刀差，时间越长，两种布线方式的性能价格比的差距越大，如图 7-8 所示。

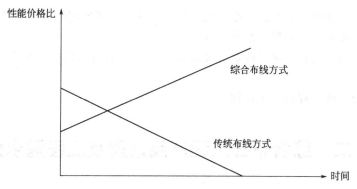

图 7-8　综合布线与传统布线比较图（2）

二、综合布线工程的基本流程

综合布线系统是智能建筑或智能小区中计算机网络系统互联的一个基础系统。在智能建筑中的网络系统工程建设项目内，综合布线系统工程建设既可以作为整个网络系统工程建设的一部分，由总系统集成单位来完成，也可以作为一个独立的工程建设分立出来，由布线系统集成单位来完成。

(1) 预售/销售阶段

预售阶段的结果是预期的客户接受承包商的资质并邀请他们参与投标。承包商领取综合布线工程招标文件之后，将进行用户需求分析。在此之后，对招标文件的回应成为承包商的责任。客户将对承包商提交的方案进行评议，确定初步中标单位的先后顺序。客户组织有关单位开会或聘请专家小组对承包商提交的方案设计全面审查和评议，最后由承包商按评审意见和结论进行修正。然后，客户与系统集成单位进行设备或部件的选型，商定订货细节，办理所有对外协议和签订合同。

(2) 具体实施阶段

综合布线工程的具体实施会根据工程的不同情况有所区别，通常有以下流程：

① 设计交底；

② 管槽安装施工；

③ 干线线缆的布放；

④ 线缆的端接；

⑤ 系统测试。

(3) 验收与客户支持

在工程的最后阶段，承包商应对客户进行培训，并和客户一起沿着网络走查，向客户提交正式的测试结果和其他文档，主要有材料实际用量表，测试报告书、机柜配线图、楼层配线图、信息点分布图以及光纤、话音和视频主干路由图，为日后的维护提供数据依据。如果客户对工程满意，将对工程进行签收。以后如果布线系统存在问题，承包商应该根据合同提供后续的客户支持。

[问题讨论]

综合布线系统的整个操作流程与智能楼宇其他模块的操作流程是否相似？有何区别？

[课后习题]

① 目前在建筑物和建筑群的网络布线工程中为什么需要使用综合布线系统？

② 综合布线系统主要由哪几部分组成？

③ 通过 Internet 或其他途径搜索有关综合布线技术的最新发展，思考并分析综合布线技术的发展趋势。

④ 简述综合布线工程的基本流程。

任务二　综合布线工程产品选型及工程需求分析

[任务目标]

熟悉综合布线系统中所使用的各种部件，熟悉主要产品，掌握产品选型的工作方法，以便更好地理解招标文件，从而获得综合布线工程。能够完成综合布线工程用户需求分析和建筑物现场勘查工作，编写综合布线工程需求文档。

[任务内容]

① 认识综合布线工程中使用的传输介质。

② 认识综合布线工程中使用的连接器件及布线器件。

③ 了解国内外主要综合布线厂商和产品确定选型办法。

④ 理解综合布线与建筑物整体工程的关系。

⑤ 调查预测综合布线工程用户需求。

⑥ 建筑物现场勘察并编写需求文档。

[知识点]

一、综合布线工程中使用的传输介质

在计算机之间联网时，首先遇到的是通信线路和通道传输问题。目前，计算机通信分为有线通信和无线通信两种。有线通信是利用铜缆或光缆来充当传输介质的，无线通信则采用卫星、微波、红外线来作为传输介质。

(1) 铜缆介质

铜是信号导线中最常用的介质。目前在计算机网络中使用的主要是两类铜电缆，即双绞线和同轴电缆。大多数数据和话音网络使用双绞线布线，同轴电缆虽然曾经作为局域网布线的选择，但现在主要用于视频连接。

无论构造如何，铜缆一般包含以下部分：用来保护的外皮或护套；防止各导线间短路的绝缘层；保护电缆电气特性的隔离层。

① 铜缆构造对性能的影响　导体横截面积的大小决定了铜缆能承受多大的电流。铜缆的电容影响其携带信号的能力。电容表示相邻导体之间的接近程度，即内部导体空间的大小。铜缆的同一性是非常重要的，核心直径的变化或铜缆构造中的瑕疵，会引起阻抗的不匹配，引起信号能量的回流。绝缘体的化学组成直接影响在铜缆两个导体之间克服绝缘体电阻形成短路电流之前可以承受多大的电压。

② 双绞线　双绞线（Twisted Pair，TP）是综合布线工程中最常用的一种传输介质。双绞线一般由两根遵循 AWG（American Wire Gauge，美国线规）标准的绝缘铜导线相互缠绕而成，如图 7-9 所示。把两根绝缘的铜导线按一定密度绞在一起，可以降低信号干扰的程度，

图 7-9　双绞线

每一根导线在传输中辐射的电波会被另一根线上发出的电波抵消。

a. 双绞线的电气特性参数　特性阻抗，直流环路电阻，衰减，近端串扰，相邻线对综合近端串扰，远端串扰，等效远端串扰，综合等效远端串扰，衰减串扰比，综合衰减串扰比，回波损耗，传输延迟，延迟偏离。

b. 双绞线电缆等级　类（category）是用来区分双绞线电缆等级的术语。不同的等级对双绞线电缆中的导线数目、导线扭绞数量以及能够达到的数据传输速率等具有不同的要求。不同等级的双绞线电缆的标注方法是这样规定的：如果是标准类型，按 CATx 方式标注，如常用的 5 类线和 6 类线，在线缆的外包皮上标注为 CAT5 和 CAT6；如果是增强版的，就按 CATxe 方式标注，如超 5 类线就标注为 CAT5e。

c. 非屏蔽双绞线与屏蔽双绞线

非屏蔽双绞线 UTP 电缆的结构简单，重量轻，容易弯曲，安装容易，占用空间少。但由于不像其他电缆具有较强的中心导线或屏蔽层，UTP 电缆导线相对较细（22～24AWG），在电缆弯曲的情况下，很难避免线对的分开或打褶，导致性能降低，因此在安装时必须注意细节。如没有特殊要求，会优先考虑选用 UTP 电缆。UTP 电缆也用于电话布线等其他网络布线中。

屏蔽双绞线 随着电气设备和电子设备的大量应用，通信线路会受到越来越多的电磁干扰，这些干扰可能来自动力电缆、发动机，或者大功率无线电和雷达信号之类的各种信号源，这些干扰会在通信线路中形成噪声，从而降低传输性能。另一方面，通信线路中的信号能量辐射，也会对邻近的电子设备和电缆产生电磁干扰。在双绞线电缆中增加屏蔽层，就是为了提高电缆的物理性能和电气性能。电缆屏蔽层由金属箔、金属丝或金属网几种材料构成。如图 7-10 所示。

屏蔽双绞线电缆主要有以下几种类型：金属箔屏蔽双绞线电缆（ScTP）；100ΩSTP 电缆；150ΩSTP 电缆。

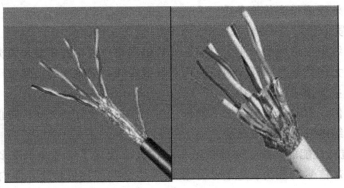

图 7-10 屏蔽双绞线

d. 其他双绞线结构 大对数双绞线电缆一般为 25 线对或更多成束线对的电缆结构，从外观上看，是直径很大的单根线缆，如图 7-11 所示。多数情况下布置超过 900 线对的电缆相当麻烦，通常会用光纤代替。目前最常见的大对数双绞线电缆是 25 线对，通常用于话音布线的主干。

图 7-11 大对数双绞线

③ 同轴电缆 同轴电缆是根据其构造命名的，铜导体位于核心，外面被一层绝缘体环绕，然后是一层屏蔽层，最外面是外护套，所有这些层都是围绕中心轴（铜导体）构造，因

此这种电缆被称为同轴电缆。如图 7-12 所示。同轴电缆主要有三种类型。

a. 50Ω 同轴电缆 也称作基带同轴电缆，特性阻抗为 50Ω，其型号主要是 RG-8、RG-11、RG-58 或 58 系列，主要用于无线电和计算机局域网络，曾经广泛应用于传统以太网的粗缆（RG-8 或 RG-11）和细缆（RG-58）就属于基带同轴电缆。

b. 75Ω 同轴电缆 也称作宽带同轴电缆，特性阻抗为 75Ω，其型号主要是 RG-6 或 6 系列、RG-59 或 59 系列，主要用于视频传输，其屏蔽层通常是用铝冲压而成的。

c. 93Ω 同轴电缆 特性阻抗为 93Ω，其型号主要是 RG-62，主要用于 ARCnet。

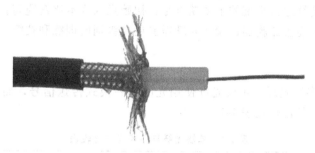

图 7-12　同轴电缆

（2）光纤介质

光纤是一种传输光束的细而柔韧的媒质。光缆由一捆光纤组成，与铜缆相比，光缆本身不需要电，虽然在建设初期所需的连接器、工具和人工成本很高，但其不受电磁干扰的影响，具有更高的数据传输率和更远的传输距离，并且不用考虑接地问题，对各种环境因素具有更强的抵抗力。这些特点使得光缆在某些应用中更具吸引力，成为目前综合布线系统中常用的传输介质之一。

① 光纤通信系统

a. 光纤的结构 计算机网络中的光纤主要采用石英玻璃制成，是横截面积较小的双层同心圆柱体。裸光纤由光纤芯、包层和涂覆层组成，如图 7-13 所示。

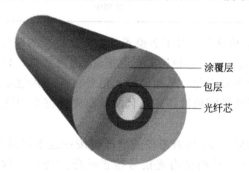

图 7-13　光纤结构

b. 光纤通信系统的组成（图 7-14）

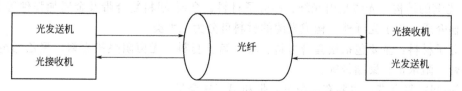

图 7-14　光纤通信系统组成

光纤：传输光波的导体。

光发送机：主要功能是产生光束，将电信号转换为光信号，再把光信号导入光纤。

光接收机：主要功能是负责接收光纤上传输的光信号，并将其转换为电信号，经过解码后再作相应处理。

c. 光纤通信系统的特点　与铜缆相比，光纤通信系统的主要优点有：传输频带宽，通信容量大；线路损耗低，传输距离远；抗干扰能力强，应用范围广；线径细，重量轻；抗化学腐蚀能力强；光纤制造资源丰富。

与铜缆相比，光纤通信系统的主要缺点是：初始投入成本比铜缆高；更难接受错误的使用；光纤连接器比铜连接器脆弱；端接光纤需要更高级别的训练和技能；相关的安装和测试工具价格高。

② 光纤的分类

a. 单模光纤和多模光纤　单模光纤使用光的单一模式传送信号，而多模光纤使用光的多种模式传送信号，其比较见表 7-1。

表 7-1　单模光纤与多模光纤比较表

单 模 光 纤	多 模 光 纤
聚合物涂层　玻璃包层 125μmd/a　光纤芯(直径5.8μm)　要求非常直的路径	涂层　玻璃包层 125μmd/a　光纤芯(直径60μm)　多路径混合
◆纤芯小 ◆低色散 ◆适合远距离应用(3km 左右) ◆经常用于距离几千米的园区骨干网	◆纤芯比单模大 ◆容许较大色散，因此信号有损耗 ◆用于长距离应用，但比单模短(2km 左右) ◆可以使用 LED 作为光源，经常用于局域网或几百米的园区网中

b. 按照折射率分布不同分类　对于多模光纤，通常可分为跳变式光纤和渐变式光纤。

跳变式光纤纤芯的折射率 n_1 和包层的折射率 n_2 都为常数，且 n_1 大于 n_2，在纤芯和包层的交界面处折射率呈阶梯形变化，从而使得光信号在纤芯和包层的交界面上不断产生全反射向前传送。跳变式光纤的模间色散很高，目前单模光纤都采用跳变式，采用跳变式的多模光纤已经逐渐被淘汰了。

渐变式光纤纤芯的折射率 n_1 随着半径的增加而按一定规律减小，到纤芯与包层的交界处与包层的折射率 n_2 相等，从而使得光信号按正弦形式传播。这种结构能减少模间色散，提高光纤带宽和传输距离。现在多模光纤多为渐变式光纤。

③ 光缆

a. 光缆的结构　光缆是由光纤、高分子材料、金属-塑料复合带及金属加强件等共同构成的传输介质。除了光纤外，构成光缆的材料可分为三大类。

高分子材料：主要包括松套管材料、聚乙烯护套料、无卤阻燃护套料、聚乙烯绝缘料、阻水油膏、阻水带、聚酯带等。

金属-塑料复合带：主要有钢塑复合带和铝塑复合带。

中心加强件：主要包括磷化钢丝、不锈钢丝、玻璃钢圆棒等。

　　b. 光缆的分类　按照缆芯结构可以分为层绞式光缆、中心管式光缆和骨架式光缆；按照光纤状态可以分为松套光纤光缆、半松半紧光纤光缆和紧套光纤光缆；按照光纤芯数可以分为4芯、6芯、8芯、12芯、24芯、36芯、48芯、60芯、72芯、84芯、96芯、108芯、144芯等。在综合布线系统中，主要按照光缆的使用环境和敷设方式进行分类。另外，还可以分为室内光缆、室外光缆、室内/室外通用光缆。

　　c. 光缆的型号识别　光缆的型号＝形式代号-规格代号，图7-15(a)所示为形式代号，图7-15(b)所示为规格代号。光缆的规格由光纤数和光纤类别组成。如果同一根光缆中含有两种或两种以上规格（光纤数和类别）的光纤时，中间应用"＋"号连接。

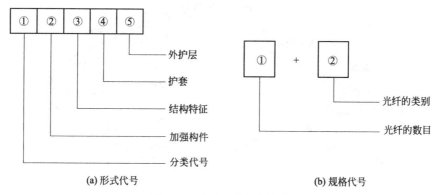

图7-15　光缆型号标识含义

（3）无线传输介质

　　① 微波　微波数据通信系统有两种形式：地面系统和卫星系统。

　　② 激光　激光通信具有带宽高、方向性好和保密性能好等优点，多用于短距离的传输。激光通信的缺点是其传输效率受天气影响较大。

　　③ 红外线　红外线通信采用光发射二极管、激光二极管或光电二极管来进行站点与站点之间的数据交换，不受电磁干扰的影响。

　　目前国内的综合布线系统仍主要采用铜缆介质和光纤介质，但事实上有线网络在很多情况下需要无线技术作为补充和扩展，而无线网络的使用也离不开有线网络的支撑。

（4）传输介质的选择

　　综合布线系统工程的产品类别及链路、信道等级确定，应综合考虑建筑物的功能、应用网络、业务终端类型、业务的需求及发展、性能价格、现场安装条件等因素，见表7-2。

表7-2　传输介质选择参考表

业务种类	配线子系统		干线子系统		建筑群子系统	
	等级	类别	等级	类别	等级	类别
话音	D/E	5e/6	C	3(大对数)	C	3(室外大对数)
数据	D/E/F	5e/6/7	D/E/F	5e/6/7(4对)		
	光纤	62.5μm多模 50μm多模 <10μm单模	光纤	62.5μm多模 50μm多模 <10μm单模	光纤	62.5μm多模 50μm多模 <10μm单模
其他应用	可采用5e/6类4对对绞电缆和62.5μm多模/50μm多模/<10μm多模、单模光缆					

二、综合布线工程中使用的连接器件

在综合布线系统中除了需要使用传输介质外，还需要与传输介质对应的连接器件，这些连接器件用于端接或直接连接线缆，从而组成一个完整的信息传输通道。

(1) 双绞线连接器件

常见的双绞线电缆连接器件包括电缆配线架、信息插座和 RJ-45 连接器等，如图 7-16 所示，它们用于端接或直接连接双绞线电缆和相应的设备。

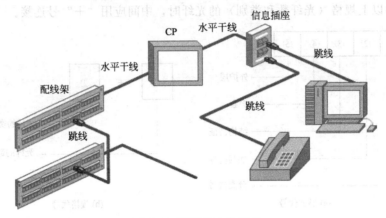

图 7-16 双绞线连接关系

① RJ-45 连接器 RJ-45 连接器是一种透明的塑料接插件，因为其看起来像水晶，所以又称作 RJ-45 水晶头，如图 7-17 所示。RJ-45 连接器的外形与电话线的插头非常相似，不过电话线的插头使用的是 RJ-11 连接器，与 RJ-45 连接器的线数不同。

图 7-17 RJ-45 水晶头及其导线

② 信息插座 信息插座的外形类似于电源插座，和电源插座一样也是固定于墙壁或地面。其作用是为计算机等终端设备提供一个网络接口，通过双绞线跳线即可将计算机通过信息插座连接到综合布线系统，从而接入主网络。

信息插座通常由信息模块、面板和底盒三部分组成。信息模块是信息插座的核心，双绞线电缆与信息插座的连接实际上是与信息模块的连接，信息模块所遵循的标准，决定着信息插座所适用的信息传输通道。面板和底盒的不同决定着信息插座所适用的安装环境。

a. RJ-45 信息模块 信息插座中的信息模块通过水平干线与楼层配线架相连，通过工作区跳线与应用综合布线系统的设备相连，信息模块的类型必须与水平干线和工作区跳线的线

缆类型一致。RJ-45 信息模块是根据国际标准 ISO/IEC11801、EIA/TIA568 设计制造的，该模块为 8 线式插座模块，适用于双绞线电缆的连接。

b. 面板和底盒 信息插座面板用于在信息出口位置安装固定信息模块。插座面板的外形尺寸一般有 K86 和 MK120 两个系列，K86 系列（英式）为 86mm×86mm 正方形规格，MK120 系列（美式）为 120mm×75mm 长方形规格。常见有单口、双口型号，也有三口或四口型号。面板一般为平面插口，也有设计成斜口插口的。

底盒一般是塑料材质，预埋在墙体里的底盒也有金属材料的。底盒有单底盒和双底盒两种，一个底盒安装一个面板，且底盒的大小必须与面板制式相匹配。接线底盒有明装和暗装两种，明装盒安装在墙面上或预埋在墙体内。接线底盒内有供固定面板用的螺孔，随面板配有将面板固定在接线底盒上的螺钉。

c. 信息插座的分类 通常是根据安装位置的不同，把信息插座分成墙面型、地面型和桌面型等几种类型。

③ 配线架

a. 配线架的作用 在综合布线系统中，网络一般要覆盖一座或几座楼宇。在布线过程中，一层楼上的所有终端都需要通过线缆连接到管理间的分交换机上，这些线缆的数量很多，如果都直接接入交换机，则很难分辨交换机接口与各终端间的对应关系，也就很难在管理间对各终端进行管理。而且在这些线缆中经常有一些是暂时不使用的，如果将这些不使用的线缆接入交换机的端口，将会浪费很多的网络资源。另外，综合布线系统能够支持各种不同的终端，而不同的终端需要连接不同的网络设备，如果终端为计算机则需要接入局域网交换机，如果终端为电话则需要连接话音主干线，因此综合布线系统需要为用户提供灵活的连接方式。

b. 配线架的分类 根据配线架在综合布线系统中所在的位置，配线架可以分为建筑群配线架（CD）、建筑物配线架（BD）和楼层配线架（FD）。建筑群配线架是端接建筑群干线电缆、光缆的连接装置。建筑物配线架是端接建筑物干线电缆、干线光缆并可连接建筑群干线电缆、干线光缆的连接装置。楼层配线架是水平电缆、水平光缆与其他布线子系统或设备相连接的装置。

根据配线架所连接的线缆类型，配线架可以分为双绞线配线架和光纤配线架。

• 110 型配线架 110 型配线架（图 7-18）是 110 型连接管理系统的核心部分，采用阻燃、注模塑料。

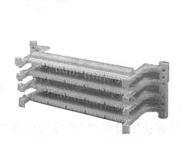

图 7-18 110 型配线架

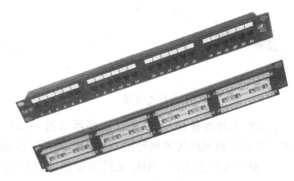

图 7-19 机架式配线架

• 机架式配线架 机架式配线架（图 7-19）又称为模块式快速配线架，是一种 19in 的模块式嵌座配线架，线架后部以安装在一块印刷电路板上的 110d 连接块为特色，这些连接块主要用于端接工作站、设备或中继电缆。

• **多媒体配线架**（图7-20） 此种配线架摒弃了以往配线架端口固定无法更改的弱点，

采用标准19in宽1U（1U＝44.45mm）高的空配线板，在其上可以任意配置5e类、6类、7类、话音和光纤等布线产品，充分体现了配线的多元化和灵活性，对升级和扩展带来了极大的方便。

c. 配线架在综合布线中的选用 用于端接来自所有桌面信息点水平双绞线的配线架，一般应采用RJ-45接口机架式配线架。

图 7-20 多媒体配线架

对于主干布线的端接，可分为两种情况：端接来自电话主机房的大对数话音线缆，可采用相应对数的110型配线架，然后通过跳线与RJ-45接口机架式配线架跳接实现话音的连通；数据光纤主干则可通过光纤配线箱，再通过网络交换机，将一路高速光信号转换成多路数据信号，然后通过RJ-45跳线与RJ-45接口机架式配线架跳接实现数据的连通。

(2) 光缆连接器件

光缆连接部件主要有配线架、端接盒、接续盒、光缆信息插座、各种连接器（如ST、SC、FC等）以及用于光缆与电缆转换的器件等。

① **光纤连接器** 光纤连接器用来把光纤连接到接线板或有源设备上。目前有很多种光纤连接器，在安装时必须确保连接器的正确匹配。按照不同的分类方法，光纤连接器可以分为不同的种类，如按所支持光纤类型的不同可分为单模光纤连接器和多模光纤连接器，按连接器的插针端面可分为FC、PC（UPC）和APC等。

a. **ST光纤连接器** ST光纤连接器（图7-21）有一个直通和卡口式锁定机构，连接头使用一个坚固的金属卡销式耦合环和一个发散形状的凹弯，使适配器的柱头可以方便地固定，这种连接与同轴电缆的连接类似。

b. **SC光纤连接器** SC光纤连接器（图7-22）是连接GBIC光纤模块的连接器，外形呈矩形，插针的断面多采用PC或APC型研磨方式。SC光纤连接器为插拔销闩型连接器，与耦合器相接时，通过压力固定，这样只需轻微的压力就可以插入或拔出SC适配器，不需旋转。

图 7-21 ST光纤连接器　　　　　　　　　　　图 7-22 SC光纤连接器

c. **FC光纤连接器** FC光纤连接器（图7-23）采用金属套，紧固方式为螺丝扣。最早的FC型连接器采用陶瓷插针的对接端面是平面接触方式（FC）。

d. **MU光纤连接器** MU光纤连接器（图7-24）是以目前使用最多的SC型连接器为基础，是小型单芯光纤连接器。

e. **LC光纤连接器** LC光纤连接器（图7-25）是用来连接SFP模块的连接器。

② **光纤跳线和光纤尾纤**

图 7-23 FC 光纤连接器

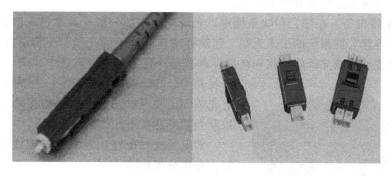

图 7-24 MU 光纤连接器

　　a. 光纤跳线　光纤跳线由一段 1~10m 的互连光缆与光纤连接器组成，用在配线架上交接各种链路。光纤跳线可以分为单线和双线。由于光纤一般只是进行单向传输，需要进行全双工通信的设备需要连接两根光纤来完成收发工作，因此如果使用单线跳线则一般需要两根跳线。

　　b. 光纤尾纤（图 7-26）　尾纤又叫猪尾线，只有一端有连接头，而另一端是一根光缆纤芯的断头，通过熔接可与其他光缆纤芯相连，常出现在光纤终端盒内，用于连接光缆与光纤收发器（之间还用到耦合器、跳线等）。

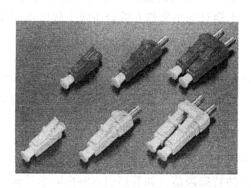

图 7-25 LC 光纤连接器

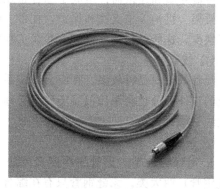

图 7-26 光纤尾纤

　　③ 光纤耦合器　光纤耦合器也叫光纤适配器，实际上就是光纤的插座，它的类型与光纤连接器的类型对应。光纤耦合器一般安装在光纤终端箱上，提供光纤连接器的连接固定。

　　④ 光纤终端盒和光纤接续盒　光纤终端盒是光缆终端的接续设备，通常安装在 19in 机架上，可以容纳数量比较多的光缆端头，可通过光纤跳线接入光交换机。光纤终端盒的主要用途：一是为了方便把光纤汇集在一起，便于管理和使用；二是当光缆与光纤设备互连时，

需要将光缆剥开露出光纤，再将光纤与尾纤熔接，而光纤熔接点处非常脆弱，易被折断，因此需要将熔接点装入光纤终端盒内，以减少外力的作用。

在光缆布线中还存在着连接两根光缆的问题。光纤接续盒的功能就是将两段光缆连接起来，具备光缆固定、熔接功能，内设光缆固定器、熔接盘和过线夹。光纤接续盒可以分为室内和室外两个类型，室外终端盒可以防水。在实际工作中有时可以将光纤终端盒作为室内光纤接续盒使用。

⑤ 光缆信息插座　光缆信息插座的作用和基本结构与使用 RJ-45 信息模块的双绞线信息插座一致，是光缆布线在工作区的信息出口，用于光纤到桌面的连接。为了满足不同场合应用的要求，光缆信息插座有多种类型。

⑥ 光纤配线设备　在综合布线系统中，光纤配线系统一般安装在建筑群和建筑物的主设备间，用以连接公网系统的引入光缆、建筑群或建筑物干线光缆、应用设备光纤跳线等。光纤配线系统主要完成光纤的连接和终接后单芯光纤到各光通信设备中光路的连接与分配，以及光缆分纤配线（线路调度）。光纤配线系统应具有光缆固定和保护功能、光缆终接功能、调线功能以及光缆纤芯和尾纤的保护功能。

常见的光纤配线产品有光纤配线架、光缆交接箱、光缆分线箱等。

图 7-27　光纤收发器

⑦ 光纤收发器　光纤收发器（图 7-27）是一种将短距离的双绞线电信号和长距离的光缆光信号进行互换的以太网传输介质转换单元，在很多地方也被称为光电转换器。光纤收发器一般应用在双绞线电缆无法覆盖、必须使用光缆来延长传输距离的网络环境中。

三、综合布线工程中使用的布线器材

传输介质和连接器件组成了综合布线系统的主体——通信链路，但通信链路需要有管、槽、桥架、机柜等来支撑和保护，扎带、膨胀管和木螺钉等小部件在综合布线工程中也同样不可缺少，这些材料被称作综合布线工程中使用的布线器材。

(1) 线管

线管的管材品种较多，在综合布线系统中主要使用钢管和塑料管两种。此外，综合布线系统的户外部分也会采用混凝土管（又称水泥管）和高密度聚乙烯材料（HDPE）制成的双壁波纹管等管材。

① 钢管

a. 钢管的种类　钢管按照制造方法不同可分为无缝钢管和焊接钢管（或称接缝钢管、有缝钢管）两大类。无缝钢管只有在综合布线系统的特殊段落（如管路引入室内需承受极大压力时）才采用，因此使用量极少。在综合布线系统中常用的钢管为焊接钢管。焊接钢管一般是由钢板卷焊制成，按卷焊制作方法不同，又可分为对边焊接（又称对缝焊接）、叠边焊接和螺旋焊接三种，后两种焊接钢管的内径都在 150mm 以上，在室内不会采用。

b. 钢管的规格　以外径（mm）为单位，综合布线工程施工中常用的钢管有 D16、D20、D25、D32、D40、D50、D63、D25、D110 等规格。

c. 钢管的特点　钢管具有机械强度高，密封性能好，抗弯、抗压和抗拉能力强等

特点，尤其是有屏蔽电磁干扰的作用。钢管管材可根据现场需要任意截锯拗弯，可以适合不同的管线路由结构，安装施工方便。但是钢管存在管材重、价格高且易锈蚀等缺点。

d. 钢管的附件　在钢管敷设中需要使用附件来进行分支、交叉和弯曲等。

② 塑料管　塑料管是由树脂、稳定剂、润滑剂及添加剂配制挤塑成型。目前按塑料管使用的主要材料，主要有聚氯乙烯管（PVC-U 管）、聚乙烯管（PE 管）和聚丙烯管（PP管）三种。如果加以细分，又有以高、低密度聚乙烯为主要材料的高、低密度聚乙烯管（HDPE 和 LDPE），以软质或硬质聚氯乙烯为主要材料的软、硬聚氯乙烯管（PVC-U）。

图 7-28　PVC-U 管

a. PVC-U 管　PVC-U 管（图 7-28）是综合布线工程中使用最多的一种塑料管，管长通常为 4m、5.5m 或 6m。PVC-U 管具有较好的耐酸碱性和耐腐蚀性，抗压强度较高，具有优异的电气绝缘性能，适用于各种条件下的电缆保护套管配管工程。

b. HDPE 双壁波纹管　双壁波纹管除了具有普通塑料管的耐腐性好、绝缘性好、内壁光滑和使用寿命长等优点外，还具有以下独特的技术特性：刚性大，耐压强度高于同等规格的普通塑料管；重量是同规格普通塑料管的 1/2，方便施工；密封好，在地下水位高的地方使用具有较好的隔水作用；波纹结构加强了管道对土壤负荷的抵抗力，便于连续敷设在凹凸不平的作业面上；工程造价要比普通塑料管降低 1/3。

c. 硅芯管　硅芯管（图 7-29）采用高密度聚乙烯和硅胶混合物经复合挤出而成，是一种内壁带有润滑剂的复合光缆套管。

d. 子管　子管（图 7-30）由 LDPE 或 HDPE 制造，口径小，管材质软，具有柔韧性能好、可小角度弯曲使用、敷设安装灵活方便等特点，用于对光缆、电缆的直接保护。

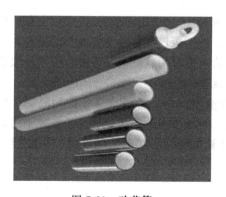

图 7-29　硅芯管

图 7-30　子管

③ 混凝土管　根据所用材料和制造方法的不同，混凝土管可分为干打管和湿打管两种。湿打管因其制造成本高、养护时间长等缺点，不常采用，目前较多采用的是干打管（又称砂浆管）。混凝土管具有价格低廉、可就地取材、料源较充裕、隔热性能好等优点，但也存在不少缺点，如机械强度差、密闭性能低、防水和防渗性能不理想、管材本身较重不利于运输和施工、管孔内壁不光滑等。

图 7-31　线槽

（2）线槽

线槽（图 7-31）分为金属线槽和 PVC 塑料线槽。金属槽由槽底和槽盖组成，每根槽一般长度为 2m，槽与槽连接时需使用相应尺寸的铁板和螺钉固定。在综合布线系统中一般使用的金属槽有 50mm×100mm、100mm×100mm、100mm×200mm、100mm×300mm、200mm×400mm 等多种规格。

（3）桥架

在综合布线工程中，由于线缆桥架具有结构简单、造价低、施工方便、配线灵活、安全可靠、安装标准、整齐美观、防尘防火、能延长线缆使用寿命、方便扩充、维护检修等特点，所以被广泛应用于建筑物内主干管线的安装施工。

① 桥架的类型和组成　桥架由多种外形和结构的零部件、连接件、附件和支、吊架等组成，因此，其类型、品种和规格极为繁多，而且目前国内尚无统一的产品标准，在选用时，应根据工程实际使用需要，结合生产厂家的具体产品来考虑。

a. 金属材料桥架　包括槽式桥架、托盘式桥架、梯式桥架、组合式托盘桥架

b. 非金属材料桥架　桥架采用的非金属材料有塑料和复合玻璃钢等。塑料桥架的形状和结构与金属材料桥架基本相同。目前国内外生产的塑料桥架的规格尺寸均较小，一般只在工作区布线中采用，且都为明敷方式。

复合玻璃钢桥架采用不燃烧的复合玻璃钢为材料，它的类型也可分为槽式、托盘式、梯式和组合式四种。这四种类型桥架均有盖板，因此都适用于灰尘较多的环境和其他需要密封或遮盖的场所。

② 桥架的安装范围　桥架的安装可因地制宜：可以水平或垂直敷设；可以采用转角、T字形或十字形分支；可以调宽、调高或变径；可以安装成悬吊式、直立式、侧壁式、单边、双边和多层等形式。大型多层桥架吊装或立装时，应尽量采用工字钢立柱两侧对称敷设，避免偏载过大，造成安全隐患。

③ 桥架尺寸选择与计算　电缆桥架的高（h）和宽（b）之比一般为 1:2，也有一些型号不符合此比例。各类型的桥架标准长度为 2m/根。桥架板厚度标准为 1.5～2.5mm，实际中还有厚度为 0.8mm、1.0mm、1.2mm 的产品。从电缆桥架载荷情况考虑，桥架越大装载的电缆就越多，因此要求桥架的截面积越大，桥架板越厚。

④ 线缆在多层桥架上敷设　在综合布线工程中受空间场地和投资等条件的限制，经常存在强电和弱电布线需要敷设在同一管线内的情况。为减少强电系统对弱电系统的干扰，可采用多层桥架的方式进行敷设。从上向下分别是计算机线缆、屏蔽控制线缆、一般控制线缆、低压动力线缆、高压动力线缆分层排列。

（4）机柜

机柜电磁屏蔽性能好，可减少设备噪声，占地面积小，便于管理，被广泛用于综合布线配线设备、网络设备、通信设备、系统控制设备等的安装工程中。

① 机柜的结构和规格　综合布线系统一般采用 19in 宽的机柜。19in 宽的机柜被称为标准机柜，用以安装各种配线模块和交换机等。标准机柜结构简洁，主要包括基本框架、内部支撑系统、布线系统和散热通风系统。

机柜的高度一般为 0.7～2.4m，常见的高度为 1.0m、1.2m、1.6m、1.8m、2.0m 和

2.2m。机柜的高度将决定机柜的配线容量和能够安装的设备数量。

② 机柜的分类

a. 根据外形分类 机柜可分为立式机柜、挂墙式机柜和开放式机架三种。

b. 根据应用对象分类 机柜除可分为布线型机柜和服务器型机柜两种基本类型外，还有控制台型机柜、通信机柜、EMC 机柜、自调整组合机柜及用户自行定制机柜等。

c. 根据组装方式分类 有一体化焊接型和组装型两种。

d. 根据制造材料分类。

③ 机柜中的配件 包括固定托盘、滑动托盘、配电单元、理线器、理线环、L 支架、盲板、扩展横梁、键盘托架、调速风机单元、机架式风机单元。

(5) 其他安装材料

① 线缆整理材料 当大量的线缆在管路中铺设，或进入机柜端接到配线架上后，通常会采用扎带和理线器对管路和机柜中的线缆进行整理。

a. 扎带 扎带（图 7-32）分为尼龙扎带和金属扎带，布线工程中通常使用尼龙扎带进行线缆捆扎。尼龙扎带具有耐酸、耐腐蚀、绝缘性好、不易老化等特点。只要将带身穿过带孔轻轻一拉，即可牢牢扣住。

b. 理线器 理线器是为机柜中的电缆提供平行进入配线架 RJ-45 模块的通路，使电缆在压入模块之前不再多次直角转弯，减少了自身的信号辐射损耗，也减少了对周围电缆的辐射干扰。

② 线缆保护产品 硬质套管在线缆转弯、穿墙、裸露等特殊位置不能提供保护，此时需要软质的线缆保护产品，主要有螺旋套管、蛇皮套管、防蜡管和金属边护套等。线缆保护套如图 7-33 所示。

图 7-32 扎带

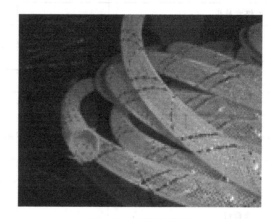

图 7-33 线缆保护套

③ 线缆固定部件

a. 钢精轧头 又称为铝片线卡，多用于在线缆安装时固定护套线。它是用 0.35mm 厚的铝片冲制而成的条形薄片，中间开有用于固定线缆的 1~3 个安装孔。

b. 钢钉线卡 全称为塑料钢钉线卡，用于固定明敷的线缆。安装时用塑料卡卡住线缆，用锤子将水泥钢钉钉入建筑物墙壁即可。

④ 钉、螺钉、膨胀螺栓等。

［任务步骤］

① 根据图 7-34 确定系统类型，对相关设备进行初步的分类梳理。

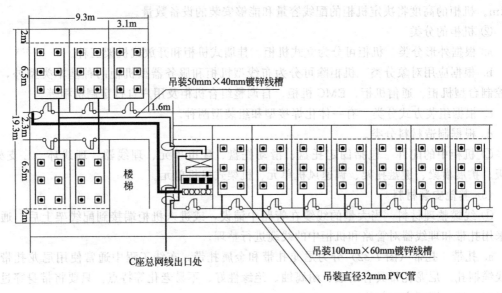

图 7-34　系统结构图（部分）

② 根据所提供的图纸，进行现场勘查，确定设备，填写设备统计表如下：

设备名称	型　号	品　牌	数　量	备　注
双绞线				
网络模块				
网络水晶头				
40PVC 线槽				
20PVC 线槽				
光纤冷接头				
25 对大对数线缆				
打线刀				
机柜螺钉				
十字螺钉				
红光笔				
自攻螺钉				
20PVC 线管				
50PVC 线管				
25 对打线刀				
20 线管弯头				
20 线管三通				
光纤盘纤盒				

[课后习题]

① 到市场上调查目前常用的某品牌 4 对 5e 类和 6 类非屏蔽双绞线电缆，观察双绞线的

结构和标识，对比两种双绞线电缆的价格和性能指标。

② 按照《综合布线系统工程设计规范》的要求，在综合布线各子系统中一般应选择何种传输介质？

③ 配线架在综合布线系统中有什么作用？

④ 到市场上调查目前常用的品牌光缆，包括光纤软线、室内光缆和室外光缆，了解各种光缆的价格、型号、性能指标及主要应用。

任务三　综合布线工程管槽安装施工

［任务目标］

以实训室综合布线系统为平台，学习综合布线工程管槽安装施工，进一步理解、认识管槽安装施工在整个综合布线系统中的重要性。

［任务内容］

① 认识和使用综合布线管槽安装施工工具。
② 掌握建筑物内主干布线的管槽安装施工。
③ 掌握建筑物内水平布线的管槽安装施工。
④ 了解建筑群地下通信管道施工方法。

［知识点］

一、综合布线管槽安装施工工具

① 电工工具箱（图 7-35）　电工工具箱是综合布线施工中必备的工具，它一般应包括以下工具：钢丝钳、尖嘴钳、斜口钳、剥线钳、一字螺丝刀、十字螺丝刀、测电笔、电工刀、电工胶带、活扳手、呆扳手、卷尺、铁锤、凿子、斜口凿、钢锉、钢锯、电工皮带、工作手套等。

图 7-35　电工工具箱

② 电源线盘（图 7-36）　在室外施工现场，由于施工范围广，不可能随地都有电源，因

此需要用长距离的电源线盘接电。线盘长度有20m、30m和50m等型号。

图 7-36　电源线盘

③ 五金工具　线槽剪、台虎钳、梯子、管子台虎钳、管子切割器、管子钳、螺纹铰板、弯管器。

④ 电动工具　充电旋具（图 7-37）、手电钻、冲击电钻（图 7-38）、电锤、电镐、曲线锯、角磨机、型材切割机、台钻（图 7-39）。

图 7-37　充电旋具

图 7-38　冲击电钻

二、建筑物内主干布线的管槽安装施工

(1) 引入管路

综合布线系统引入建筑物内的管路部分通常采用暗敷方式。引入管路从室外地下通信电缆管道的人孔或手孔接出，经过一段地下埋设后进入建筑物，由建筑物的外墙穿放到室内。

图 7-39 角磨机、型材切割机、台钻

(2) 综合布线系统上升部分的建筑结构类型

综合布线系统上升部分的建筑结构类型有所区别，有上升管路、电缆竖井和上升房三种类型，其布线特点见表 7-3。

表 7-3 综合布线系统上升部分的建筑结构类型及其布线特点

类型名称	容纳线缆条数	装设接续设备	特 点	适用场合
上升管路	1~4 条	在上升管路附近设置配线接续设备以便就近与楼层管路连通	不受建筑面积和建筑结构限制，不占用房间面积，工程造价低，技术要求不高。施工和维护不便，配线设备无专用房间，有不安全因素，适应变化能力差，影响内部环境美观	信息业务量较小，今后发展较为固定的中小型建筑
电缆竖井	5~8 条	在电缆竖井内或附近装设配线接续设备以便连接楼层管路，专用竖井或合用竖井有所不同，在竖井内可用管路或槽道等装置	能适应今后变化，灵活性较大，便于施工和维护，占用房屋面积和受建筑结构限制因素较少。竖井内各个系统管线应有统一安排。电缆竖井造价较高，需占用一定建筑面积	今后发展较为固定，变化不大的大、中型建筑
上升房	8 条以上	在上升房中装设配线接续设备可以明装或暗装，各层上升房与各个楼层管路连接	能适应今后变化，灵活性大，便于施工和维护，能保证通信设备安全运行。占用建筑面积较多，受到建筑结构的限制较多，工程造价和技术要求高	信息业务种类和数量较多，今后发展较大的大型建筑

(3) 上升管路设计安装

上升管路的装设位置一般选择在综合布线系统线缆较集中的地方，宜在较隐蔽角落的公用部位（如走廊、楼梯间或电梯厅等附近地方），各个楼层的同一地点设置；不得在办公室或客房等房间内设置，更不宜过于邻近垃圾道、燃气管、热力管和排水管以及易爆易燃的场所，以免造成危害和干扰等后患。

上升管路是综合布线系统的建筑物垂直干线子系统线缆的专用设施，既要与各个楼层的楼层配线架（或楼层配线接续设备）互相配合连接，又要与各楼层管路相互衔接。

(4) 电缆竖井设计安装

综合布线系统的主干线路在竖井中一般有以下几种安装方式。

① 将上升的主干电缆或光缆直接固定在竖井的墙上。它适用于电缆或光缆条数很少的综合布线系统。

② 在竖井墙上装设走线架，上升电缆或光缆在走线架上绑扎固定。它适用于较大的综

合布线系统，在有些要求较高的智能化建筑的竖井中，需安装特制的封闭式槽道，以保证线缆安全。

③ 在竖井内墙壁上设置上升管路。这种方式适用于中型的综合布线系统。

(5) 上升房内设计安装

在上升房内布置综合布线系统的主干线缆和配线接续设备需要注意以下几点。

① 上升房为专用房间，不允许无关的管线和设备在房内安装，避免对通信线缆造成危害和干扰，保证线缆和设备安全运行。上升房内应设有 220V 交流电源设施（包括照明灯具和电源插座），其照度应不低于 20lx。为了便于维护检修，可以利用电源插座采取局部照明，以提高照度。

② 上升房是建筑中一个上下直通的整体单元结构，为了防止火灾发生时沿通信线缆延燃，应按国家防火标准的要求，采取切实有效的隔离防火措施。

三、建筑物内水平布线的管槽安装施工

(1) 预埋暗敷管路

① 预埋暗敷管路宜采用对缝钢管或具有阻燃性能的聚氯乙烯（PVC）管。

② 预埋暗敷管路应尽量采用直线管道。直线管道超过 30m 处再需延长距离时，应设置暗线箱等装置，以利于牵引敷设电缆。

③ 暗敷管路如必须转弯时，其转弯角度应大于 90°，每根暗敷管路在整个路由上转弯的次数不得多于两个，暗敷管路的弯曲处不应有折皱、凹穴和裂缝，更不应出现"S"形弯或"U"形弯。

④ 暗敷管路的内部不应有铁屑等异物存在，以防堵塞不通，必须保证畅通。

⑤ 暗敷管路如采用钢管，其管材接续的连接应符合下列要求。

a. 丝扣连接（即套管套接）的管端套丝长度不应小于套管接头长度的 1/2。在套管接头的两端应焊接跨接地线，以利连成电气通路。薄壁钢管的连接必须采用丝扣连接。

b. 套管焊接适用于暗敷管路，套管长度为连接管外径的 1.5～3 倍，两根连接管的对口应处于套管的中心，焊口应焊接严密，牢固可靠。

⑥ 暗敷管路以金属管材为主时，如在管路中间设有过渡箱体，应采用金属板材制成，以利于连成电气通路，不得混杂采用塑料材料等绝缘壳体连接。

⑦ 暗敷管路在与信息插座（又称通信引出端或接线盒）、拉线盒（又称过线盒）等设备连接时，由于安装场合、具体位置以及所用材料不同，有不同的安装方法。

⑧ 暗敷管路进入信息插座、出线盒等接续设备时，应符合下列要求：

a. 暗敷管路采用钢管时，可采用焊接固定，管口露出盒内部分应小于 5mm；

b. 明敷管路采用钢管时，应用锁紧螺母或护套帽固定，露出锁紧螺母丝扣 2～4 扣；

c. 硬质塑料管应采用入盒接头紧固。

(2) 明敷配线管路

① 明敷配线管路采用的管材，应根据敷设场合的环境条件选用不同材质和规格，一般有如下要求。

a. 在潮湿场所或埋设于建筑物底层地面内的钢管，均应采用管壁厚度大于 2.5mm 的厚壁钢管；在干燥场所（含在混凝土或水泥砂浆层内）的钢管，可采用管壁厚度为 1.6～2.5mm 的薄壁钢管。

b. 如钢管埋设在土层内时，应按设计要求进行防腐处理。使用镀锌钢管时，应检查其

镀锌层是否完整，镀锌层剥落或有锈蚀的地方应刷防腐漆或采用其他防腐措施。

② 明敷配线管路应排列整齐，且要求固定点或支承点的间距均匀。由于管路采用的管材不同，其间距也有区别。

采用钢管时，其管卡、吊装件（如吊架）与终端、转弯中点和过线盒等设备边缘的距离应为150～500mm。

采用硬质塑料管时，其管卡与终端、转弯中点和过线盒等设备边缘的距离应为100～300mm。

③ 明敷配线管路不论采用钢管还是塑料管或其他管材，与其他室内管线同侧敷设时，其最小净距应符合有关规定。

(3) 预埋金属槽道（线槽）（图7-40）

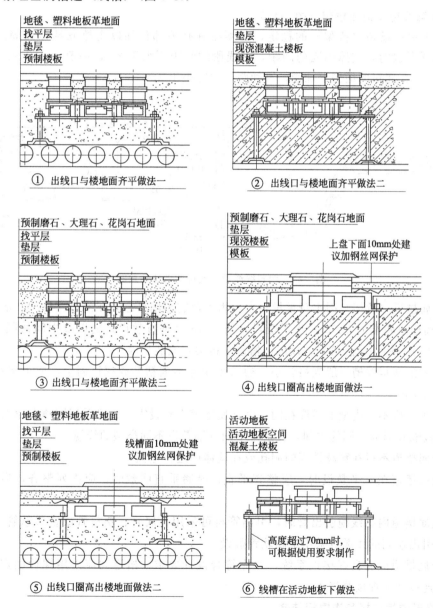

图7-40 预埋金属槽道做法

① 在线缆敷设路由上，金属线槽埋设时不应少于2根，但不应超过3根，以便灵活调度使用和适应变化需要。

② 金属线槽的直线埋设长度超过6m，或线槽在敷设路由上交叉分支或转弯时，为了便于施工时敷设线缆及今后检查维护，应设置分线盒。

③ 金属线槽和分线盒预埋在地板下或楼板中，有可能影响人员生活和走动等情况，因此除要求分线盒的盒盖应能方便开启以便使用外，其盒盖表面应与地面齐平，不得凸起高出地面。盒盖和其周围应采用防水和防潮措施，并有一定的抗压功能。

④ 预埋金属线槽的截面利用率即线槽中线缆占用的截面积不应超过40%。

⑤ 预埋金属槽道与墙壁暗嵌式配线接续设备（如通信引出端的连接），应采用金属套管连接法。

(4) 明敷线缆槽道或桥架（图7-41）

① 为了保证槽道（桥架）的稳定，必须在其有关部位加以支撑或悬挂加固。当槽道（桥架）水平敷设时，支撑加固的间距，直线段的间距不大于3m，一般为1.5～2.0m；垂直敷设时，应在建筑的结构上加固，其间距一般宜小于2m。

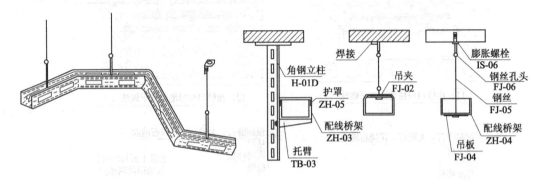

图 7-41 明敷线缆槽道或桥架做法示意图

② 金属槽道（桥架）因本身重量较大，为了使它牢固可靠，在槽道（桥架）的接头处、转弯处、离槽道两端的0.5m（水平敷设）或0.3m（垂直敷设）处以及中间每隔2m等地方，应设置支撑构件或悬吊架，以保证槽道（桥架）安装稳固。

③ 明敷的塑料线槽一般规格较小，通常采用黏结剂粘贴或螺钉固定，要求螺钉固定的间距一般为1m。

④ 为了适应不同类型的线缆在同一个金属槽道中敷设需要，可采用同槽分室敷设方式，即用金属板隔开形成不同的空间，在这些空间分别敷设不同类型的线缆。

⑤ 金属槽道不得在穿越楼板的洞孔或在墙体内进行连接。

⑥ 金属槽道在水平敷设时，应整齐平直；沿墙垂直明敷时，应排列整齐，横平竖直，紧贴墙体。

⑦ 金属槽道内有线缆引出管时，引出管材可采用金属管、塑料管或金属软管。金属槽道至通信引出端间的线缆宜采用金属软管敷设。

⑧ 金属槽道应有良好接地系统，并应符合设计要求。槽道间应采用螺栓固定法连接，在槽道的连接处应焊接跨接线。

(5) 格形楼板线槽和沟槽相结合

格形楼板线槽和沟槽相结合的支撑保护方式是一种暗敷槽道，一般用于建筑面积大、信息点较多的办公楼层。施工具体要求有以下几点：

① 格形楼板线槽必须与沟槽沟通，相连成网，以便线缆敷设。

② 沟槽的宽度不宜过宽，一般不宜大于 600mm，主线槽道宽度一般宜在 200mm 左右，支线槽道宽度不小于 70mm。

③ 为了不影响人员的工作和活动，沟槽的盖板应采用金属材料，可以开启，但必须与地面齐平，其盖板面不得高起凸出地面，盖板四周和通信引出端（信息插座）出口处应采取防水和防潮措施，以保证通信安全。

四、建筑群地下通信管道施工

(1) 施工前的准备工作

① 器材检验

② 工程测量　在管道施工以前，必须对设计和施工文件（包括施工图纸和文字说明）充分了解和掌握，根据设计施工图纸和现场技术交底，对地下电缆管道路由附近的地形和地貌进行工程测量。工程测量包括直线测量、平面测量和高程测量。

③ 复测定线

(2) 铺设管道

① 地基的平整和加固

② 浇筑混凝土基础

a. 支设和固定基础模板

b. 现场浇筑混凝土

c. 养护和拆除模板

③ 铺设管道

a. 铺设钢管

b. 铺设单孔双壁波纹塑料管（HDPE）

(3) 建筑人孔和手孔

① 建筑人孔　智能小区内的道路一般不会有极重的重载车辆通行，所以地下通信电缆管道上所用人孔以混合结构的建筑方式为主，人孔基础为素混凝土，人孔四壁为水泥砂浆砌砖形成墙体。人孔基础和人孔四壁均为现场浇灌和砌筑。

② 建筑手孔　建筑手孔内部规格尺寸较小，且是浅埋（最深仅 1.1m），手孔内部空间很小，施工和维护人员难以在其内部操作主要工艺，一般是在地面将线缆接封完工后，再放入其中。手孔结构基本是砖砌结构，通常为 240mm 厚的四壁砖墙，如因现场断面的限制，也可改为 180mm 或 115mm 砖墙，其结构更为单薄。进入手孔的管道，其最低层的管孔与手孔的基础之间的最小距离不应小于 180mm。手孔按大小规格分为五种，即小手孔、一号手孔、二号手孔、三号手孔和四号手孔。

(4) 电缆沟的施工

电缆沟按其建筑结构可分为简易式、混合式、整浇式和预制式四种，它们各有特点，适用于不同的场合，在智能小区主要采用混合式。混合式电缆沟采用基本属于浅埋式的主体结构，底板为素混凝土，在现场浇灌筑成，其配合比应根据料源和温度等条件确定。电缆沟的两侧壁是用水泥砂浆砌砖形成的砌体结构，电缆沟的外盖板为钢筋混凝土预制件，在现场按要求组装成整体。

[综合布线工程管槽安装施工实训步骤]

① 认识和使用综合布线管槽安装施工工具。

② 按照给出的实际材料，结合综合布线实训平台，分别进行如下施工：

a. 建筑物主干布线的管槽安装施工。

b. 建筑物水平布线的管槽安装施工。

c. 建筑群地下通信管道施工。

[问题讨论]

谈谈综合布线系统上升部分的建筑结构类型及其特点和适用场合。

[课后习题]

① 参观使用综合布线系统的某建筑物，观察其引入管路及进线间的设计安装。

② 参观使用综合布线系统的某建筑物，观察其上升管路的设计安装。

③ 参观使用综合布线系统的某建筑物，观察其水平管路的设计安装。

任务四 综合布线工程电缆布线施工

[任务目标]

以实训室综合布线系统为平台，学习综合布线工程电缆布线施工，学会使用电缆布线施工的常用工具；完成建筑物内水平电缆和主干电缆布线施工，了解建筑群线缆布线施工的技术要点；完成工作区信息插座的端接和安装，完成机柜和配线设备的安装与端接。

[任务内容]

① 认识和使用电缆布线施工工具。

② 掌握建筑物内水平电缆布线施工方法。

③ 掌握建筑物内主干电缆布线方法。

④ 掌握建筑群线缆布线方法。

⑤ 掌握信息插座的端接与安装方法。

⑥ 掌握机柜与配线设备的安装方法。

[知识点]

一、电缆布线施工工具

(1) 电缆布放的要求

① 布放电缆应有冗余。

② 为了以后电缆的变更，在线槽内布设的电缆容量不应超过线槽截面积的70%。

③ 电缆在布放过程中应平直，不得产生扭绞、打圈等现象，不应受到外力的挤压和损

伤，电缆的两端应贴上相应的标签，以识别电缆的来源地。

④ 电缆转弯时弯曲半径应符合规定。

⑤ 拉线时的速度和拉力要符合相关规定。

⑥ 放线记录要明确。

（2）电缆布线施工工具

① 线缆敷设工具（图 7-42）　穿线器、线轴支架、滑车、牵引机。

图 7-42　线缆敷设工具穿线器和线轴支架

② 双绞线端接工具（图 7-43）　剥线钳、压线工具、打线工具、手掌保护器。

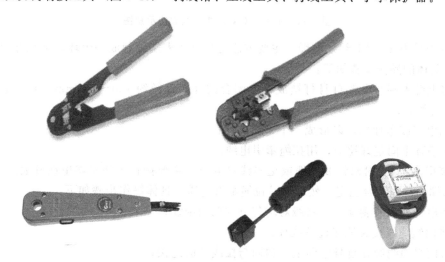

图 7-43　常用双绞线端接工具

二、建筑物内水平电缆布线施工

（1）水平电缆布线施工的基本要求

水平干线子系统的线缆虽然是综合布线系统中的分支部分，但它具有面最广、量最大、具体情况多而复杂等特点，涉及的施工范围几乎遍布建筑中所有角落。在水平电缆布线施工过程中，要注意以下几点：

① 电缆应该总是与墙平行铺设；

② 电缆不能斜穿天花板；

③ 在选择布线路由时，应尽量选择施工难度最小、最直和拐弯最少的路径；

④ 不允许将电缆直接铺设在天花板的隔板上。

（2）线缆牵引技术

线缆要敷设在管路或槽道内就必须使用线缆牵引技术。为了方便线缆牵引，在安装各种管路或槽道时已内置了拉绳（一般为钢绳），使用拉绳可以方便地将线缆从管道的一端牵引到另一端。

① 牵引 4 对双绞线电缆（图 7-44）

a. 将多根双绞线电缆的末端缠绕在电工胶布上。

b. 在电缆缠绕端绑扎好拉绳，然后牵引拉绳。

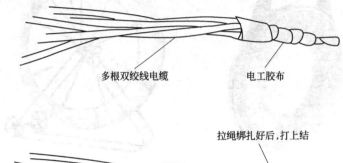

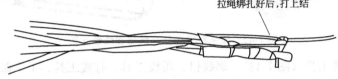

图 7-44　牵引 4 对双绞线电缆方法示意图

② 牵引单根 25 对双绞线电缆　主要方法是将电缆末端编制成一个环，绑扎好拉绳后牵引电缆。具体的操作步骤如下：

a. 将电缆末端与电缆自身打结成一个闭合的环，直径约 150～300mm，并使电缆末端与电缆本身绞紧；

b. 用电工胶布加固，以形成一个坚固的环；

c. 在缆环上固定好拉绳，用拉绳牵引电缆。

③ 牵引多根 25 对双绞线电缆或更多线对电缆　主要操作方法是将电缆外表皮剥除后，将电缆末端与拉绳绞合固定，然后通过拉绳牵引电缆。具体操作步骤如下：

a. 将电缆外皮表剥除后，将线对均匀分为两组缆线；

b. 将两组缆线交叉地穿过拉线环；

c. 将两组缆线缠在自身电缆上，加固与拉线环的连接；

d. 在缆线缠绕部分紧密缠绕多层电工胶布，以进一步加固电缆与拉线环的连接。

（3）水平电缆布线的敷设方式

① 吊顶内的布线

a. 吊顶内的布线方法　一般有装设槽道（桥架）和不设槽道两种方法。

装设槽道布线方法是在吊顶内利用悬吊支撑物装置槽道或桥架。这种方法会增加吊顶所承受的重量。

不设槽道布线方法是利用吊顶内的支撑柱（如 T 形钩、吊索等支撑物）来支撑和固定线缆。

b. 吊顶内布线的具体要求　要完成吊顶内布线，首先应根据施工图纸要求，结合现场实际条件，确定在吊顶内的电缆路由。

不论吊顶内是否装设槽道或桥架，电缆敷设应采用人工牵引。单根大对数电缆可以直接牵引，不需拉绳。如果是多根小对数线缆（如 4 对双绞线电缆），应组成缆束，用拉绳在吊顶内牵引敷设。

为了防止距离较长的电缆在牵引过程中发生被磨、刮、蹭、拖等损伤，可在线缆进出吊顶的入口处和出口处等位置增设保护措施和支撑装置。

在牵引线缆时，牵引速度宜慢速，不宜猛拉紧拽，如发生线缆被障碍物绊住，应查明原因，排除障碍后再继续牵引。必要时，可将线缆拉回重新牵引。

② 地板下的布线

a. 地板下的布线方法　目前，在综合布线系统中采用的地板下水平布线方法较多，这些布线方法中除原有建筑在楼板上面直接敷设导管布线方法不设地板外，其他类型的布线方法都是设有固定地板或活动地板，因此，这些布线方法都是比较隐蔽美观，安全方便。例如新建建筑主要有地板下预埋管路布线法、蜂窝状地板布线法和地面线槽布线法（线槽埋放在垫层中），它们的管路或线槽甚至地板结构，都是在楼层的楼板中，是与建筑同时建成的。

b. 地板下布线的具体要求　不论何种地板下布线方法，除选择线缆的路由应短捷平直、装设位置安全稳定以及安装附件结构简单外，更要便于今后维护检修和有利于扩建改建。

敷设线缆的路由和位置应尽量远离电力、给水和燃气等管线设施，以免遭受这些管线的危害而影响通信质量。水平线缆与其他管线设施间的最小净距与垂直干线子系统的要求相同。

在水平布线系统中有不少支撑和保护线缆的设施，这些支撑和保护方式是否适用，产品是否符合工程质量的要求，对于线缆敷设后的正常运行将起重要作用。

③ 墙壁上直接明敷的布线方式　在墙壁内预埋管路既美观隐蔽，又安全稳定，因此它是墙壁内敷设线缆的主要方式。但是在很多已建成的建筑中没有事先预留暗敷线缆的管路或线槽，此时只能采用明敷线槽的敷设方式。在这种方式中只能使用截面积小的线槽，且所需费用较高。此外，还可将线缆直接在墙壁上敷设。这种布线方式造价很低，但缺点是既不隐蔽美观，又易被损伤，所以这种布线方式只能用在单根水平布线的场合。其具体方法是将线缆沿着墙壁下面踢脚板上或墙根边敷设，并使用钢钉线卡（包括圆钢钉和塑料线码）固定。

三、建筑物内主干电缆布线

(1) 主干电缆布线施工的基本要求

为了使施工顺利进行，在敷设线缆前，应在施工现场对设计文件和施工图纸进行核对，如有疑问时，应及早与设计单位和主管部门共同协商，以免影响施工进度。

在敷设线缆前，应对运到施工现场的各种线缆进行清点和复查，根据施工图纸要求、施工组织计划和工程现场条件等，将需要布放的线缆整理妥善，在其两端应贴有显著的标签。

为了减少线缆承受的拉力，避免在牵引过程中产生扭绞现象，在布放线缆前，应制作操作方便、结构简单的合格牵引端头和连接装置，把它装在线缆的牵引端。一般垂直干线子系统线缆的长度为几十米，应以人工牵引为主。

为了保证线缆本身不受损伤，在线缆敷设时，布放线缆的牵引力不宜过大，应小于线缆允许张力的 80%。

在线缆布放过程中，线缆不应产生扭绞或打圈等有可能影响线缆本身质量的现象。

如与其他系统线缆及电源线缆同一路由敷设时，应采用金属电缆槽道或桥架，按系统分离布放，金属电缆槽道或桥架应有可靠的接地装置。

垂直干线子系统的线缆敷设后，需要相应的支撑固定件和保护措施，以保证主干线缆的安全运行。

(2) 主干电缆布线的敷设方式

① 垂直敷设电缆

a. 向下垂放电缆　如果干线电缆经由垂直孔洞向下垂直布放，则具体操作步骤如下：

- 首先把线缆卷轴搬放到建筑物的最高层；
- 在离楼层垂直孔洞3～4m处安装好线缆卷轴，并从卷轴顶部馈线；
- 在线缆卷轴处安排所需的布线施工人员，另外每层楼上要安排一个工人以便引导垂放的线缆；
- 开始旋转卷轴，将线缆从卷轴拉出；
- 将拉出的线缆导入垂直孔洞，在此之前应先在孔洞中安放一个塑料的套状保护物，以防止孔洞不光滑的边缘擦破线缆的外皮；
- 慢慢地从卷轴上放缆并进入孔洞向下垂放，注意速度不要过快；
- 继续向下垂放线缆，直到下一层布线工人能将线缆引到下一个孔洞；
- 按前面的步骤，继续慢慢地向下垂放线缆，并将线缆引入各层的孔洞。

b. 向上牵引电缆　向上牵引线缆可借用电动牵引绞车将干线电缆从底层向上牵引到顶层。具体的操作步骤如下：

- 在绞车上穿一条拉绳；
- 启动绞车，往下垂放拉绳，拉绳向下垂放到安放线缆的底层；
- 将线缆与拉绳牢固地绑扎在一起；
- 启动绞车，慢慢地将线缆通过各层的孔洞向上牵引；
- 线缆的末端到达顶层时停止绞车；
- 在竖井边沿上用夹具将线缆固定好；
- 当所有连接制作好之后，从绞车上释放线缆的末端。

② 电缆在电缆槽道或桥架上敷设和固定　综合布线系统的线缆常采用槽道或桥架敷设，在电缆槽道或桥架上敷设电缆时，应符合以下规定。

a. 如果是在水平装设的桥架内敷设，应在电缆的首端、尾端、转弯处及每间隔3～5m处进行固定；如是在垂直装设的桥架内敷设，应在电缆的上端和每间隔1.5m处进行固定。

b. 电缆在封闭式的槽道内敷设时，要求在槽道内线缆均应平齐顺直，排列有序，尽量互相不重叠、不交叉，线缆在槽道内不应溢出，影响槽道盖盖合。

c. 在桥架或槽道内绑扎固定线缆时，应根据线缆的类型、缆径、线缆芯数分束绑扎，以示区别，也便于维护检查。绑扎的间距不宜大于1.5m，绑扎间距应均匀一致，绑扎松紧适度。

③ 电缆与其他管线的间距　在建筑物中设有各种管线系统，例如燃气、给水、污水、暖气、电力等管线，当它们在正常运行且远离通信线路时，一般不会对通信线路造成危害。但是当发生故障和意外事故时，它们泄漏出来的液体、气体或电流等就会对通信线路造成不同程度的危害，直接影响通信线路或使通信设备损坏，后果难以预料。因此，综合布线系统的主干线缆应尽量远离其他管线系统，在不得已时，要求有一定间距，以保证通信网络得以安全运行。

四、建筑群线缆布线

（1）地下管道电缆敷设

① 敷设地下管道电缆的要求　电缆的塑料外护套会因温度过低变硬，在牵引敷设时容易损坏，产生裂痕等现象，因此在寒冷地区或气温过低的季节，不宜敷设塑料外护套的管道电缆。

敷设管道电缆时，在电缆的端部应装设牵引装置，要保证在牵引过程中，电缆端部的外护套密封良好，不得进入水分或潮气。

通常智能小区的管道长度较短，电缆对数不多，因此应尽量采用机械方式牵引电缆。

为了减少对电缆外护套的磨损和加快牵引电缆的速度，在管孔内的电缆外护套上宜采用石蜡油、滑石粉等润滑剂进行涂抹，以减少摩擦阻力。

地下管道电缆应尽量连续多段敷设，一段牵引的最大长度应根据电缆线对多少、芯线线径、电缆单位长度重量以及管道路由的具体情况考虑，一般不宜超过500m。

敷设管道电缆时应有防潮措施，必须保持现场无积水，人孔内干燥。

② 管道电缆的安排布置和敷设后的工作　管道电缆敷设完毕后，应检查电缆在管孔内是否平直，有无明显刮痕和损伤，电缆在人孔或手孔中的位置是否正确，排列是否整齐妥善。

管道电缆敷设完毕后，如需将其余长截断，应使用专用工具妥善处理，不得使用钢锯或其他利器，以防拉伤电缆芯线和损坏缆芯结构，影响电缆的传输性能，造成通信质量下降。

管道电缆在人孔或手孔中的接续、测试消耗和弯曲部分应按设计要求预留足够的长度，电缆接头位置应合理安排。

管道电缆在引出管孔的150mm以内不应有弯曲，应按设计要求堵塞穿放电缆管孔四周的空隙。在每个人孔或手孔中应设置电缆标记，包含电缆的型号、用途或编号等内容。

（2）架空电缆施工

利用架空杆路（分为通信专用杆路和与其他系统合用杆路两种）悬挂电缆有非自承式和自承式两种方式。

① 非自承式架空电缆的施工　非自承式架空电缆的结构是以全塑电缆为主。由于非自承式架空电缆需要将吊线和电缆分成两次敷设，施工程序较多，施工中应注意以下要求：

a. 装设电缆吊线夹板；

b. 装设电缆吊线；

c. 挂放架空电缆，有定滑轮托挂法和预挂电缆挂钩法。

② 自承式架空电缆的施工

a. 自承式架空电缆布放施工一般采用定滑轮牵引法。

b. 布放自承式架空电缆的方法要正确，不得将电缆盘倒置，以免造成电缆扭花较多的现象。

c. 自承式架空电缆在电杆上装设吊线夹板的位置，在整段路由上应始终一致，尽量使电缆在电杆上平直、整齐而美观。

d. 自承式架空电缆的垂度，应根据通信线路所在地区的气象条件来确定，电缆布放后，必须收紧到一定垂度。

e. 自承式架空电缆所采用的安装铁件和附件应完整无损伤，安装要求符合规定，牢固可靠，保证切实有效，具有标准规定的机械强度。

（3）墙壁电缆施工

敷设墙壁电缆前，应根据设计文件要求检查电缆，确定无误时，才能敷设。

墙壁电缆与其他管线的最小间距应符合规定。如墙壁电缆在跨越区内道路时，其最低点距地面的最小垂直距离，应根据道路宽度、有无车辆通行和可能载物后的高度等因素来考虑，一般可参照架空电缆的规定来处理。通常线缆的最低点距地面的最小垂直距离不应小于 4.5m。

墙壁电缆的各种终端和中间支持物应装设牢固、稳定可靠，严禁用木塞固定电缆，要求线缆横平竖直、整齐美观。

墙壁电缆的路由和位置应尽量隐蔽安全、平直短捷，既要保证线缆正常运行，又要尽量不影响建筑物的美观。

五、信息插座的端接与安装

（1）信息模块的端接

综合布线系统所用的信息插座多种多样，信息插座的核心是信息模块（图 7-45），双绞线在与信息插座的信息模块连接时，必须按色标和线对顺序进行卡接。信息模块的端接有两种标准：EIA/TIA568A 和 EIA/TIA568B，两类标准规定的线序压接顺序有所不同，通常在信息模块的侧面会有两种标准的色标标注。注意在同一工程中，只能有一种连接方式。

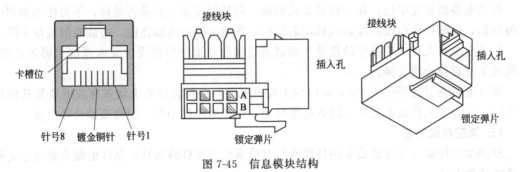

卡槽位　针号8　镀金铜针　针号1　接线块　插入孔　锁定弹片　接线块　插入孔　锁定弹片

图 7-45　信息模块结构

① 信息模块的端接要求

a. 双绞线与信息模块端接采用卡接方式，施工中不宜用力过猛，以免造成模块受损。

b. 线缆端接后，应进行全程测试，以保证正常运行。

c. 屏蔽双绞线的线对屏蔽层和电缆护套屏蔽层在和模块的屏蔽罩进行连接时，应保证360°的接触，而且接触长度不应小于10mm，以保证屏蔽层的导通性能。

在终端连接时，应按线缆统一色标、线对组合和排列顺序施工连接。

各种线缆（包括跳线）和接插件间必须接触良好、连接正确、标志清楚。

双绞线线对卡接在配线模块的端子时，应符合色标的要求，并尽量保护线对的对绞状态。

信息模块的端接可以采用 EIA/TIA568A 和 EIA/TIA568B 两种连接方式，在同一工程中，不应混合使用。

② 信息模块的端接步骤

a. 使用剥线工具，在距双绞线电缆末端5cm处剥除电缆的外皮。

b. 使用双绞线电缆的抗拉线将电缆外皮剥除至电缆末端10cm，剪除电缆的外皮及抗拉线。

c. 按色标顺序将 4 个线对分别插入模块的槽帽内。

d. 将模块的槽帽压进电缆外皮，顺着槽位的方向将 4 个线对逐一弯曲。

e. 将线缆及槽帽一起压入信息模块插座，将各线对分别按色标顺序压入信息模块的各个槽位内。

f. 使用打线工具加固各线对与信息模块的连接。

③ 双绞线跳线的制作

a. 剪下所需的双绞线长度，至少 0.6m，最多不超过 5m。

b. 利用剥线钳将双绞线的外皮除去约 1.2cm。

c. 将双绞线线对从左向右分开：橙、绿、蓝、棕。

d. 剥开每一对线（白线在左），然后将绿色线和蓝色线对调（遵循 EIA/TIA568B 标准）。

e. 将双绞线的每一根线依序放入 RJ-45 连接器引脚内，注意插到底，直到另一端可以看到铜线芯为止。

f. 将 RJ-45 连接器从无牙的一侧推入压线钳夹槽，用力握紧压线钳，将突出在外的针脚全部压入连接器内。

g. 用同样的方法完成另一端的制作。

h. 测试。

(2) 信息插座的安装

① 信息插座底盒的安装（图 7-46） 安装在墙上的信息插座，其位置宜高出地面 300mm 左右。如房间地面采用活动地板时，信息插座应离活动地板地面为 300mm。

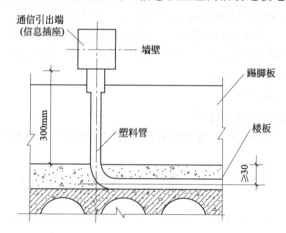

图 7-46 信息插座底盒的安装位置示意图

安装在地面上或活动地板上的地面信息插座，由接线盒体和插座面板两部分组成。插座面板有直立式（面板与地面成 45°，可以倒下成平面）和水平式等几种，线缆连接固定在接线盒体内的装置上，接线盒体均埋在地面下，其盒盖面与地面平齐，可以开启，要求必须有严密防水、防尘和抗压功能。在不使用时，插座面板与地面齐平，不影响人们正常行动。

② 信息模块的安装 模块端接后，就要安装到信息插座内，以便工作区终端设备的使用。下面以 IBDNEZ-MDVO 插座安装为例，介绍信息模块的安装步骤。

a. 将已端接好的 IBDN GigaFlex 模块卡接在插座面板槽位内。

b. 将已卡接了模块的面板与暗埋在墙内的底盒接合在一起。

c. 用螺钉将插座面板固定在底盒上。

d. 在插座面板上安装标签条。

六、机柜与配线设备的安装

(1) 机柜安装的基本要求

机柜的安装位置、设备排列布置和设备朝向应符合设计要求，机柜安装完工后，垂直偏差度不应大于 3mm。机柜及其内部设备上的各种零件不应脱落或碰坏，表面漆面如有损坏或脱落，应予以补漆。各种标志应统一、完整、清晰、醒目。机柜及其内部设备必须安装牢固可靠。各种螺钉必须拧紧，无松动、缺少、损坏或锈蚀等缺陷，机柜更不应有摇晃现象。为便于施工和维护人员操作，机柜前应预留 1500mm 的空间，其背面距离墙面应大于800mm。机柜的接地装置应符合相关规定的要求，并保持良好的电气连接。如采用墙上型机柜，要求墙壁必须坚固牢靠，能承受机柜重量，其柜底距地面宜为 300~800mm，或视具体情况取定。

在新建建筑中，布线系统应采用暗线敷设方式，所使用的配线设备也可采取暗敷方式，埋装在墙体内。在建筑施工时，应根据综合布线系统的要求，在规定位置处预留墙洞，并先将设备箱体埋在墙内，布线系统工程施工时再安装内部连接硬件和面板。

(2) 配线架在机柜中的安装要求

在楼层配线间和设备间内，模块式快速配线架和网络交换机一般安装在 19in 的标准机柜内。为了使安装在机柜内的模块式快速配线架和网络交换机美观大方且方便管理，必须对机柜内设备的安装进行规划，具体遵循以下原则：

• 一般可以模块式快速配线架安装在机柜下部，交换机安装在其上方；

• 每个模块式快速配线架之间安装有一个理线器，每个交换机之间也要安装理线器；

• 正面的跳线从配线架中出来全部要放入理线器内，然后从机柜侧面绕到上部的交换机间的理线器中，再接插进入交换机端口。

(3) 配线架的安装与端接

① 使用螺钉将配线架固定在机架上。

② 在配线架背面安装理线环，将电缆整理好固定在理线环中并使用扎带固定，一般每6根电缆作为一组进行绑扎。

③ 根据每根电缆连接接口的位置，测量端接电缆应预留的长度，然后使用平口钳截断电缆。

④ 根据系统安装标准选定 EIA/TIA568A 或 EIA/TIA568B 标签，然后将标签压入模块组插槽内。

⑤ 根据标签色标排列顺序，将对应颜色的线对逐一压入槽内，然后使用打线工具固定线对连接，同时将伸出槽位外多余的导线截断。

⑥ 将每组线缆压入槽位内，然后整理并绑扎固定线缆。

⑦ 将跳线通过配线架下方的理线架整理固定后，接插到配线架前面板接口，最后编好标签并贴在配线架前面板。

[综合布线工程电缆安装施工实训步骤]

① 认识和使用综合布线电缆安装施工工具。

② 按照给出的实际材料，结合综合布线实训平台，分别进行施工：

- 建筑物内水平电缆布线施工；
- 建筑物内主干电缆布线；
- 建筑群线缆布线；
- 信息插座的端接与安装；
- 机柜与配线设备的安装。

[问题讨论]

谈谈智能小区挂设架空电缆主要采用哪些方法？分别用于什么场合？

[课后习题]

① 双绞线电缆布线在转弯时对弯曲半径有哪些要求？
② 在综合布线工程中，如何牵引 5 条 4 对双绞线电缆？
③ 在吊顶内一般应如何敷设双绞线电缆？
④ 垂直敷设主干电缆有哪些方法？分别用于什么场合？
⑤ 简述向下垂放电缆布线方法的基本步骤。

任务五　综合布线系统测试和验收

[任务目标]

熟悉综合布线工程测试的标准和测试类型，完成综合布线系统的电缆传输通道测试，解决测试过程中遇到的问题，为工程的顺利验收做好准备。完成综合布线工程的收尾工作，了解综合布线工程验收各阶段的内容，完成综合布线工程的竣工验收工作，实现工程的顺利移交。

[任务内容]

① 选择测试标准和测试类型。
② 电缆传输通道测试。
③ 综合布线工程收尾工作。
④ 综合布线工程的竣工验收。

[知识点]

一、选择测试标准和测试类型

(1) 测试的标准和内容

① 测试标准

a. 北美标准　EIA/TIA 568A TSB—67、EIA/TIA 568A TSB—95、EIA/TIA 568A-5—2000、EIA/TIA 568B。

b. 国家标准　我国目前使用的最新国家标准为《综合布线系统工程验收规范》（GB 50312—2007），该标准包括了目前使用最广泛的 5 类电缆、5e 类电缆、6 类电缆和光缆的测试方法。

② 测试内容

a. 5 类电缆系统的测试标准及测试内容　EIA/TIA 568A 和 TSB—67 标准规定的 5 类电缆布线现场测试参数主要有接线图、长度、近端串扰和衰减。ISO/IEC11801 标准规定的 5 类电缆布线现场测试参数主要有接线图、长度、近端串扰、衰减、衰减串扰比和回波损耗。我国的《综合布线系统工程验收规范》规定 5 类电缆布线的测试内容分为基本测试项目和任选测试项目，基本测试项目有长度、接线图、衰减和近端串扰；任选测试项目有衰减串扰比、环境噪声干扰强度、传播时延、回波损耗、特性阻抗和直流环路电阻等内容。

b. 5e 类电缆系统的测试标准及测试内容　EIA/TIA 568-5—2000 和 ISO/IEC 11801—2000 是正式公布的 5e 类 D 级双绞线电缆系统的现场测试标准。5e 电缆系统的测试内容既包括的长度、接线图、衰减和近端串扰这 4 项基本测试项目，也包括回波损耗、衰减串扰比、综合近端串扰、等效远端串扰、综合远端串扰、传输延迟、直流环路电阻等参数。

c. 6 类电缆系统的测试标准及测试内容　EIA/TIA 568B1.1 和 ISO/IEC 11801—2002 是正式公布的 6 类 E 级双绞线电缆系统的现场测试标准。6 类电缆系统的测试内容包括接线图、长度、衰减、近端串扰、传输时延、时延偏离、直流环路电阻、综合近端串扰、回波损耗、等效远端串扰、综合等效远端串扰、综合衰减串扰比等参数。

(2) 测试的类型

① 验证测试　验证测试又叫随工测试，是边施工边测试，主要检测线缆的质量和安装工艺，及时发现并纠正问题，避免返工。验证测试不需要使用复杂的测试仪，只需要使用能测试接线通断和线缆长度的测试仪。

② 认证测试　认证测试又叫验收测试，是所有测试工作中最重要的环节，是在工程验收时对综合布线系统的安装、电气特性、传输性能、设计、选材和施工质量的全面检验。认证测试通常分为自我认证测试和第三方认证测试两种类型。

二、电缆传输通道测试

(1) 电缆的认证测试模型

① 基本链路模型（图 7-47）　基本链路包括三部分：最长为 90m 的在建筑物中固定的水平布线电缆；水平电缆两端的接插件（一端为工作区信息插座，另一端为楼层配线架）；两条与现场测试仪相连的 2m 测试设备跳线。

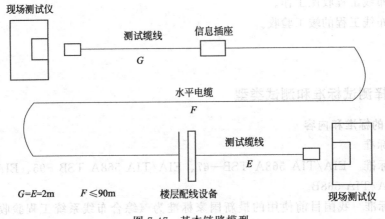

图 7-47　基本链路模型

② 信道模型（图 7-48）　信道指从网络设备跳线到工作区跳线的端到端的连接，它包括了最长 90m 的在建筑物中固定的水平电缆、水平电缆两端的接插件（一端为工作区信息插座，另一端为配线架）、一个靠近工作区的可选的附属转接连接器、最长 10m 的在楼层配线架和用户终端的连接跳线。信道最长为 100m。

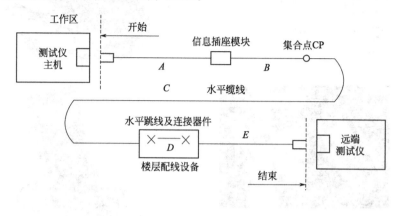

图 7-48　信道模型

A—工作区终端设备电缆；B—CP 缆线；C—水平缆线；D—配线设备连接跳线；
E—配线设备到设备连接电缆；$B+C \leqslant 90m$　$A+D+E \leqslant 10m$

③ 永久链路模型（图 7-49）　永久链路又称固定链路，由最长为 90m 的水平电缆、水平电缆两端的接插件（一端为工作区信息插座，另一端为楼层配线架）和链路可选的转接连接器组成，不再包括两端的 2m 测试电缆。

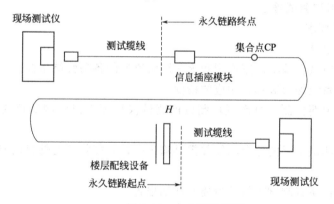

图 7-49　永久链路模型

H—从信息插座到楼层配线设备（包括集合点）的水平电缆，$H \leqslant 90m$

（2）电缆的认证测试参数

对于不同等级的电缆，需要测试的参数并不相同，在我国国家标准《综合布线系统工程验收规范》中，主要规定了以下测试内容：

① 接线图的测试；

② 布线链路及信道线缆长度应在测试连接图所要求的极限长度范围之内；

③ 3 类和 5 类水平链路及信道测试项目及性能指标；

④ 5e 类、6 类和 7 类永久链路或 CP 链路测试项目及性能指标。

（3）选择常用电缆测试设备（图 7-50）

① 音频生成器和音频放大器

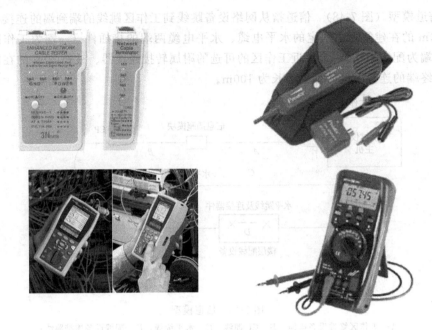

图 7-50　常用电缆测试设备

② 万用表

③ 连通性测试仪

④ 电缆分析仪

(4) 测试仪的使用和测试报告

① 测试仪的性能要求

a. 测试仪的基本要求

• 应能测试信道模型、基本链路模型和永久链路模型的各项性能指标。

• 针对不同布线系统等级应具有相应的精度。

• 测试仪精度应定期检测，每次现场测试前测试仪厂家应出示测试仪的精度有效期限证明。

• 测试仪应具有测试结果的保存功能并提供输出端口，能将所有储存的测试数据输出至计算机和打印机。

• 测试仪应能提供所有测试项目的概要和详细报告。

• 测试仪表宜提供汉化的通用人机界面。

b. 注意测试仪的精度和选用。

c. 正确使用远端接头补偿功能。

② 测试仪的使用　可以选用 DTX-1800 电缆分析仪进行相关测试，以双绞线认证测试为例。

a. 基准设置　连接永久链路及信道适配器。

将测试仪旋转开关转至"SPECIALFUNCTIONS（特殊功能）"，并开启智能远端。

选中设置基准，然后按"Enter"键。如果同时连接了光缆模块及铜缆适配器，选择链路接口适配器，按"TEST"键。

b. 线缆类型及相关测试参数的设置　在用测试仪测试之前，需要选择测试依据的标准（北美、国际或欧洲标准等）、选择测试链路类型（基本链路、永久链路、信道）、选择线缆类型（3 类、5 类、5e 类、6 类双绞线，还是多模光纤或单模光纤）。同时还需要对测试时的相关参数（如测试极限、NVP、插座配置等）进行设置。

c. 连接被测线路（图 7-51）

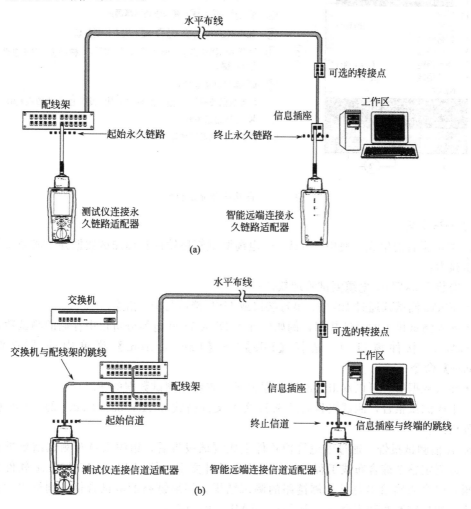

图 7-51　被测线路连接方式

d. 进行自动测试　将测试仪旋转开关转至 "AUTOTEST（自动测试）"，开启智能远端，进行连接后，按测试仪或智能远端的 "TEST" 键，测试时，测试仪面板上会显示测试在进行中，若要随时停止测试，需按 "EXIT" 键。

e. 测试结果的处理

f. 自动诊断（图 7-52）

g. 测试注意事项

• 认真阅读测试仪使用操作说明书，正确使用仪表。

• 测试前要完成对测试仪、智能远端的充电工作并观察充电是否达到 80％ 以上，中途充电可能导致已测试的数据丢失。

• 熟悉现场和布线图，测试同时可对现场文档、标识进行检验。

• 发现链路结果为失败时，可能有多种原因造成，应进行复测再次确认。

• 测试仪存储的测试数据和链路数量有限，应及时将测试结果转存至计算机。

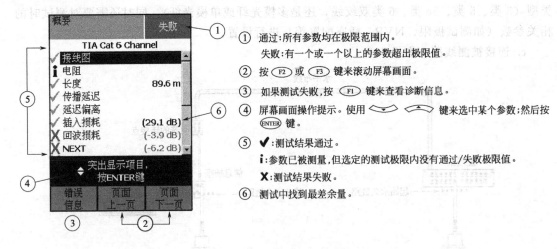

图 7-52　自动诊断显示界面

① 通过:所有参数均在极限范围内。
　失败:有一个或一个以上的参数超出极限值。

② 按 F2 或 F3 键来滚动屏幕画面。

③ 如果测试失败,按 F1 键来查看诊断信息。

④ 屏幕画面操作提示。使用 ⌄ ⌃ 键来选中某个参数;然后按 ENTER 键。

⑤ ✓:测试结果通过。
　i:参数已被测量,但选定的测试极限内没有通过/失败极限值。
　✗:测试结果失败。

⑥ 测试中找到最差余量。

③ 测试报告

a. 测试报告的生成　使用 LinkWare 电缆测试管理软件管理测试数据并生成测试报告的操作步骤为:

• 安装 LinkWare 电缆测试管理软件;

• Fluke 测试仪通过 RS-232 串行接口或 USB 接口与 PC 相连;

• 导入测试仪中的测试数据,例如要导入 DTX-1800 电缆分析仪中存储的测试数据,则在 LinkWare 软件窗口中,选择【File】→【Import from】菜单中的【DTX-Cable Analyzer】命令;

• 导入数据后,可以双击某测试数据记录,查看该测试数据的情况;

• 生成测试报告,测试报告有 ASCII 文本文件格式和 Acrobat Reader 的 .PDF 格式两种文件格式。

b. 评估测试报告　通过电缆管理软件生成测试报告后,组织人员对测试结果进行统计分析,以判定整个综合布线工程质量是否符合设计要求。使用 Fluke LinkWare 软件生成的测试报告中会明确给出每条被测链路的测试结果。如果链路的测试合格,则给出"PASS"的结论。如果链路测试不合格,则给出"FAIL"的结论。

(5) 解决测试错误

针对可能的错误进行逐一排查,发现问题及时找出原因并整改。常见的错误有接线图测试未通过、链路长度测试未通过、近端串扰测试未通过、衰减测试未通过。

三、综合布线工程收尾

(1) 综合布线工程的收尾工作

① 库房

a. 点清此工程已交货物。

b. 把还需交付的货物全部出库。

c. 在用户付清全部款项并通过竣工审核后,撤掉此工程的库房账。

② 财务

a. 点清应收账款,财务应根据库房的工程出库清单,计算应收账款。

b. 支付各项费用,包括施工材料、雇工等。

c. 结清所有内部有关此工程的费用，全部报销完毕，还清借款。

d. 收回全部应收账款。

e. 在用户付清全部款项，并通过竣工审核后，撤财务账。

③ 整理工程文件袋　由工程的布线工程负责人整理工程文件袋，内容至少包括：

a. 合同；

b. 历次的设计方案、图纸；

c. 竣工平面图、系统图；

d. 工程中洽商记录、接货收条、日志；

e. 交工技术文件；

f. 工程文件备份；

g. 删除计算机内该工程目录中没用的文件，然后把该工程的所有计算机文件备份到文件服务器中。

④ 工程部验收前审核

⑤ 现场验收

a. 查看主机柜、配线架；

b. 查看插座；

c. 查看主干线槽；

d. 抽测信息点；

e. 验收签字。

⑥ 综合布线工程竣工审核　由各部门经理对项目组的工作进行审核，宣布工程竣工。

⑦ 移交竣工文档。

(2) 综合布线工程的验收阶段

① 开工前检查　工程验收是从工程开工之日开始的，从对工程材料的验收开始。开工前检查包括设备材料检验和环境检验。

② 随工验收　在工程中为随时考核施工方的施工水平和施工质量，了解产品的整体技术指标和质量，部分验收工作应随工进行，例如布线系统的电气性能测试工作、隐蔽工程等。

③ 初步验收　对所有的新建、扩建和改建项目，都应在完成施工测试之后进行初步验收。

④ 竣工验收　工程竣工验收是工程建设的最后一个程序，通常在综合布线系统工程完工的时候，并未进入计算机网络或其他弱电系统的运行阶段，应先期对综合布线系统进行竣工验收。

四、综合布线工程的竣工验收

(1) 竣工验收的依据和原则

当工程技术文件、承包合同文件要求采用国际标准时，应按要求采用相应的国际标准验收，但不应低于《综合布线系统工程验收规范》的规定。以下国际标准可供参考：

《用户建筑综合布线》（ISO/IEC 11801）；

《商业建筑电信布线标准》（EIA/TIA 568）；

《商业建筑电信布线安装标准》（EIA/TIA 569）；

《商业建筑通信基础结构管理规范》（EIA/TIA 606）；

《商业建筑通信接地要求》（EIA/TIA 607）；

《信息系统通用布线标准》（EN 50173）；

《信息系统布线安装标准》(EN 50174)。

(2) 综合布线工程验收的项目及内容

① 综合布线工程竣工验收的前提条件

a. 隐蔽工程和非隐蔽工程在各个阶段的随工验收已经完成，且验收文件齐全。

b. 综合布线系统中各种设备都已自检测试，测试记录齐备。

c. 综合布线系统和各个子系统已经试运行，且有试运行的结果。

d. 工程设计文件、竣工资料及竣工图纸均已完整齐全。此外，设计变更文件和工程施工监理代表签证等重要文字依据均已收集汇总，装订成册。

② 综合布线工程验收的组织

a. 工程竣工后，施工方应在工程计划验收 10 日前，通知验收机构，同时送达一套完整的竣工报告，并将竣工技术资料一式三份交给建设方。竣工资料包括工程说明、安装工程量、设备器材明细表、随工测试记录、竣工图纸、隐蔽工程记录等。

b. 联合验收之前成立综合布线工程验收的组织机构，建设方可以聘请相关行业的专家，对于防雷及地线工程等关系到计算机网络系统安全的工程部分，还应申请有关主管部门协助验收（比如气象局、公安局等）。

③ 综合布线系统工程检验项目及内容

a. 系统工程安装质量检查，如各项指标符合设计要求，则被检项目检查结果为合格；被检项目的合格率为 100%，则工程安装质量判为合格。

b. 系统性能检测中，双绞线电缆布线链路、光纤信道应全部检测，竣工验收需要抽验时，抽样比例不低于 10%，抽样点应包括最远布线点。

c. 系统性能检测单项合格判定。

d. 竣工检测综合合格判定。

(3) 移交竣工技术资料

① 竣工技术资料的内容

a. 安装工程量；

b. 工程说明；

c. 设备、器材明细表；

d. 竣工图纸；

e. 测试记录；

f. 工程变更、检查记录及施工过程中，需更改设计或采取相关措施，建设、设计、施工等单位之间的双方洽商记录；

g. 随工验收记录；

h. 隐蔽工程签证；

i. 工程决算。

② 竣工技术资料的要求

a. 竣工验收的技术文件中的说明和图纸，必须配套并完整无缺，文件外观整洁，文件应有编号，以利登记归档。

b. 竣工验收技术文件最少一式三份，如有多个单位需要或建设单位要求增多份数时，可按需要增加文件份数，以满足各方要求。

c. 文件内容和质量要求必须保证。做到内容完整齐全无漏、图纸数据准确无误、文字图表清晰明确、叙述表达条理清楚。不应有互相矛盾、彼此脱节、图文不清和错误遗漏等现象发生。

　　d. 技术文件的文字页数和其排列顺序以及图纸编号等，要与目录对应，并有条理，做到查阅简便，有利于查考。文件和图纸应装订成册，取用方便。

［任务步骤］

　　(1) 系统检查表（表 7-4）

表 7-4　系统检查表

编号	项　目	检查细节	检查评定	说　明
1	综合布线工程设计	(1)设计合理性		
		(2)设计的清晰性		
		(3)设计的可行性		
2	综合布线工程管槽施工	(1)安装位置		
		(2)安装质量		
		(3)操作工艺		
		(4)职业素养安全意识		
3	综合布线工程线缆施工	(1)安装位置		
		(2)安装质量		
		(3)操作工艺		
		(4)职业素养安全意识		
4	综合布线工程系统测试	(1)语音网络能够正常联通		
		(2)网络测试仪检测网络畅通		
		(3)各线路端口对应标识正确		
5	业务处理能力	(1)相关材料整理符合规范		
		(2)能够清楚介绍各模块组成		

　　(2) 任务实施评价表（表 7-5）

表 7-5　任务实施评价表

编号	项　目	评　定	说　明
1	任务完成情况		
2	实训报告		
3	小组分工协作		
4	其他方面		

［问题讨论］

　　① 综合布线系统检查时应检查哪些项目？

　　② 在进行综合布线检查时，应依据哪些标准？应注意哪些问题？

［课后习题］

　　① 电缆认证测试模型有哪些？试分析各个模型的异同点。

　　② 5 类布线系统和 6 类布线系统在认证测试时分别需要测试哪些参数？

　　③ 常用的电缆测试设备有哪些？分别可以进行什么测试？

　　④ 在综合布线工程验收时，环境检查的内容有哪些？

　　⑤ 在综合布线工程验收时，电缆桥架及线槽布放的内容有哪些？

　　⑥ 在综合布线工程中，哪些项目需要进行随工检验？

参考文献

[1] 梁华. 智能建筑弱电工程施工手册. 北京：中国建筑工业出版社，2006.

[2] 黎连业等. 入侵防范电视监控系统设计与施工技术. 北京：电子工业出版，2005.

[3] 李金伴. 工业电视监控系统培训教程. 北京：化学工业出版社，2011.